电力电子实验教程

孙 佳 戴金水 徐青菁 主编

内容提要

本书是电力电子实验课程教材，内容包括电力电子实验技术基础、电力电子技术硬件实验、分段线性电路仿真、PLECS 仿真、电力电子课程设计等部分，共分 10 章。第 1 章电力电子技术实验概论，第 2 章电力电子技术实验操作技术，第 3 章电力电子技术实验中常用仪器的原理与使用，第 4 章电力电子典型器件实验，第 5 章、第 6 章为 DC-DC 变换和晶闸管整流与有源逆变，第 7 章、第 8 章为分段线性电路仿真概述及使用方法和 PLECS 仿真实验，第 9 章数字电力电子实验，第 10 章为电力电子课程设计。

本书基础实验部分包含了实验原理、实验要求、实验方法，并附实验报告要求。硬件实验与软件仿真对应，部分实验配套了半实物仿真实验，实现理论模拟与实际操作的相互验证。最后一章作为课程设计部分，通过设计实例，要求学生自行拟定设计方案、计算各项参数、并制作调试，将前述电力电子实验综合运用，为培养学生独立开展设计性实验研究打下基础。

本书适合高等学校电气类专业的电力电子技术实验课程及电力电子课程设计，也可以供其他类型学校有关专业的学生学习使用和参考。

图书在版编目(CIP)数据

电力电子实验教程／孙佳，戴金水，徐青菁主编.
上海：上海交通大学出版社，2024.11.--ISBN 978-7-313-31777-3

Ⅰ.TM1-33

中国国家版本馆 CIP 数据核字第 2024FU7264 号

电力电子实验教程

DIANLI DIANZI SHIYAN JIAOCHENG

主　　编：孙　佳　戴金水　徐青菁
出版发行：上海交通大学出版社
地　　址：上海市番禺路 951 号
邮政编码：200030
电　　话：021-64071208
印　　制：上海新华印刷有限公司
经　　销：全国新华书店
开　　本：787 mm×1092 mm　1/16
印　　张：14.5
字　　数：315 千字
版　　次：2024 年 11 月第 1 版
印　　次：2024 年 11 月第 1 次印刷
书　　号：ISBN 978-7-313-31777-3
定　　价：49.00 元

前言

电力电子技术是在电气工程、电子科学与技术、控制理论三大学科基础上应运而生的交叉学科，广泛应用于一般工业、交通运输、电力系统、航天飞行器等领域。电力电子技术课程是电气工程及其自动化或相关专业本科学生的核心专业课程，电力电子技术实验是电力电子技术课程的重要组成部分，在培养学生操作技能、动手实践等方面起到重要作用，可为后续课程的学习及未来深造打下坚实的基础。

本书是针对电气工程及其自动化相关专业本科生电力电子技术课程编写的实验教学用书。希望学生通过课程实验部分的学习，形成严谨、科学的实验操作态度；熟练掌握电气类相关仪器设备使用方法；在实践中逐步掌握电力电子技术课程中的各种原理；具备基本的功率电路测试、调试、故障排除能力；初步掌握仿真软件在电力电子技术上的应用；培养综合系统的设计、分析与制作能力；具备解决复杂工程问题的能力和创新能力。

从内容上，本书分为电力电子实验技术基础、电力电子技术硬件实验、PLECS仿真、电力电子课程设计四篇，共10章。第1章电力电子技术实验概论，主要介绍实验的性质与任务、实验操作规程、实验安全规范，以及实验报告编写。第2章电力电子技术实验操作技术，介绍包括实验台、开放式实验板、仿真实验与半实物仿真实验等多种实验操作技术。第3章电力电子技术实验中常用仪器的原理与使用，介绍电力电子技术实验中几种常用仪器的原理与使用方法。从第4章电力电子典型器件实验开始，进入硬件实验的原理与实践。第5章、第6章分别介绍DC-DC变换实验、DC-AC变换实验和AC-DC变换实验。第7章介绍电力电子技术中应用较为广泛的PLECS仿真软件的使用方法。第8章PLECS仿真实验，介绍与前述硬件实验相对应的仿真实验。第9章数字电力电子实验，介绍半实物仿真系统xPC-Target的使用方法。第10章电力电子课程设计，以反激变换器为例，介绍电力电子综合课程设计的设计方法与结果展示。

本书四个部分相对独立，适用于电力电子技术课程的课内实验，同时也用于独立设置课程的电力电子技术实验和电力电子课程设计，课内实验、独立实验课程与课程设计相结合的教学方式有助于建立贯通融合的实验实践教学体系，全面提升学生的设计能力和创新能力。

本书由上海交通大学电气工程实验教学中心组织编写，第1、2章由孙佳编写，第3章由徐青菁编写，第4章由孙佳、徐青菁、戴金水共同编写，第5、6章由戴金水编写，第7、8章由孙佳编写，第9章由戴金水编写，第10章由徐青菁编写。全书由孙佳整理和统稿，并担任主编。上海交通大学王勇教授及电力电子技术课程组为本书提供了理论素材。研究生陈俊先、张梦瑶提供了反激变换器案例的设计与计算，本科生周诗洋、周雨菡协助测试了PLECS仿真模型。浙江求是科教设备有限公司(求是教仪)提供了实验台实验的相关案例。普源精电科技股份有限公司提供了仪器设备的相关素材，芯源系统股份有限公司提供了电力电子课程设计的相关案例。

电力电子实验技术日益发展，新的技术、器材与仿真软件层出不穷。限于编者的有限阅历与水平，本书无法全面展示当今电力电子实验技术的全貌，且在文字表达、图形表述方面也存在不足，殷切希望读者对本书的疏漏和错误进行批评指正，以利于编者不断改进。

联系邮箱：sjia@sjtu.edu.cn。

目录

第Ⅰ篇　电力电子技术实验基础

第Ⅲ篇　分段线性电路仿真

参考文献

第Ⅰ篇

电力电子技术实验基础

第1章 电力电子技术实验概论

1.1 电力电子技术实验的性质与任务

电力电子技术课程是电气工程及其自动化、自动化等专业的三大电子技术基础课程之一，涉及电力、电子、控制、计算机技术等多方面知识。电力电子技术实验是电力电子技术课程的重要组成部分，通过实验，可加深对理论知识的理解，提高设计能力，培养分析和解决问题的能力。

现代电力电子技术是运用新型电力电子器件对电能进行变换与控制的技术。通过电力电子技术实验的学习，可加深对理论知识的理解，增强运用所学理论知识来分析和解决实际问题的能力，熟悉各种电力电子器件的特性和使用方法，掌握各种电力电子电路的拓扑结构、工作原理、控制方法、设计计算方法及实验技能，具备一定的电力电子电路及系统分析、设计能力，具备复杂电力电子系统软硬件综合设计的能力，为后续课程的学习打好基础。

电力电子技术实验可以分为 3 个层次。第 1 个层次是验证性实验，主要以电力电子器件特性、参数和基本功率变换电路为主，根据实验目的、实验电路、仪器设备和较为详细的实验步骤，验证电力电子技术的有关理论，从而巩固基本知识和基本理论。第 2 个层次是综合性实验，主要是根据实验目的和给定的实验电路，自行选择完成实验的方法，拟定实验步骤，完成规定的电路性能测试任务。第 3 个层次是设计性实验，主要根据给出的设计目标和设计要求，自行设计电路，选择合适的电力电子功率器件和软件进行电路仿真以验证设计的合理性，并制作实验电路，拟定调试、测试方案，最终达成电路设计要求，培养学生解决复杂工程问题的能力。

电力电子技术实验内容丰富，应用性强，涉及的知识面广，随着现代电力电子技术的飞速发展，电力电子技术实验也日益更新，迅速迭代，但其仍遵循基本的实验原理。在实验过程中，学生需要掌握示波器、信号源、万用表、功率分析仪等电力电子技术实验常用仪器的使用方法；频率、相位、脉冲参数和电压电流平均值、峰值、有效值，以及功率电路主要技术指标的测试技术；常用功率器件的选型、芯片手册查阅和参数测量；电路的设计制作与调试技术；实验数据的分析处理仿真软件的使用；等等。

1.2 电力电子技术实验的操作规程

1.2.1 实验要求

通过实验，培养以下能力：

(1) 掌握电力电子装置的主电路、触发和驱动电路的构成及调试方法，能初步设计和应用这些电路。

(2) 熟悉并掌握基本实验设备、测试仪器的性能和使用方法。

(3) 能够运用理论知识对实验现象、结果进行分析和处理，解决在实验中遇到的问题。

(4) 能够综合实验数据，解释实验现象，编写实验报告。

(5) 能够自行设计功率电路方案，针对方案进行仿真验证和硬件电路制作、系统调试。

1.2.2 实验准备

实验之前需要预习，预习是保证实验顺利完成的必要条件，可以极大提高实验质量和效率，避免因不了解实验步骤而浪费时间、损坏实验装置。因此，实验前应做到以下事项：

(1) 复习教材中与实验有关的理论知识，熟悉本次实验的理论基础和参数计算方法。

(2) 阅读实验指导，了解本次实验目的和实验内容，掌握本次实验电路的工作原理和实验方法。

(3) 熟悉本次实验所用的实验器材、实验设备和测试仪器等。

(4) 完成预习，提前记录每个实验所需的器材、设备，准备电路原理图和电气接线图、实验步骤、数据记录表格等素材。

(5) 如有团队，可分小组，小组之间分工需明确，可将工作任务分解为查图、接线、操作、记录、安全监督等。

1.2.3 实验实施

做好充分准备后，即可进入实验实施阶段。实验时要做到以下几点：

(1) 确认了解本次实验的目的、内容和方法，熟悉实验器材、设备、仪器，在明确设备、仪器的功能及使用方法后，方可开始实验。

(2) 参与实验的小组成员须分工明确，分工任务可在实验期间进行轮换，以便所有成员能够全面掌握实验技术、提高综合实验能力。

（3）按照预习报告上的电气线路图进行接线。通常情况下，接线顺序为先接主电路，后接控制电路；先接串联电路，再接并联电路。

（4）接线完毕后，必须进行查线，确认线路连接无误方可通电（又称上电）开始实验。可以组内自查，也可以请实验指导教师或助教复查。自查时，串联回路从电源的某一端出发，按照回路逐项检查各仪表、设备、负载的位置、极性是否连接正确；并联支路检查两端的连接点是否在指定位置；距离较远的两连接点必须选用长导线直接跨接，不得将两根导线连接后悬挂在空中，或者在实验装置的某一接线端进行过渡连接。

（5）实验时严格按照实验要求和步骤，逐项进行操作，记录实验结果。通常情况下，通电前应使负载电阻值最大，给电的电位器处于零位；修改接线前，必须断开电源；实验中应时刻观察实验现象是否正常，实验数据是否合理，实验结果与理论计算是否一致。对于异常的实验现象，应留意是否由操作失误引起，及时更正失误，避免设备损坏；对于异常的实验数据，如个别数据与总体数据趋势存在较大偏差，应做丢弃处理，重新实验测量补充该数据。

（6）实验完成后，先断开电源，经实验指导教师或助教检查实验结果无误后方可拆除接线，整理实验接线、仪器和工具，清理实验台，所有物品放回原位，将实验垃圾带离实验室。

1.2.4　实验总结

实验总结也是实验必不可少的环节。需对实验数据进行整理，绘制图表，分析实验现象，撰写实验报告。实验总结要做到以下几点：

（1）每一位实验参与者都需要编写一份完整的实验报告。

（2）实验报告的编写应持严谨、认真、实事求是的科学态度。如实验结果与理论有较大出入时，不得随意更改实验现象、数据和波形，不得用凑数据的方法追求实验结果与理论一致，而是应该将理论知识与实验环境结合对实验结果进行分析，解释偏差原因，找出引起过大误差的根源。

（3）实验报告的具体要求参见1.4节。

1.3　电力电子技术实验的安全规范

为了安全顺利地完成电力电子技术实验，确保实验过程中人身安全与设备可靠运行，实验者需要严格遵守以下安全操作规程：

（1）实验过程中，不允许实验者双手同时接触隔离变压器的两个输入端，将人体作为负载使用。

(2) 严格遵守安全用电规范，任何接线操作和拆线操作都必须在切断主电源之后进行。

(3) 完成接线或改线后，必须查线，仔细核对线路，确保线路无误后方可接通电源。

(4) 如在实验过程中发生过载报警，应仔细检查线路和电位器的位置，确认无误后方可重新进行实验。

(5) 在实验开始时应注意所接仪表的最大量程，选择合适的负载完成实验，以免损坏仪表、电源或负载等。

(6) 除阶跃起动外，系统起动前负载电阻必须处于阻值最大处，给电的电位器必须退回至零位后，才允许合闸，并缓慢加载，以免器件和设备过载损坏。

1.4 电力电子技术实验报告编写

1.4.1 学术论文写作规范

学术论文写作遵从观点直白、逻辑性强、概念明确、内容科学、语言规范。包括以下语言习惯：

(1) 严密和准确。常用多重复合专句，力求句法严密，无懈可击；尽量不用或少用"大概""差不多"等不确定度大的描述。

(2) 平实和完整。实事求是，用语朴实无华、平直可信；不使用某些文学写作手法，如倒叙、伏笔、故设悬念等。

(3) 简练和规范。表达简练，灵活运用图形、表格、表达式等；严格遵循规范，比如GB/T 77B2—2022《学术论文编写规则》。

与图有关的规范有：图需要具备"自明性"，即只看图、图题、图例，不阅读正文，就可基本理解图意；按图在文中的出现顺序编号，比如图1、图2，依序编号；长篇报告(论文)，可以分章依序编号，比如"图3.2"；正文须引述图号，不可写作"见下图""如上图"，应写作"如图3所示""见图9"等；每一图应有简短确切的图题，连同图号置于图的下方；图的排版要避免"开天窗"，即因图的篇幅较大而导致前一页文字后出现较大空白，如图1-1所示，此时应将图后文字调整至前一页，填补空白，并标明文字对应的图号，如图1-2所示。

与表有关的规范有：表也应具备"自明性"，从左到右横读，从上到下竖排；按表在文中的出现顺序编号，比如表1、表2，依序编号；长篇报告(论文)，可以分章依序编号，比如"表3.2"；正文须引述表号，不可写作"见下表""如上表"，应写作"如表3所示""见表8"等；每一表应有简短确切的表题，连同表号置于表的上方；通常使用较多的有"全线表"和"三线表"，如图1-3所示。

图 4-4 为用于限压保护的电压比较电路。输入端为系统输出电压和 TL431 产生的 5V 基准电压。若输出电压小于 5V，则后端的二极管截止，不影响后面电路；若输出电压大于 5V，并且超过一定值，则 DA1 导通，经放大的反馈信号能够作用于 TPS40200 的 FB 引脚，达到限压的效果。设计增益为 10，选取R_{A2}=R_{A3}=1KΩ，R_{A1}=R_{A4}10KΩ。

4.5 DAC6571

DAC6571 芯片与单片机之间采用 I2C 通信，单片机程控通过控制 DAC 输出来调节电流设点，达到对输出电流的控制。

4.6 系统标定

本阶段中，单片机通过 ADC 采样输出电压与输出电流，并通过 DAC 编码控制稳流设点电流。因此，我们需要依次标定输出电流与其 ADC 转换编码之间的关系，输出电压与其 ADC 转换编码之间的关系，以及 DAC 编码与稳流设点电流之间的关系。

4.6.1 输出电流与 ADC 值的关系式

首先，要实现单片机监测稳流源输出电流，需要确定被测的输出电流数值与 ADC 转换编码数值之间的关系式。为了得到多样化的原始被测信号数值，我们使用外接信号源在 TP5 处提供直流电压信号，同时断开 R32，操控稳流源的输出电流，负载电阻 5.1Ω。实验测量 R3 的两端电压数值，并换算成输出电流数值，经线性拟合后得到关系式 A：输出电流(mA)=ADC 值·0.818+13.864 。

第 17 页

上海交通大学　电子信息与电气工程学院

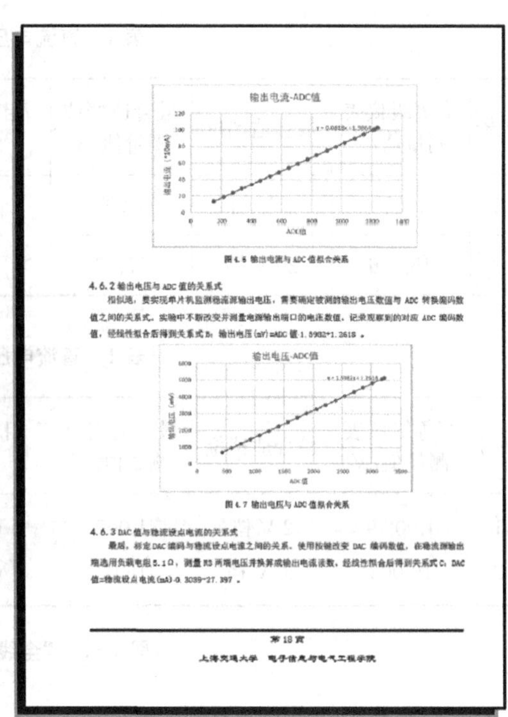

图 4.6 输出电流与 ADC 值拟合关系

4.6.2 输出电压与 ADC 值的关系式

相似地，要实现单片机监测稳流源输出电压，需要确定被测的输出电压数值与 ADC 转换编码数值之间的关系式。实验中不断改变并测量电源输出端口的电压数值，记录观察到的对应 ADC 编码数值，经线性拟合后得到关系式 B：输出电压(mV)=ADC 值·1.5982+1.2618 。

图 4.7 输出电压与 ADC 值拟合关系

4.6.3 DAC 值与稳流设点电流的关系式

最后，标定 DAC 编码与稳流设点电流之间的关系。使用按键改变 DAC 编码数值，在稳流源输出端选用负载电阻 5.1Ω，测量 R3 两端电压并换算成输出电流读数，经线性拟合后得到关系式 C：DAC 值=稳流设点电流(mA)·0.3039−27.397 。

第 18 页

上海交通大学　电子信息与电气工程学院

图 1－1　“开天窗”排版

图 4-4 为用于限压保护的电压比较电路。输入端为系统输出电压和 TL431 产生的 5V 基准电压。若输出电压小于 5V，则后端的二极管截止，不影响后面电路；若输出电压大于 5V，并且超过一定值，则 DA1 导通，经放大的反馈信号能够作用于 TPS40200 的 FB 引脚，达到限压的效果。设计增益为 10，选取R_{A2}=R_{A3}=1KΩ，R_{A1}=R_{A4}10KΩ。

4.5 DAC6571

DAC6571 芯片与单片机之间采用 I2C 通信，单片机程控通过控制 DAC 输出来调节电流设点，达到对输出电流的控制。

4.6 系统标定

本阶段中，单片机通过 ADC 采样输出电压与输出电流，并通过 DAC 编码控制稳流设点电流。因此，我们需要依次标定输出电流与其 ADC 转换编码之间的关系，输出电压与其 ADC 转换编码之间的关系，以及 DAC 编码与稳流设点电流之间的关系。

4.6.1 输出电流与 ADC 值的关系式

首先，要实现单片机监测稳流源输出电流，需要确定被测的输出电流数值与 ADC 转换编码数值之间的关系式。为了得到多样化的原始被测信号数值，我们使用外接信号源在 TP5 处提供直流电压信号，同时断开 R32，操控稳流源的输出电流，负载电阻 5.1Ω。实验测量 R3 的两端电压数值，并换算成输出电流数值，经线性拟合后得到关系式 A：输出电流(mA)=ADC 值·0.818+13.864 。

4.6.2 输出电压与 ADC 值的关系式

相似地，要实现单片机监测稳流源输出电压，需要确定被测的输出电压数值与 ADC 转换编码数值之间的关系式。实验中不断改变并测量电源输出端口的电压数值，记录观察到的对应 ADC 编码数值，经线性拟合后得到关系式 B：输出电压(mV)=ADC 值·1.5982+1.2618 。

4.6.3 DAC 值与稳流设点电流的关系式

最后，标定 DAC 编码与稳流设点电流之间的关系。使用按键改变 DAC 编码数值，在稳流源输出端选用负载电阻 5.1Ω，测量 R3 两端电压并换算成输出电流读数，经线性拟合后得到关系式 C：DAC 值=稳流设点电流(mA)·0.3039−27.397 。

第 17 页

上海交通大学　电子信息与电气工程学院

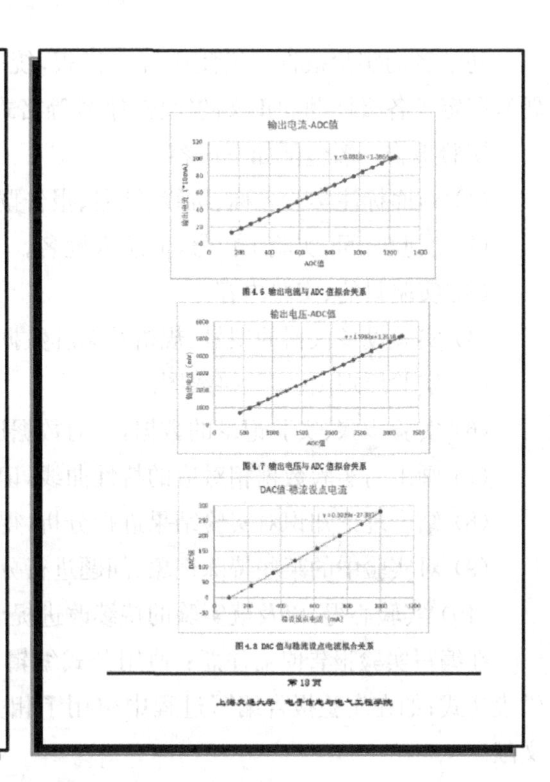

图 4.6 输出电流与 ADC 值拟合关系

图 4.7 输出电压与 ADC 值拟合关系

图 4.8 DAC 值与稳流设点电流拟合关系

第 18 页

上海交通大学　电子信息与电气工程学院

图 1－2　避免“开天窗”的推荐排版

表 1 直流电压测试结果记录

全线表

序号	高等级仪表测量值/V	最合适档位	最合适档位测量值/V	相对误差/%	相邻档位 1 测量值或现象	相邻档位 2 测量值或现象
1	1.002 9	2 V 档	1.007	0.41	20 V 档 1.01 V	200 mV 档显示超量程
2	15.006	20 V 档	15.03	0.16	2 V 档显示超量程	200 V 档 15.1 V

表 1 直流电压测试结果记录

三线表

序号	高等级仪表测量值/V	最合适档位	最合适档位测量值/V	相对误差/%	相邻档位 1 测量值或现象	相邻档位 2 测量值或现象
1	1.002 9	2 V 档	1.007	0.41	20 V 档 1.01 V	200 mV 档显示超量程
2	15.006	20 V 档	15.03	0.16	2 V 档显示超量程	200 V 档 15.1 V

图 1-3 “全线表”和“三线表”

1.4.2 实验报告写作规范

初学者的实验报告建议使用统一模板，统一模板规定了文章的组织结构(各部分的标题)，限定了各级标题和正文的字体、字号等格式要素。

实验报告一般包括如下内容：

(1) 封面标注实验名称、班级、姓名、报告撰写时间。

(2) 实验时间、实验工位号、同组人姓名。

(3) 实验目的、实验内容。

(4) 实验设备仪器的型号、规格及铭牌数据。

(5) 实验原理图、实验接线图。

(6) 实验步骤、实验记录的数据，针对数据进行整理计算，并列出计算公式。

(7) 画出与实验数据相对应的特性曲线，记录波形。

(8) 结合理论知识对实验结果进行分析，得出实验结论。

(9) 对实验中的某些特殊现象、问题进行分析和讨论。

(10) 实验心得，以及就实验的持续改进提出自己的意见和建议。

在编写实验报告时需注意：使用公式编辑器处理数学表达式，不要用图或文字表示数学表达式；如在实验报告编写过程中引用了相关资料或文献，需在实验报告最后附加参考文献。

第2章 电力电子技术实验操作技术

2.1 实验台实验操作技术

2.1.1 实验台操作特点

一般情况下，在实验台上操作的实验以验证性实验为主。按照实验指导书要求的步骤进行实验，记录实验数据并进行分析。

2.1.2 实验台操作注意事项

在电力电子技术典型实验中，实验台操作要注意以下事项：

(1) 初次使用或较长时间未用实验台及其挂箱时，实验前应首先对实验台及其相关挂箱进行全面的检查和单元环节调试，确保主电源、保护电路和相关触发电路单元工作正常。

(2) 每次实验前，务必设置"状态"开关，并检查其他开关和旋钮的位置。实验接线时，必须在指导教师检查无误后再开始实验。

(3) 负载和电源的选用要严格参考有关挂件的使用说明。

(4) 对于双踪示波器的两个探头，其地线已通过示波器机壳短接。使用时务必使两个探头的地线等电位(或只用一根地线即可)，以免测试时系统经示波器机壳短路。

(5) 每个挂箱都有独立电源，使用时要打开相应的电源开关才能工作，不同挂件上的单元电路配合使用时需要共信号地。

2.2 开放式实验电路板操作技术

2.2.1 开放式实验电路板操作特点

用开放式实验电路板做电力电子技术实验，具有一定的直观性和综合性，学生可以清晰地了解实验电路和元器件在电路板上的分布情况，也可以参与一定的器件选型、电路焊接和系统调试，可训练硬件制作和调试能力。

2.2.2 开放式实验电路板操作注意事项

使用实验电路板进行实验时，要注意以下事项：

(1) 电路板焊接和安装前，首先要观察电路板是否有问题，比如有无裂痕、短路等，必要时还需检查电源与地之间的电阻是否足够大。

(2) 焊接安装模块或组件时，不要一次全部安装，应该按照功能顺序逐个安装，以便轻松确定实验电路板故障范围。一般来说，可以先安装电源，然后再通电检查电源的输出电压是否正常。建议在实验时使用有限流功能的可调稳压电源。

(3) 经验证明，电路板调试过程中出现的问题大部分是由焊接引起的。因此，在实验电路板通电前要重点检测电路是否有短路、虚焊、假焊、漏焊等情况，尤其是短路的检测，因为短路很有可能直接导致电子器件(尤其是功率器件)损毁甚至于电路板损坏。电路检测方法比较简单，可直接用万用表测量，这里不再赘述。

(4) 通电后的第一步应该检测各个电源模块，比如 3.3 V、5.0 V、12.0 V 以及强电部分等。如果电源出现问题，电路板的其他功能模块是无法正常工作的，而且可能会造成电路损坏。

(5) 电源检测无误后，应该检测主要器件是否正常工作，比如开关继电器打开和闭合时是否有明显的响声。

(6) 要检测芯片的工作电压、触发信号等，首先要确认外围电路是否正常。这一环节需要结合电路原理图和芯片手册来验证测试。因此，实验电路板调试前要准备好电路原理图和相关的芯片手册，并对电路板的工作原理进行深入了解。

2.3 仿真实验与半实物仿真实验操作技术

2.3.1 仿真实验特点与注意事项

仿真实验是通过计算机技术将现实实验过程移至软件中，通过操作和现象观察对知识进行理解的一种实验方法。仿真实验可以有效地解决硬件实验受台套数、实验环境限制的不足，具有灵活性、安全性、理想性的特点，可拓展实验教学的深度和广度，提高实验教学实效，实现理论与实践教学的密切结合，同时也可尽量减少实验成本和潜在危害。

随着计算机技术的不断发展，越来越多的电力电子仿真软件为电气工作者和学习者带来了极大的便利。下面简要介绍几种常见的电力电子仿真软件，使用者可以根据实际需要选择合适的软件进行电路仿真分析和设计。

1. OrCAD PSpice 仿真软件

PSpice 属于元件级仿真软件，模型采用 Spice 通用语言编写，移植性强，适用于常用的信息电子电路。整个仿真软件是一个整体，由原理图编辑、电路仿真、激励编辑、元器件库编辑、波形图等几个部分组成。电路元件模型反映实际元件的特性，通过对电路方程运算进行求解能够仿真电路的细节，特别适合对于电力电子电路中开关暂态过程的描述。

该软件的主要特点：① 可进行复杂的电路特性分析，如蒙特卡罗分析；② 可进行模拟、数字、数模混合电路仿真；③ 集成度高。

该软件的缺点：① 不适用于大功率器件；② 采用变步长算法，导致计算时间延长；③ 仿真的收敛性较差。

2. Saber 仿真软件

Saber 仿真软件是一款多技术、多领域的系统仿真软件，可用于电子、电力电子、机电一体化、机械、光电、光学、控制等不同系统构成的混合系统仿真，可以兼容模拟、数字、控制量的混合仿真，便于在不同层面分析和解决问题，其他仿真软件基本不具备这样的混合仿真功能。Saber 仿真软件真实性好，从仿真电路到实际电路的实现，参数基本不用修改，主要功能如下：① 原理图输入和仿真；② 数据可视化和分析；③ 丰富的模型库；④ 建模。该软件的缺点是操作较为复杂；原理图仿真常常不收敛继而导致仿真失败；占用系统资源较多；环路扫频耗时较长（十几分钟）。

3. CASPOC 仿真软件

CASPOC 仿真软件是一个面向电力电子和电气传动的强大系统级模拟软件。使用 CASPOC 可以简单快速地建立电力电子、电机、负载和控制量的多级模型，包括交互式电力供应的电路级模型，电机、负载的部件及模型，以及控制算法的系统级模型，然后使用 CASPOC 稳定的求解器快速、精确地仿真，将模型的时域波形、向量和谐波直观动态地显示出来，从而让用户可以进行电力电子领域内系统级的设计和分析。CASPOC 仿真软件拥有非常高的仿真速度和稳定性，主要功能如下：① 专门的强电控制模块；② 仿真时可测量谐波、均方根、均值；③ 丰富的强电电路库。

4. MATLAB 仿真工具包 Simulink

大型科学计算与仿真软件 MATLAB 已经配备了电力系统工具包（Power system blockset），这使得 MATLAB 可以用于电力电子仿真。Power system 的仿真是基于 MATLAB 软件包中最重要的功能模块之一 Simulink 的图形环境，因而使用起来与 PSpice 一样方便。Simulink 采用仿真的动态分析系统，并且采用交互式和模块化的建模方式。通常可利用该软件在电力电子领域建立电力电子装置的简化模型，比如基频模型，自动连接成一个系统，对控制器进行设计和仿真。Simulink 为 C 语言代码提供了很好的支持，既可以在交互式图形环境下工作，也可以在 MATLAB 指令语言模式的批处理模式下工作。Power system 是基于理想化功率元器件和功能模块的仿真工具。但是 Power system 仿真的结果与实际电路有差距，其仿真结果的参考意义主要体现在电路的总体和系统上，而且对计算机的内存有较高要求，仿真过程容易因存储溢出而中断。

5. PLECS 仿真软件

PLECS 仿真软件也是一款可结合电路和系统的多功能仿真软件，尤其适用于电力电子和电气传动系统。PLECS 始于 MATLAB Simulink 嵌套版，PLECS 独立版于 2010 年开发，自此脱离 MATLAB Simulink。PLECS 独立版具有控制元件库和电路元件库，采用优化的解析方法，仿真速度更快，比 PLECS 嵌套版快 2.5 倍，其控制部分可以在 PLECS 独立版中被直接快速模拟。使用连续和离散信号处理模块、代数函数和间断点可以实现非常多的模拟仿真。该软件的主要功能如下：① 独特的热分析功能；② 理想的开关；③ C 语言控制器、自动生成 C 语言代码（嵌套版）；④ 丰富的元件库。

对于同一个电力电子电路，采用不同的软件进行仿真可能会得到不同的结果。因此，根据实际的电力电子电路和工作要求选择合适的仿真软件是仿真实验的必要环节。

2.3.2 半实物仿真特点与注意事项

半实物仿真，又称为硬件在回路中的仿真（hardware in the loop simulation），是指在仿真实验系统的仿真回路中接入部分工业产品实物的实时仿真，是将数学模型与物理模型或实物模型相结合进行实验的过程。在半实物仿真过程中，对数学模型精度较高的部分或者难以用实物代替的部分，用数学模型在计算机中运行；部分实物或物理模型可直接引入到仿真回路，从而提高仿真的置信水平。半实物仿真作为替代真实环境或设备的一种典型方法，不仅提高了仿真的可信性，也解决了以往存在于系统中的许多复杂建模难题，因此半实物仿真成了一个重要的发展方向。

实时性是进行半实物仿真的必要前提。半实物仿真实验台结合了软件模拟的智能优势和实物本体可视化控制过程，既能减少人为操作和其他因素的干扰，又能缩短实验周期、降低实验成本；通过具体设备的在线控制监测实验过程，实时对实验做出优化改进。半实物仿真具有以下特点：① 真实再现工业场景，使实验更具现场感；② 可以模拟高温、高压等一般实验室或者实训装置无法进行的过程；③ 不走料，零污染，零排放，系统能耗低，节能环保；④ 可进行各种控制方案的设计、验证和实施。

目前，常用的国外半实物仿真平台有 dSPACE 实时仿真系统、RT - LAB、xPC - Target 半实物仿真平台和 NI 半实物仿真平台等。

dSPACE 实时仿真系统是由德国 dSPACE 公司开发的一套基于 MATLAB Simulink 的控制系统开发及半实物仿真的软硬件工作平台，实现了和 MATLAB Simulink/RTW 的完全无缝链接。dSPACE 实时仿真系统拥有具有高速计算能力的硬件系统，包括处理器、输入/输出设备（I/O）等，还拥有方便易用的实现代码自动生成/下载和实验/调试的软件环境。这样，在 dSPACE 强大能力的支持下，可以实现快速控制原型也可以实现半实物仿真。

dSPACE 因其显著的优越性，已广泛应用于航天飞行器、汽车、电力机车、机器人、驱动及工业控制等领域。

RT－LAB 是由加拿大 Opal－RT Technologies 公司推出的一套工业级系统平台软件包和仿真器，也是一种基于模型的工程设计测试应用平台。通过应用这种开放、可扩展的实时软件和硬件平台，可以直接将利用 MATLAB Simulink 建立的动态系统数学模型应用于实时仿真、控制、测试，以及其他相关领域。但是，RT－LAB 是针对专用设备，运行在专用的实时操作系统上，需要手动修改适用于 RT－LAB 编译的接口模块，软硬件平台的通用性不够好。

xPC－Target 半实物仿真平台基于 MATLAB 大型科学计算与仿真软件。MATLAB 是一种面向科学与工程计算的高级语言，它集科学计算、自动控制、信号处理、神经网络、图像处理等于一体，具有极高的编程效率。特别地利用 Simulink 工具箱中丰富的函数库可以很方便地构建数学模型，并进行非实时仿真。而 xPC－Target 是由 Mathworks 公司提供的一种用于产品原型开发、测试和配置实时系统的个人计算机解决途径。为了提高系统实时仿真能力，xPC－Target 采用了宿主机—目标机的技术途径，两机通过网卡连接，以 TCP/IP 协议进行通信。宿主机采用 MATLAB Simulink 建模并设置仿真参数，然后通过实时工作间与 VC 编译器对模型进行编译并下载可执行文件到目标机。

NI 半实物仿真平台是美国国家仪器有限公司推出的基于 LABVIEW 的实时控制仿真平台。该平台主要由三部分构成：CompactRIO 实时控制器、可重配 FPGA 和 I/O 模块。CompactRIO 的 RIO（FPGA）核心内置数据传输机制，负责把数据传到嵌入式处理器以进行实时分析、数据处理、数据记录或与联网主机通信。利用 LabVIEW FPGA 基本的 I/O 功能，用户可以直接访问 CompactRIO 硬件的每个 I/O 模块的输入输出电路。所有 I/O 模块都包含内置接口、信号调理、转换电路［如模拟数字转换器（ADC）或数字模拟转换器（DAC）］，以及可选配的隔离屏蔽。这种设计使得低成本的构架具有开放性，用户可以访问到底层的硬件资源。

以上四种半实物仿真平台都是成熟的分布式、可以用于实时仿真和半实物仿真的平台，并且都是基于个人计算机 Windows 操作系统，具有高度的集成性和模块化。用户可以根据需要在运算速度不同的多处理器之间进行选择，选用不同的 I/O 配置以组成不同的应用系统。相对来说，RT－LAB 和 xPC－Target 半实物仿真平台侧重于工程设计与测试，而 dSPACE 实时仿真系统和 NI 半实物仿真平台更侧重于控制系统开发及测试。

国内对于半实物仿真技术的研究起步相对较晚，但发展较为迅速。银河高性能仿真平台 YH－AStar 是国防科技大学计算机学院继银河仿真Ⅰ型机、银河仿真Ⅱ型机、银河超级小型仿真机之后推出的第四代仿真机系列产品。它以一体化建模仿真软件 YHSIM 为核心，以通用计算机、Windows 操作系统和专用 I/O 系统为基础，构成了可适用于不同规模连续系统数学仿真和半实物仿真的、具有不同型号和档次的仿真机系列产品。该平台在全国许多单位得到了成功的应用，为长征系列火箭、多种型号导弹的研制做出了贡献。

第3章

电力电子技术实验中常用仪器的原理与使用

3.1 示 波 器

示波器是以直角坐标为参考系，以时间扫描为时基，两维地显示电量（如电压、电流、频率、相位差等）瞬时变化的仪器，它可以观测低频信号（包括单次信号），也可以观测高频信号和快速脉冲信号，并对其表征的参数进行分析和测量。随着数字集成电路技术的发展而出现的数字存储示波器，不但能对波形进行显示，还能对波形进行存储、分析、计算，并组成自动测试系统，是电气电子测量领域的基础测试仪器之一。

传统的模拟示波器将狭窄的、由高速电子组成的电子束，打在涂有荧光物质的屏幕上，就可产生细小的光点。在被测信号的作用下，电子束就好像一支笔的笔尖，可以在屏幕上描绘出被测信号瞬时值的变化曲线。数字示波器则是利用数据采集、A/D 转换、软件编程等一系列技术把被测模拟信号转换为数字信息。数字示波器捕获的是波形的一系列采样值，并对采样值进行高速缓存，随后重构波形且将其显示在屏幕上。模拟示波器对信号的测量是连续的，不会丢失带宽范围内的任何细节，而数字示波器可能会由于漏采而丢失某些瞬态信号。模拟示波器也有缺点：在测量低频信号时，屏幕闪烁严重；没有预触发，看不到触发前的波形；没有存储，不能把波形固定在屏幕上；带宽达到 6 GHz 后无法进一步提高。随着数字技术的发展，数字示波器的前端 ADC 带宽不断提高，并且具有相对体积小、触发方式多的优点，所以现在看到的多是数字示波器，外形如图 3－1 所示。

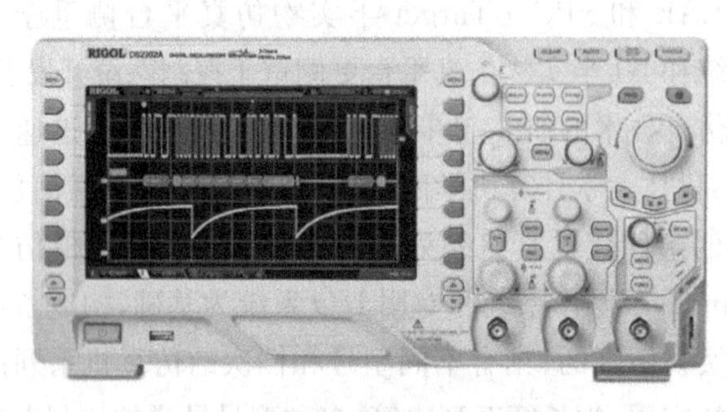

图 3－1 RIGOL DS2202A 示波器

数字示波器的参数主要有通道数、带宽、采样率、存储深度、兼容的探头等。

通道数：数字示波器可以采集的模拟信号数量。一般说来，通道数越多，示波器价格就越高。两条模拟通道可以将输入信号与输出信号进行对比；四条模拟通道可以比较更多的信号，也可以更灵活地在数学上进行组合（比如相乘得功率，相减得差分信号等）。RIGOL DS2202A 示波器的模拟通道数为 2。

带宽：示波器的模拟通道带宽一般简称为带宽，是示波器的核心参数，单位为赫兹（Hz），反映了信号频率的通过能力。被测信号往往是由不同频率的波形叠加而成的。示波器的带宽越大，就能越准确地显示信号中的各种频率成分（特别是高频成分）；反之，如果带宽较小，就会损失很多高频成分，信号显示会出现较大误差。带宽决定了一个示波器的性能等级。图 3－2 所示为 20 MHz 方波信号在不同带宽示波器下的波形，可以看到带宽越大，信号的上升沿越陡峭，信号还原度越高。RIGOL DS2202A 示波器的模拟宽带为 200 MHz。

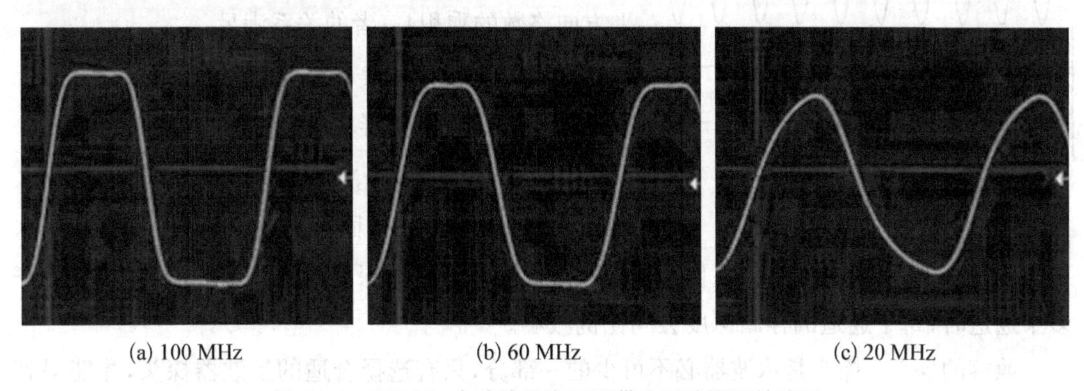

(a) 100 MHz　(b) 60 MHz　(c) 20 MHz

图 3－2　20 MHz 方波信号在不同带宽示波器下的波形

示波器的带宽和被测信号频率一般呈现 5 倍关系，即示波器带宽≥信号频率×5。只有在这个条件下，示波器才能获取并还原足够详细的波形。

采样率：将模拟量转换为数字量时对信号转换的频率，单位为每秒的采样点数量（Sa/s，其中 Sa 是 Sample 的缩写）。RIGOL DS2202A 示波器的模拟通道采样率高达 2 GSa/s，即 1 秒钟能获得 2G 个采样点。示波器上的波形，实际是由一个个点连接起来组成的图形，采样率越高，单位时间内的采样点越多，液晶显示屏（liquid crystal display，LCD）上显示出来的波形越精准清晰。采样率过低会产生波形失真、波形混叠、波形漏失等问题，如图 3－3 所示。

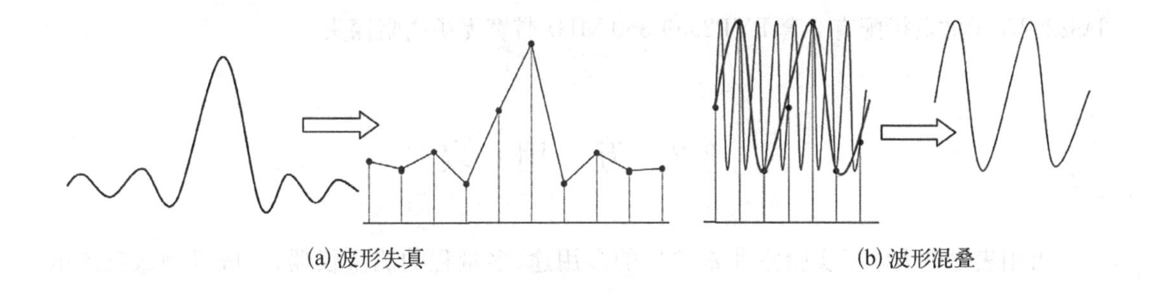

(a) 波形失真　(b) 波形混叠

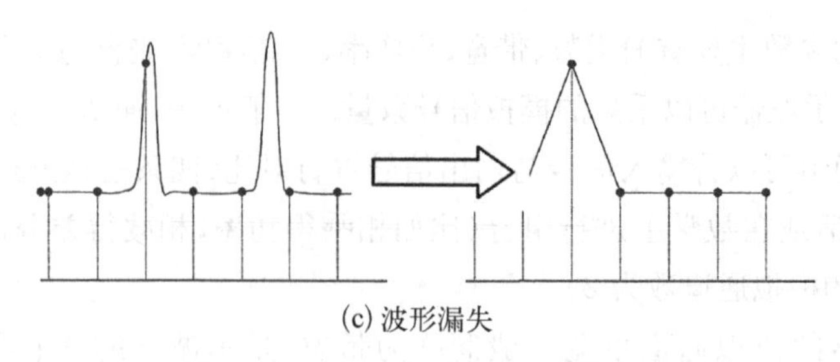

(c) 波形漏失

图 3-3　采样率低对波形显示的影响

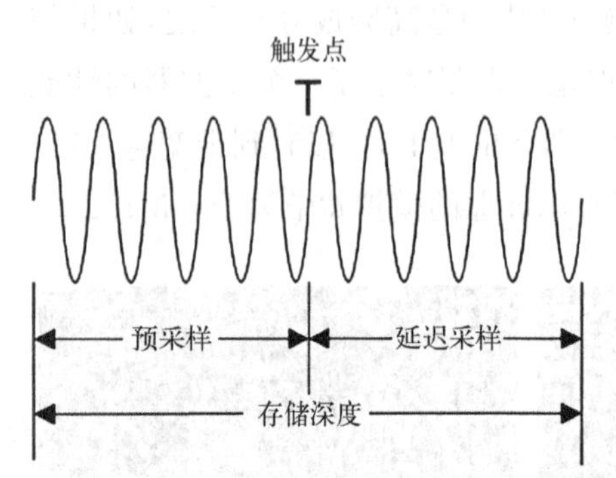

图 3-4　存储深度示意图

存储深度：也称为"采样深度""记录长度"，指示波器在一次触发采集中所能存储的波形点数，单位为点数(points, pts)，反映采集存储器的存储能力(见图 3-4)。

存储深度、采样率与波形长度(水平时基与屏幕水平方向格数的乘积)三者的关系满足：

$$存储深度=采样率\times(水平时基\times屏幕水平方向的格数)$$

RIGOL DS2202A 示波器标配存储深度为 14 Mpts，其屏幕水平方向的格数固定为 14。因此，在相同的水平时基档位下，高存储深度可以保证高采样率。需注意存储深度是整台示波器共享的，打开多个通道时，每个通道的存储深度会同比例减小。

兼容的探头：探头是示波器必不可少的一部分，只有选择合适的示波器探头，才能得到准确的测试结果。在购买示波器时，一般会配置无源探头。无源探头可以满足大部分的测试需求。探头上会标注带宽、衰减倍数、阻抗等信息。探头的带宽应与示波器的带宽相匹配。

无源探头测量的是对"地"的相对电压差，但在测试有些电路时，比如电源系统，经常要求测量三相供电中火线与零线的相对电压差，如果直接用无源探头测量两点电压，会导致探头甚至示波器损毁。这是因为大多数示波器的信号公共端是接地的，直接测量两点电压会使得地线与供电线直接相连，后果必然是短路。在类似这种情况下，就需要使用有源差分探头来进行浮地测量。在很多高压信号的测试上，需要使用高压差分探头来进行测试。

用示波器来测试电流信号时会用到电流探头，常用的电流探头是利用霍尔原理制作的。它通过测量电路周围磁场的变化来获得电流信号，同时还能计算和显示瞬时功率。RIGOL DS2202A 示波器标配有 2 套 PVP2350 350 MHz 带宽无源高阻探头。

3.2　万　用　表

万用表是电力电子实验室非常常见的多用途、多量程的测量仪器，一般可测量直流电流、直流电压、交流电压、电阻等，有的还可以测量交流电流、电容量、电感量、逻辑电位，以及半导体的一些参数等。

万用表按显示方式分为指针万用表和数字万用表。传统的指针万用表通过指针摆动客观地反映被测参数，但是读取精度较差。其原理是将各种被测参数经过变换处理变成流入表头的微小直流电流以进行测量，表头为一只灵敏的磁电式直流电流表，通过其指针与被测参数对应表盘配合来读数。

实验室通常使用数字万用表，可通过其显示屏直观读数，且其操作简单，功能多，测量快，准确度、分辨力高，使用寿命长，过载能力强，抗干扰性能好，具有标准化、智能化、模块化的特点。

数字万用表的原理是先将被测参数通过不同的转换器转换成直流电压，然后再用直流数字电压表来进行电压测量，从而得到相应数值。因此数字万用表的核心是直流数字电压表。直流数字电压表的测量过程是利用模/数(A/D)变换器将被测的模拟电压变换成相应的数值，然后通过电子计数器计数，最后把被测电压值以十进制数字形式直接显示在屏幕上。

数字万用表可分为手持式和台式。手持式数字万用表体积小，放置灵活，制作成本低，维修方便，对于精度需求并非特别高的常规测量、维修工作而言是高效的选择。台式数字万用表体积和质量大，大多数都需要交流供电，移动和携带受限制。但台式数字万用表分辨率、准确度及稳定性较高，可以接通信接口，便于测量数据的传输，更加契合现代工业、实验室的高精度需求。台式万用表外形如图 3-5 所示。

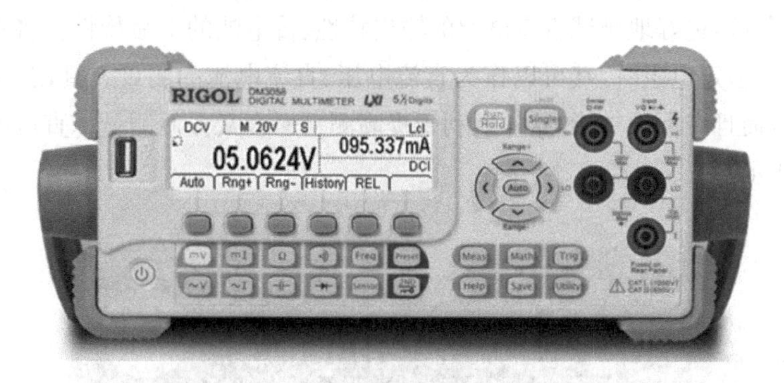

图 3-5　RIGOL DM3058E 万用表

万用表的参数主要有分辨率、测量速度等。

分辨率：反映仪表灵敏性的高低，分辨率越小，仪表灵敏性越高。一般手持式万用表分辨率为 $3\frac{1}{2}$ 位或 $4\frac{1}{2}$ 位；台式万用表分辨率为 $5\frac{1}{2}$ 位～$8\frac{1}{2}$ 位。RIGOL DM3058E 是一款 $5\frac{1}{2}$ 位双显数字万用表，有 5 个能完整显示 0～9 数字的“位”和 1 个只能显示 0 或 1 的“半位”，最大显示数字是 199 999，最小显示数字是 0.000 01，即分辨率。

测量速度：反映数字万用表每秒测量被测电量的次数，单位是“次/s”(rdgs/s)，主要取决于A/D转换器的转换速率。一部分手持式数字万用表用测量周期来表征测量的快慢，完成一次测量过程所需要的时间称为测量周期。

测量速度与准确度存在着矛盾，通常是准确度愈高，测量速度愈低，两者难以兼顾。为解决这一矛盾，可在同一块万用表设置测量速度转换开关或设置不同的显示位数：增设快速测量档，该档用于测量速度较快的A/D转换器；降低显示位数来大幅度提高测量速度。后者应用得比较普遍，可满足不同用户对测量速度的需求。RIGOL DM3058万用表的最快测量速度是123 rdgs/s，且在最快测量速度下仍然具有高读数分辨率。

3.3 直流电子负载

在电气电子技术和测试领域，实验人员经常会对直流稳压电源、开关电源、线性电源、变压器、整流器、电池、充电器等电子设备的输出特性进行测试。怎样可靠、全面且较简单快捷进行测试，一直是实验人员探索的问题。传统的方法一般采用电阻、滑线变阻器、电感、电容等来充当测试负载，但这些负载结构简单，功能单一，已经不能适应现代电子设备对于负载输出特性的测试要求。

直流电子负载比一般的负载具备更多的测试模式。直流电子负载具有恒定电流(CC)、恒定电压(CV)、恒定电阻(CR)、恒定功率(CW)模式，可分别用于不同电源参数的测量。它能替代传统的负载，更好地测试直流电源的输出特性、蓄电池的寿命特性。将直流电子负载作为一个可变或恒定电阻时，其可以作为直流电压、直流电流的测量表具，有一定的测量分辨率和准确度，而且有保护功能，这样既利于提高测量速度又方便测量。直流电子负载的外形如图3-6所示。

图3-6 M9712C直流电子负载

直流电子负载的主要参数有额定输入，4种工作模式下的量程、分辨率、精度，电压、电流及功率的测量值、分辨率及精度等。M9712C直流电子负载各参数如表3-1所示。

表 3-1　M9712C 直流电子负载参数

项　目	参　数	数　据	
额定输入	功率/W	300	
	电流/A	0～60	
	电压/V	0～150	
恒定电流模式	量程/A	0～6	0～60
	分辨率/mA	0.1	1
	精度	0.03%+0.05%FS	0.03%+0.05%FS
恒定电压模式	量程/V	0.1～19.999	0.1～150
	分辨率/mV	1	10
	精度	0.03%+0.02%FS	0.03%+0.02%FS
恒定电阻模式	量程/Ω	0.03～10×10^3	0.03～5×10^3
	分辨率	16 位	16 位
	精度	0.1%+0.1%FS	0.1%+0.1%FS
恒定功率模式	量程/W	0～300	0～300
	分辨率/mW	1	10
	精度	0.1%+0.1%FS	0.1%+0.1%FS
电压测量值	电压/V	0～19.999	0～150
	分辨率/mV	1	10
	精度	0.015%+0.03%FS	0.015%+0.03%FS
电流测量值	电流/A	0～6	0～60
	分辨率/mA	0.01	0.1
	精度	0.03%+0.05%FS	0.03%+0.08%FS
功率测量值	功率/W	100	300
	分辨率/mW	1	10
	精度	0.1%+0.1%FS	0.1%+0.1%FS

3.4 可编程电源

3.4.1 可编程线性直流电源

电源是向电子设备提供功率的装置，也称电源供应器。线性直流电源的基本设计模式包括整流器和负载单元，以及与之串联连接的控制组件。

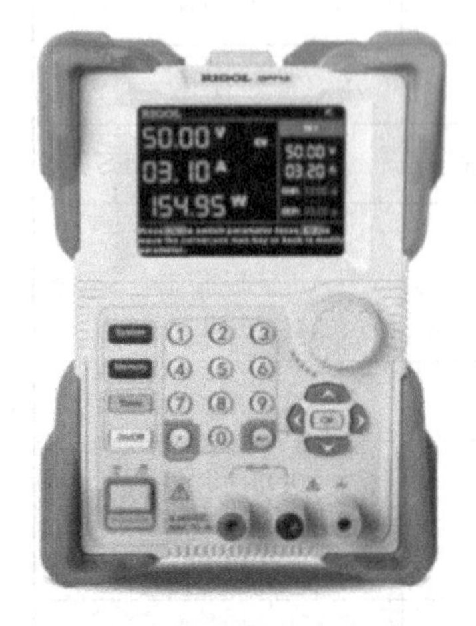

图 3-7 RIGOL DP712 可编程线性直流电源

在性能方面，线性直流电源具有出色的电源和负载特性，并且可以对电网和负载的变化做出快速反应。因此，其电源调节率、负载调节率和过渡恢复时间要优于大多数开关电源。线性直流电源具有许多其他优点，例如极低的纹波和噪声、对环境温度变化的承受能力，以及高可靠性。

在可编程线性直流电源中，用数字控制电路来控制 DAC 的输出电压，以直接控制电源的编程电压值。电源的输出将同时向数字控制电路发送电压，以指示其具有所需的输出电压。数字控制电路从输出端接收到电压信息后，将信息发送到显示器。以类似的方式，数字控制电路还通过 PC 接口将电源单元的输入和输出状态等信息发送到其他设备。可编程线性直流电源的外形如图 3-7 所示。

可编程线性直流电源的主要参数有负载调节率、纹波和噪声、瞬态响应时间、过压/过流保护(over voltage protection/over current protection，OVP/OCP)。

负载调节率：体现当负载电流变化时稳压电源输出电压的相应变化情况，通常以输出电流从 0 变化到额定电流时，输出电压的变化量和输出电压的百分比来表示。RIGOL DP712 可编程线性直流电源的负载调节率指标如表 3-2 所示。

表 3-2 RIGOL DP721 可编程线性直流电源的负载调节率

项　　目	负载调节率/±(输出百分比+偏置)
电压	<0.01%+2 mV
电流	<0.01%+2 mA

纹波和噪声：纹波是由直流稳定电源的电压波动造成的一种现象，直流稳定电源一般是由交流电源经整流稳压等环节而形成的，直流稳定量不可避免地带有一些交流成分，这种叠加在直流稳定量上的交流分量就称为纹波；噪声是在电子电路设计中目标信号以外所有

信号的总称，这些信号通常由环境中的自然因素或人为因素产生的电磁能量造成。影响电子电路正常工作的噪声称为“干扰”，而能产生一定能量的任何物质都可以称为“噪声源”。纹波和噪声会对电源产生诸多不良影响。RIGOL DP712 可编程线性直流电源的纹波和噪声性能指标如表 3－3 所示。

表 3－3　RIGOL DP712 可编程线性直流电源的纹波和噪声

项　目	纹　波　和　噪　声
常模电压	$<500\ \mu$Vrms/4 mVpp
常模电流	<2 mArms

瞬态响应时间：当负载电流发生瞬态变化时，瞬态响应时间决定了输出电压恢复到设定值的速度，瞬态响应时间性能的优劣决定了输出信号的质量。RIGOL DP712 可编程线性直流电源的瞬态响应指标：在输出电流从满载到半载或从半载到满载时，输出电压恢复到 15 mV 之内的时间小于 50 μs。

过压/过流保护(OVP/OCP)：过压保护指被保护线路电压超过预定的最大值时，使电源断开或使受控设备电压降低的一种保护方式；过流保护指当电流超过预定的最大值时，使保护装置动作的一种保护方式。当流过被保护原件中的电流超过预先整定的某个数值时，保护装置启动，并用时限保证动作的选择性，使断路器跳闸或给出报警信号。RIGOL DP712 可编程线性直流电源的过压/过流保护值分别为 0.01～55 V 和 0.01～3.30 A。

3.4.2　可编程交流电源

可编程交流电源是指某些功能或者参数可以通过计算机软件编程进行控制的交流电源，能够模拟多种交流线路条件、各种供电状态、供电失真，提供指定幅值、频率、相位、波形等的低噪声与高稳定性输出电压或者电流，可实时且不断电地调整电压及频率设定，可以方便地进行电力特性测量与分析，广泛应用于研发设计、生产测试和质量保证验证等领域，也是大多数实验室与科研机构必不可少的工具。

可编程交流电源的工作主要是由电子变换技术来实现的，包括输入电路、变压器、控制电路、变压器控制、输出电路几个重要步骤。输入电路接收到滤波器滤除外部电磁干扰或噪声后纯净的输入信号，将交流电源输入到变压器中，通过变压器将输入电压的大小调整到输出电压范围，控制电路起监测作用，通过比较输出电压与实际设定电压值之间的差异来产生误差信号。误差信号经控制电路传递到变压器控制元件中，通过改变变压器的输入、输出电压之间的相位差和相对幅值来实现对输出电压的调整。输出电路将经过控制电路调节后的

图 3-8 6560_90E 可编程交流电源

电流和电压输出给外部设备。可编程交流电源外形如图 3-8 所示。

可编程交流电源的参数主要有负载调整率和失真、用户和测试系统接口、瞬态响应。

负载调整率和失真：负载调整率是衡量电源好坏的指标，能够体现当负载电流变化时电源输出电压的相应变化情况，负载调整率=(无负载电流时的负载电压－满负载电流时的负载电压)/满负载电流时的负载电压×100%；失真指信号在传输过程中与原有信号或标准信号相比所产生的偏差。

因此可编程交流电源的负载调整率应该尽可能小，且失真低，即使在重载情况下或者供电的波动情况下，仍然可以保证高质量的输出。调节性能不佳或者输出波形的失真可能会使得实际测试条件不符合要求或者测试结果不正确，但是在现场不一定会发现这种测试异常是由测试电源所引起的。此外，对于负载调整率差的交流电源，其输出阻抗较高而且只具有低峰值电流能力，不能为待测物提供测试所需要的峰值电流，这将导致更高的测试失败率。另一个需要考虑的因素是负载响应时间，或者可编程交流电源响应负载变化所需要的时间。具有快速负载响应时间的可编程交流电源一般都具有很低的电源阻抗和良好的负载调整率。

用户和测试系统接口：常规测试和系统集成均需要多种通信接口，以便对可编程交流电源监控和控制。可编程交流电源提供多种通信接口，包括 LAN、USB、RS232 和 GPIB，并且通信命令符合 SCPI 命令标准，可以通过其支持的任意一种通信接口对交流电源进行远程操作，可以简化测试系统的编程和集成，使其可以更方便地集成到测试系统中。

瞬态响应：衡量可编程交流电源应对电流需求变化或跟随负载阻抗变化能力的一个指标。某些可编程交流电源最快的响应时间<150 μs。当输出电流需求在短时间内大幅度减小或增大时，输出电压也可能会大幅度降低或升高。电源的内部电压控制回路会努力将输出电压稳定在其设定值处，但这种响应并非瞬间进行的。要想提高瞬态响应速度，有时就不得不接受更大的纹波和噪声。在可编程电源中，内部电压控制回路和输出滤波器是互相制约的。大输出滤波器可限制纹波和噪声，但降低了电源对快速变化负载的瞬态响应速度。而超快的内部电压控制回路会缩短瞬态响应时间，但可能会产生过冲或下冲，由此损坏待测物。

3.5 LCR 数字电桥

LCR 数字电桥，又称 LCR 测试仪，是一种能够测量电感 L、电容 C、电阻 R、阻抗 Z 的仪器，一般还可以测量品质因数 Q 和损耗因数 D。最早的阻抗测量方法为电桥法，随着现代模拟和数字技术的发展，电桥法已被淘汰，但是 LCR 电桥的叫法仍旧被沿用。LCR 数字电桥便是使用了微处理器的 LCR 电桥。

LCR 数字电桥的工作原理如图 3-9 所示，其中 DUT 为被测件，R_r 为已知阻抗的标准电阻器。DUT 与 R_r 的电压 U_x 与 U_r 可以分别测出，而流过两者的电流是相等的，于是待测阻抗 Z_x 为

$$Z_x = \frac{U_x}{I_x} = \frac{U_x R_r}{U_r} \tag{3-1}$$

式(3-1)为相量关系式。如使用相敏检波器(phase sensitivity detection, PSD)分别测出 U_x 和 U_r 对应于某一参考相量的同相分量和正交分量，然后经 A/D 转换器将其转化为数字量，再由计算机进行复数运算，即可得到待测阻抗 Z_x 的电阻值与电抗值。

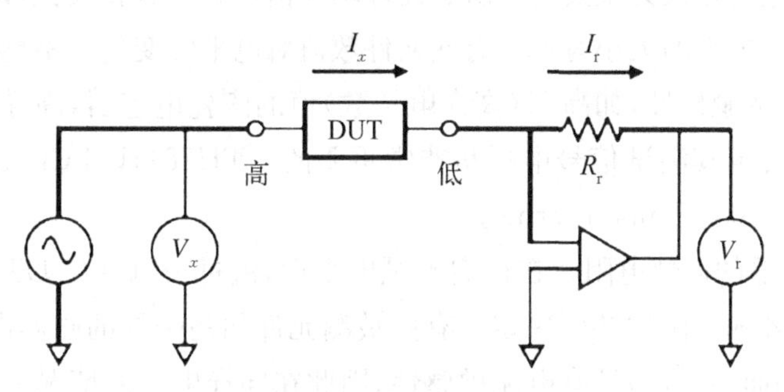

图 3-9　LCR 数字电桥原理图

LCR 数字电桥具有测试速度快、读数方便、功能多、频率范围宽、测量范围大、稳定性和准确度较高、易于实现程序控制等众多优点，已广泛应用于计量测试、科研单位对各类电子元器件的阻抗特性测量和筛选、元器件生产及维修制作等领域。LCR 数字电桥外形如图 3-10 所示。

图 3-10　TH2811D LCR 数字电桥

LCR 数字电桥的参数主要有测试准确度、测试频率、测试电平、输出阻抗。

测试准确度：反映仪器性能的主要指标之一，确切了解所需仪器的测试准确度是准确评价被测元件优劣的关键。一般情况下，仪器测试准确度应比被测元件的技术指标高 3～

5 倍。更为重要的是，通常仪器样本或其他宣传资料给出的是在某种条件下的最高测试准确度，实际使用中应了解被测元件在测量频率下所呈现的阻抗及在对应测量条件下的仪器测试准确度是否满足测量要求。充分了解仪器的测试准确度是极为重要的，而且测试准确度与所给定的测试条件密切相关，如电平、速度、温度等。TH2811D LCR 数字电桥的基本测试准确度为 0.2%，精度较高。

测试频率：元件检测需确定的首要参数之一，反映元件要素相关性的最重要内容，对正确选择 LCR 数字电桥是极为重要的。所有元件参数均与信号频率有相关性。其变化的大小主要取决于元件寄生（杂散）参数的大小，使用仪器时可能考虑了串联和并联两种等效方式，真正的元件等效模式可能远比串联和并联等效复杂得多。TH2811D LCR 数字电桥有 4 种可供选择的测试频率：100 Hz，120 Hz，1 kHz，10 kHz。

测试电平：元件检测需确定的首要参数之一，反映元件要素相关性的最重要内容，对正确选择 LCR 数字电桥是极为重要的。所有元件均与信号电平有相关性，即在规定测试频率下，元件数值与信号电平的大小有关。有些元件数值对电平的变化不敏感，然而有些元件对信号电平具有极强的敏感性，如高 K（高介电常数）值的陶瓷电容器，高导磁率的电感器等。因此，对此类器件规定其测试信号电平是非常重要的。TH2811D LCR 数字电桥有两种可供选择的测试电平：0.3 Vrms，1 Vrms。

输出阻抗：仪器的内部电阻。在设定测试电平后，流过被测件（DUT）的测试电流将由 DUT 的阻抗和仪器输出阻抗共同决定。有些被测元件如高磁导的磁芯电感器的测量值会因测试电流的不同而不同，即具有电流敏感性，因此在同样电平的情况下，不同的内阻必然会导致不同的测量结果。对于非电流敏感的特别是低阻抗的测试件，推荐使用低输出阻抗。TH2811D LCR 数字电桥有两种可供选择的输出阻抗：30 Ω 和 100 Ω。

第Ⅱ篇

电力电子技术实验

第4章 电力电子典型器件实验

4.1 电力电子器件概述

4.1.1 电力电子器件概念与特征

电力电子器件是指主电路中可直接用于处理电能、实现电能变换或控制的电子器件，电力电子器件有如下一般特征：

(1) 处理能力强。处理电功率的能力，即承受电压和电流的能力，小至毫瓦级，大至兆瓦级，大多远强于处理信息的电子器件。

(2) 工作在开关状态。一般，电力电子器件工作在开关状态，导通时(通态)阻抗很小，接近于短路，管压降接近于零，电流由外电路决定；阻断时(断态)阻抗很大，接近于断路，电流几乎为零，管子两端电压由外电路决定。这些开关特性和参数，也是电力电子器件的重要特性。

(3) 需要驱动电路。在实际应用中，电力电子器件往往需要由信息电子电路来控制。在主电路和控制电路之间，需要一定的中间电路对控制电路的信号进行放大，这就是电力电子器件的驱动电路。

(4) 功率损耗大。电力电子器件的功率损耗通常远大于信息电子器件。为保证损耗产生的热量不致使器件因温度过高而损坏，不仅要在器件封装上做散热设计，还要在其工作时安装散热器。这是因为导通时器件上有一定的通态压降，形成通态损耗，阻断时器件上有微小的断态漏电流流过，形成断态损耗，而在器件开通或关断过程中又会产生开通损耗和关断损耗，总称开关损耗。对某些器件来讲，驱动电路向其注入的功率也是造成器件发热的原因之一。通常电力电子器件的断态漏电流极小，因而通态损耗是器件功率损耗的主要因素。在器件开关频率较高时，开关损耗会随之增大，从而可能成为器件功率损耗的主要因素。

单个电力电子器件能承受的正向、反向电压是一定的，能通过的电流大小也是一定的。因此，由单个电力电子器件组成的电力电子装置容量受到限制。在实际应用中常将几个电力电子器件串联或并联以形成组件，其耐压和通流的能力可以成倍地提高，从而可极大地增加电力电子装置的容量。器件串联时，希望各元件能承受同样的正向、反向电压；器件并联时，则希望各元件能分担同样的电流。但由于器件的个异性，串、并联时，各器件并不能完全均匀地分担电压和电流。因此，在电力电子器件串联时，要采取均压措施；在并联时，要采取均流措施。

4.1.2 电力电子器件分类

各种电力电子器件均具有导通和阻断两种工作特性，按照控制程度，可分为不可控器件、半控型器件、全控型器件。

对于不可控器件，不能用控制电路信号控制其通断，器件的导通和关断由外电路决定。不可控器件主要指功率二极管，它只有两个电极。

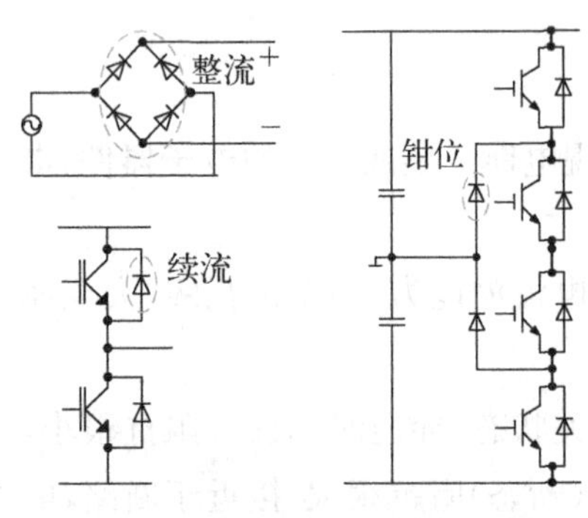

图 4-1 功率二极管的典型应用示例

功率二极管是 20 世纪最早获得应用的电力电子器件，在整流、逆变等几乎所有的电力电子电路都有功率二极管的应用。在电力电子电路中，功率二极管主要有整流、续流、限幅、钳位、稳压等功能。基于导电机理和结构，功率二极管可分为结型二极管和肖特基势垒二极管。目前以结型二极管为主，结型二极管本质上就是一个半导体的 PN 结。按照反向恢复时间不同，功率二极管又可以分为整流二极管、快恢复二极管和肖特基二极管。功率二极管的典型应用如图 4-1 所示。

对于半控型器件，控制电路信号能控制其开通但不能控制其关断。半控型器件的关断完全是由其在主电路中承受的电压和电流决定。半控型器件主要指晶闸管及其派生的器件，因为有了控制极，所以半控型器件是三端器件。

晶闸管是能承受高电压、大电流的半控型器件，也可以称为可控硅整流管，已被广泛应用于可控整流和逆变、交流调压、直流变换等领域，尤其在大功率场合、低开关频率场合。晶闸管的结构与工作原理如图 4-2 所示。

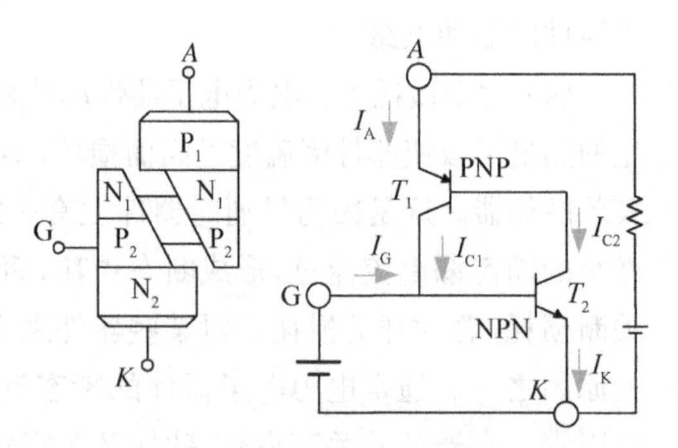

图 4-2 晶闸管的结构与工作原理

对于全控型器件，控制电路信号既可以控制其开通又可以控制其关断。目前最常用的全控型器件有门极可关断晶闸管（gate turn off thyristor，GTO）、电力晶体管（giant transistor，GTR）、电力场效应管和绝缘栅双极型晶体管（insulated gate bipolar transistor，IGBT）等。全控型器件也是包括控制极和主电极的三端器件。

半控型器件和全控型器件控制灵活，电路简单，开关速度快，广泛应用于整流、逆变、斩波电路中，是电动机调速、发电机励磁、感应加热、电镀、电解电源、直接输电等电力电子装置中的核心部件。由这些器件构成的装置不仅体积小、工作可靠，而且节能效果十分明显（一般可节电 10%～40%）。

除此之外，电力电子器件还有几种分类的方法。

按照驱动电路加在电力电子器件控制端和公共端之间信号的性质不同，电力电子器件可分为电压驱动型器件[如 IGBT、金属氧化物半导体场效应管（metal oxide semiconductor field effect transistor，MOSFET）、静电感应晶闸管（static induction thyristor，SIT）]和电流驱动型器件（如晶闸管、GTO、GTR）。

根据驱动电路加在电力电子器件控制端和公共端之间的有效信号波形不同，电力电子器件可分为脉冲触发型器件（如晶闸管、GTO）和电子控制型器件（如 GTR、MOSFET、IGBT）。

按照内部电子和空穴两种载流子参与导电的情况，电力电子器件可分为双极型器件（如电力二极管、晶闸管、GTO、GTR）、单极型器件（如 MOSFET、SIT）和复合型器件[如 MOS 控制晶闸管（MCT）和 IGBT]。

4.2 电力晶体管特性与驱动电路研究

4.2.1 电力晶体管的特性与主要参数

电力晶体管（GTR）是耐高电压、大电流的双极结型晶体管（bipolar junction transistor，BJT 或 Power BJT）。在电力电子技术范围内，GTR 与 BJT 这两个名称等效。GTR 具有控制方便、开关时间短、通态压降低、高频特性好、安全工作区宽等优点；但存在二次击穿问题和耐压难以提高的缺点，阻碍其进一步发展。20 世纪 80 年代以来，GTR 在中、小功率范围内取代晶闸管，但目前又大多被 IGBT 和 Power MOSFET 取代。

1. 结构原理

GTR 的基本原理与普通的双极结型晶体管相同，但由于它主要用在电力电子技术领域，电流容量大，耐压水平高，而且大多工作在开关状态，因此其结构与特性又有许多独特之处。通常，GTR 的单元结构至少由两个晶体管按达林顿接法组成，采用集成电路工艺将许多单元结构并联而成 GTR。GTR 分为 NPN 和 PNP 两种结构，一般为 NPN 结构，PNP 结构耐压低。GTR 是电流驱动器件，且大功率 GTR 基极很宽，使得放大系数 β 比三极管小，其电流增益十分有限，大概在 5～10 倍范围内。

2. 工作原理

GTR 由三层半导体（分别引出集电极、基极和发射极）形成的两个 PN 结（集电结和发射结）构成。当基极输入正向电压时，GTR 导通，此时发射结处于正向偏置状态（$U_{BE} > 0$），集电结也处于正向偏置状态（$U_{BC}>0$）。

当 GTR 的基极输入反向电压或为零时，GTR 的发射结和集电结都处于反向偏置状态（$U_{BE}<0$，$U_{BC}<0$）。在这种状态下，GTR 处于截止状态。

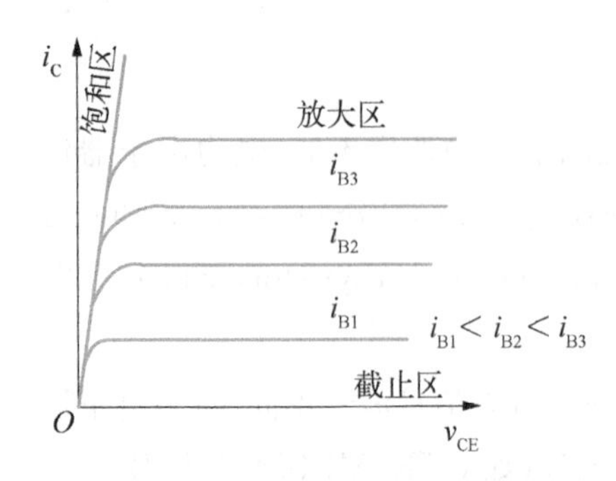

图 4－3 共发射极接法时 GTR 的输出特性

3. 静态特性

GTR 的输出特性如图 4－3 所示。在共发射极接法时，GTR 的典型输出特性分为截止区、放大区和饱和区 3 个区域。在电力电子电路中，GTR 工作在开关状态，即工作在截止区或饱和区。在开关过程中，即在截止区和饱和区之间过渡时，一般要经过放大区。当 $i_B=0$ 或 $i_B<0$ 时，GTR 承受高电压并截止；当 GTR 在开关过程中经过放大区时，满足 $i_C=\beta i_B$，而当 GTR 越过放大区到达饱和区后，即使 i_B 增加，i_C 也不再改变。其导通压降 V_{CES} 一般较小，为 1～2 V，这也说明了 GTR 工作在饱和区的优势。

4. 动态特性

开关过程可分 4 个阶段：开通过程、导通状态、关断过程、阻断状态。GTR 开关过程的电流波形如图 4－4 所示。其中，开通时间 t_{on} 包括延迟时间 t_d 和电流上升时间 t_r，$t_{on}=t_d+t_r$；关断时间 t_{off} 包括存储时间 t_s 和电流下降时间 t_f，$t_{off}=t_s+t_f$。一般开关时间越短，工作频率越高。为缩短开通时间，可选择结电容小的 GTR 或提高驱动电流的幅值和陡度。为缩短关断时间，可选 β 小的 GTR，防止深饱和，增加反偏电流等。

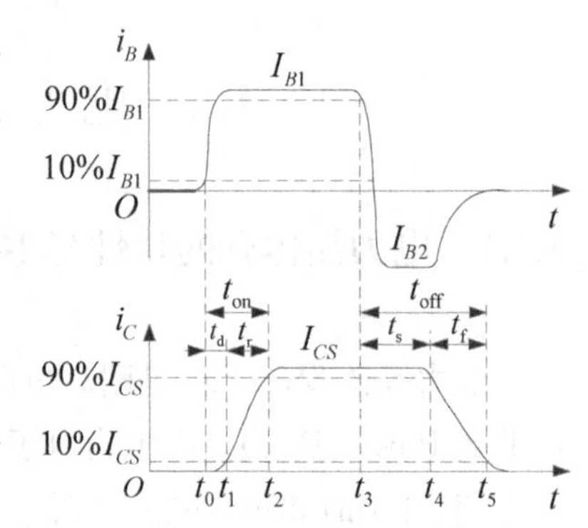

图 4－4 GTR 开通关断过程中的电流波形

电压上升率 $\frac{dv}{dt}$ 和电流上升率 $\frac{di}{dt}$ 会影响开关过程。为防止过高的 $\frac{dv}{dt}$ 或 $\frac{di}{dt}$ 对 GTR 造成危害，一般应加接缓冲电路。

5. 主要参数

除电流放大系数 β 数、直流电流放大系数 h_{FE}、集射极间漏电流 I_{CEO}、集射极间饱和压降 V_{CES}、开通时间 t_{on} 和关断时间 t_{off}，GTR 的主要参数还有最高工作电压 V_{CEM}、集电极最大允许电流 I_{CM}、集电极最大耗散功率 P_{CM}。

最高工作电压 V_{CEM}：GTR 上电压超过规定值时会发生击穿。击穿电压不仅与晶体管本身特性有关，还与外电路接法有关。发射极开路时集电极和基极间的反向击穿电压 V_{CBO}，基极开路时集电极和发射极间的击穿电压 V_{CEO}，发射极与基极间短路连接时集电极和发射极间的击穿电压 V_{CES}，发射极反向偏置时集电极和发射极间的击穿电压 V_{CEX}，且 $V_{CBO}>$

$V_{CEX} > V_{CES} > V_{CEO}$。实际使用时，为确保安全，$V_{CEM}$要比 V_{CEO}低得多。

集电极最大允许电流 I_{CM}：通常规定为直流电流放大系数 h_{FE}下降到规定值的 1/2～1/3 时所对应的 I_C。实际使用时要留有较大裕量，集电极电流只能用到 I_{CM}的一半或比一半稍多一点。

集电极最大耗散功率 P_{CM}：在规定最高工作温度下允许的最大耗散功率。

6. 二次击穿现象

二次击穿是集-射电压突然变低而电流激增的现象。出现一次击穿后，GTR 一般不会损坏，而二次击穿常常立即使器件永久损坏，或者工作特性明显下降，对 GTR 危害极大。GTR 的二次击穿特性如图 4－5 所示，包括发射结正偏、开路和反偏 3 种情况，都有可能出现二次击穿现象。它们的曲线形状类似，但击穿电压点 A 会有区别，其中正偏二次击穿对 GTR 的威胁最大。

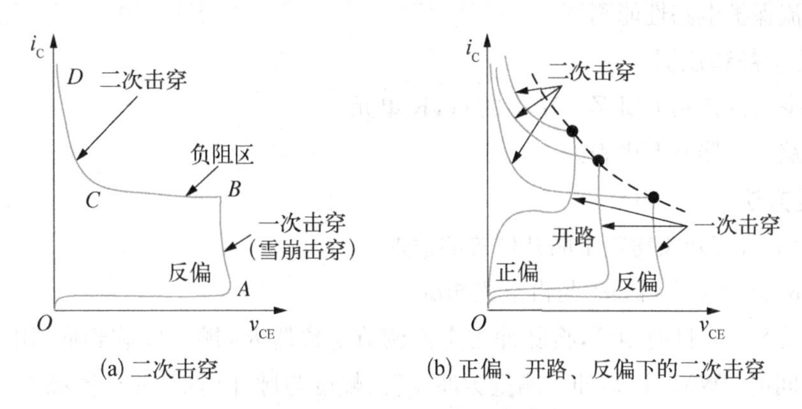

(a) 二次击穿　　(b) 正偏、开路、反偏下的二次击穿

图 4－5　GTR 的二次击穿特性

以反偏为例，当 GTR 的集电极电压升高至击穿电压点 A 时，集电极电流迅速增大，首先出现的是雪崩击穿，即一次击穿。发生一次击穿时如不能有效地限制电流，当电流增大到某个临界点 B 时会突然快速经过一个负阻区 BC，然后电流从点 C 到点 D 急剧上升，同时从点 B 到点 D 过程中伴随着电压的陡然下降，这种现象称为二次击穿，点 B 称为二次击穿点。

安全工作区(safe operating area，SOA)是指 GTR 能够安全运行的电流、电压、功耗的极限范围，分为正偏安全工作区和反偏安全工作区。将不同基极电流下二次击穿的临界点连接起来，就构成了二次击穿临界线。GTR 工作时不仅不能超过最高工作电压 V_{CEM}、集电极最大允许电流 I_{CM}和集电极最大耗散功率 P_{CM}，也不能超过二次击穿临界线。二次击穿功率 P_{SB}、P_{CM}、V_{CEM}和 I_{CM}共同组成 SOA，如图 4－6 所示。

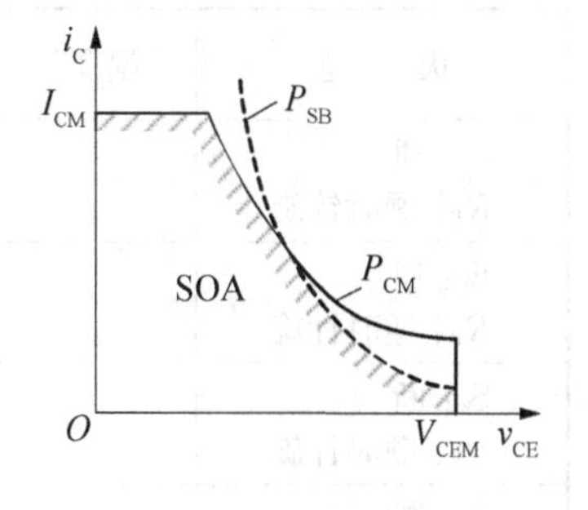

图 4－6　GTR 的安全工作区

4.2.2 GTR 驱动电路研究实验

1. 实验目的

(1) 掌握 GTR 对基极驱动电路的要求。

(2) 掌握实用驱动电路的工作原理与调试方法。

2. 实验内容

(1) 连接实验线路组成一个实用驱动电路。

(2) PWM 波形发生器频率与占空比测试。

(3) 光耦合器输入、输出延时时间与电流传输比测试。

(4) 贝克钳位电路性能测试。

(5) 过流保护电路性能测试。

3. 实验设备和仪器

(1) 功率器件挂箱 DLDZ－07 中的 GTR 单元。

(2) 双踪示波器及万用表。

4. 实验方法

1) 面板上所有开关均置于断开位置的检查

2) PWM 波形发生器频率与占空比测试

(1) 开关 S_1、S_2 打向“通”，将脉冲占空比调节电位器 R_P 顺时针旋到底，用示波器观察点 1 和点 2 间的 PWM 波形，即可测量脉冲宽度、幅度与脉冲周期，并计算频率 f 与占空比 D，填入表 4－1。

(2) 将电位器 R_P 逆时针旋到底，测出 f 与 D，填入表 4－1。

(3) 将开关 S_2 打向“断”，测出 f 与 D，填入表 4－1。

(4) 电位器 R_P 顺时针旋到底，测出 f 与 D，填入表 4－1。

(5) 将 S_2 打在“断”位置，然后调节 R_P，使占空比 $D=20\%$ 左右。

表 4－1　PWM 波形发生器频率与占空比测试

状　　态	幅度 V_{p-p}	宽度/ms	周期/ms	频率 f/kHz	占空比 D
S_2：通 R_P：顺时针旋					
S_2：通 R_P：逆时针旋					
S_2：断 R_P：顺时针旋					
S_2：断 R_P：逆时针旋					

3）光耦合器特性测试

（1）输入电阻 $R_1=680\ \Omega$ 时的开通、关断时间测试。

将 GTR 单元的输入“1”和“6”分别与 PWM 波形发生器的输出“1”和“2”相连，再分别连接 GTR 单元的“3”和“5”，以及“6”和“11”，如图 4-7 所示。

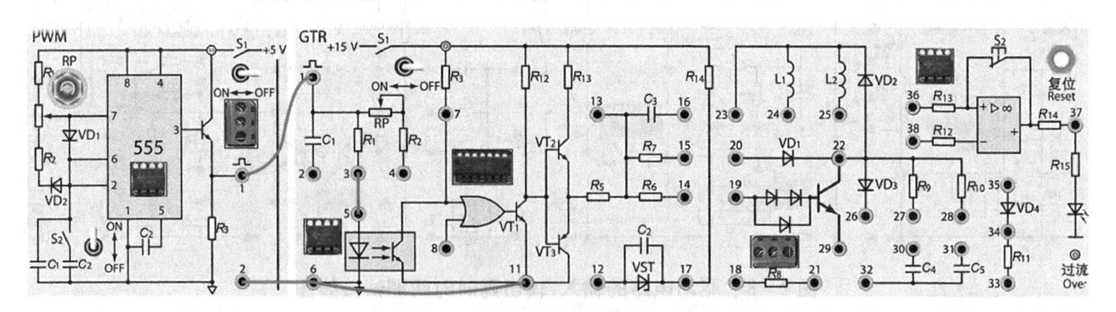

图 4-7　光耦合器特性测试接线图

用双踪示波器观察输入“1”与“6”及输出“7”与“11”之间的波形，记录开通时间 t_{on}（含延迟时间 t_d 和上升时间 t_r）以及关断时间 t_{off}（含存储时间 t_s 和下降时间 t_f），填入表 4-2。

表 4-2　输入电阻 $R_1=680\ \Omega$ 时的开通、关断时间测试

时　间	t_d	t_r	t_{on}	t_s	t_f	t_{off}
数　值						

（2）输入电阻 $R_2=160\ \Omega$ 时的开通、关断时间测试。

将 GTR 单元的“3”与“5”断开，并连接“4”与“5”，其余同上，记录开通、关断时间，填入表 4-3。

表 4-3　输入电阻 $R_2=160\ \Omega$ 时的开通、关断时间测试

时　间	t_d	t_r	t_{on}	t_s	t_f	t_{off}
数　值						

（3）输入加速电容对开通、关断时间影响的测试。

断开 GTR 单元的“4”和“5”，将“2”“3”与“5”相连，即可测出具有加速电容时的开通、关断时间，填入表 4-4。

表 4-4　输入加速电容对开通、关断时间影响的测试

时　间	t_d	t_r	t_{on}	t_s	t_f	t_{off}
数　值						

4）驱动电路的输入、输出延时时间测试

将 GTR 单元的输入“1”和“6”分别与 PWM 波形发生器的输出“1”和“2”相连，再分别连接 GTR 单元的“3”与“5”以及“6”与“11”“8”，如图 4－8 所示。

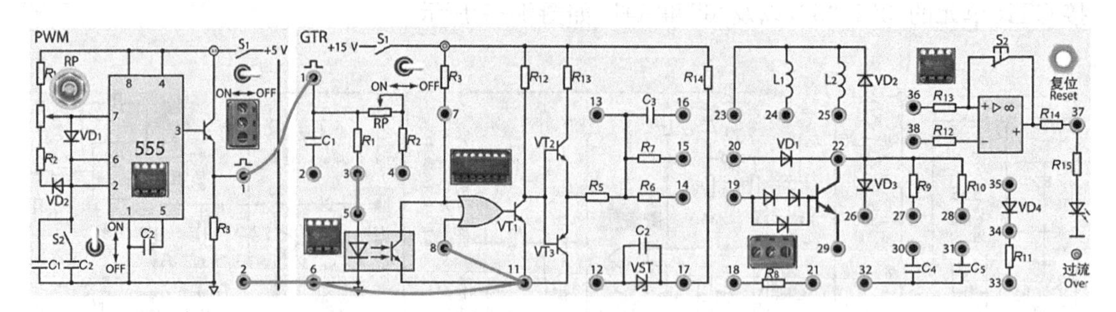

图 4－8　驱动电路的输入、输出延时时间测试接线图

用双踪示波器观察 GTR 单元输入“1”与“6”及驱动电路输出“14”与“11”之间的波形，记录驱动电路的输入、输出延时时间 t_d。

5）贝克钳位电路性能测试

（1）不加贝克钳位电路时的 GTR 存储时间测试。

将 GTR 单元的输入“1”和“6”分别与 PWM 波形发生器的输出“1”和“2”相连，再连接 GTR 单元的“3”与“5”，“14”与“19”，“29”与“21”，以及 GTR 单元的“8”“11”“18”与主回路的“4”，GTR 单元的“22”与主回路的“1”，如图 4－9 所示。

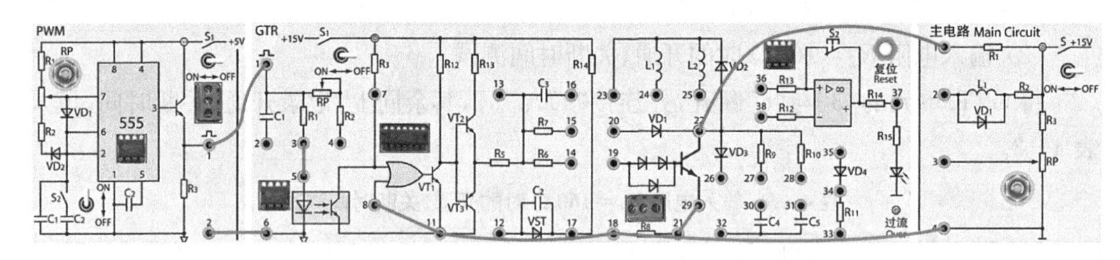

图 4－9　不加贝克钳位电路时的 GTR 存储时间测试接线图

用双踪示波器观察基极驱动信号 u_B（“19”与“18”之间）及集电极电流 i_C（“22”与“18”之间）的波形，记录存储时间 t_s。

（2）加上贝克钳位电路后的 GTR 存储时间测试。

在上述条件下，将 GTR 单元的“20”与“14”相连，观察与记录 t_s。

6）过流保护电路性能测试

在实验 5）接线的基础上接入过流保护电路，即断开 GTR 单元的“8”与“11”的连接，将 GTR 单元的“36”“29”与“21”、GTR 单元的“38”与主回路“3”（电压调至 2 V）、GTR 单元的“37”与“8”相连，如图 4－10 所示。

用示波器观察 GTR 单元的“19”与“18”及“21”与“18”之间的波形，缓慢调节电位器以减

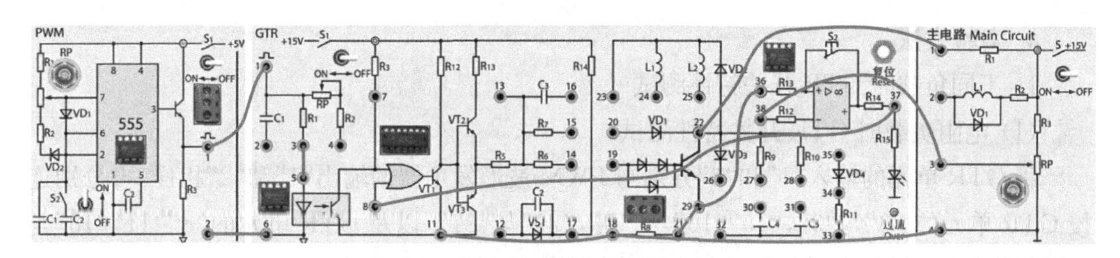

图 4-10　过流保护性能测试接线图

小电压(即减小比较器的比较电压,以此来模拟采样电阻 R_8 两端电压的增大),此时过流指示灯亮,并封锁驱动信号。缓慢调节电位器,使电压增大至 2 V,按复位按钮,过流指示灯灭,即可继续进行实验。

5. 实验报告

(1) 画出 PWM 波形,列出 PWM 波形发生器在 S_2"通"与"断"位置时的频率与最大、最小占空比。

(2) 画出光耦合器在不同输入电阻及带有加速电容时的输入、输出延时时间曲线,探讨能缩短开通、关断延时时间的方法。

(3) 列出光耦合器输入、输出电流,并画出电流传输比曲线。

(4) 列出有与没有贝克钳位电路时的 GTR 存储时间 t_s,并说明使用贝克钳位电路能缩短存储时间 t_s 的物理原因,以及对贝克钳位二极管 V_1 的参数选择要求。

(5) 试说明过流保护电路的工作原理。

4.2.3　GTR 特性研究实验

1. 实验目的

(1) 熟悉 GTR 的开关特性、二极管的反向恢复特性及其测试方法。

(2) 掌握 GTR 缓冲电路的工作原理与参数设计要求。

2. 实验内容

(1) 不同负载时 GTR 开关特性测试。

(2) 不同基极电流时 GTR 开关特性测试。

(3) 有与没有基极反压时 GTR 开关过程比较。

(4) 并联缓冲电路性能测试。

(5) 串联缓冲电路性能测试。

(6) 二极管的反向恢复特性测试。

3. 实验设备和仪器

(1) 功率器件挂箱 DLDZ-07 中的 GTR 单元。

(2) 双踪示波器及万用表。

4. 实验方法

1）不同负载时 GTR 开关特性测试

（1）电阻负载时 GTR 开关特性测试。

将 GTR 单元的输入“1”和“6”分别与 PWM 波形发生器的输出“1”和“2”相连，再分别连接 GTR 单元的“3”与“5”，“15”“16”与“19”，“29”与“21”，以及 GTR 单元的“8”“11”“18”与主回路的“4”，GTR 单元的“22”与主回路的“1”，如图 4-11 所示。

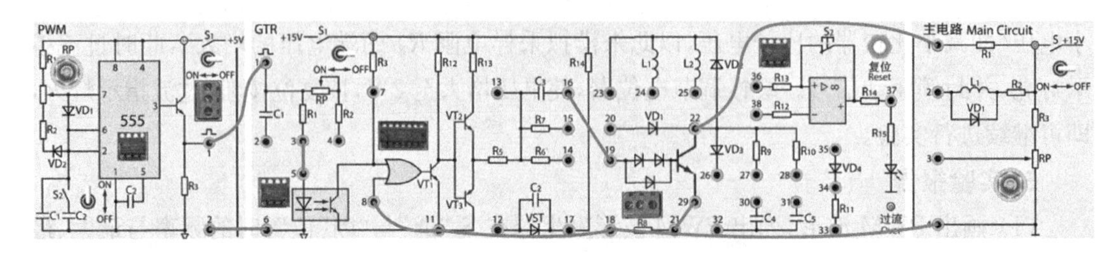

图 4-11　电阻负载时 GTR 开关特性测试接线图

用示波器观察基极驱动信号 i_B（GTR 单元的“19”与“18”之间）及集电极电流 i_C（GTR 单元的“21”与“18”之间）波形，记录开通时间 t_{on}，存储时间 t_s、下降时间 t_f。

（2）电阻、电感负载时 GTR 开关特性测试。

除了将主回路部分由电阻负载改为电阻、电感负载外（即将主回路的“1”与 GTR 单元的“22”断开，而将主回路的“2”与 GTR 单元的“22”相连），其余接线与测试方法同上。

2）不同基极电流时 GTR 开关特性测试

（1）基极电流较小时的开关过程。

断开 GTR 单元“16”与“19”的连接，将基极回路的“15”与“19”相连，主回路的“1”与 GTR 单元的“22”相连，其余接线同上，测量并记录基极驱动信号 i_B（“19”与“18”之间）及集电极电流 i_C（“21”与“18”之间）波形，记录开通时间 t_{on}、存储时间 t_s、下降时间 t_f。

（2）基极电流较大时的开关过程。

将 GTR 单元的“15”与“19”的连接断开，再将 GTR 单元的“14”与“19”相连，其余接线与测试方法同上。测量并记录基极驱动信号 i_B（“19”与“18”）及集电极电流 i_C（“21”与“18”）波形，记录开通时间 t_{on}，存储时间 t_s、下降时间 t_f。

3）有与没有基极反压时的开关过程比较

（1）没有基极反压时的开关过程测试。

与基极电流较大时的开关过程测试方法相同。

（2）有基极反压时的开关过程测试。

将 GTR 单元的“18”与“11”断开，并将 GTR 单元的“18”与“17”，以及“12”与“11”相连，其余接线与测试方法同上。记录开通时间 t_{on}、存储时间 t_s、下降时间 t_f。

将 GTR 单元的“18”与“17”，“12”与“11”，“14”与“19”断开，将 GTR 单元的“15”“16”与

“19”,“18”与“11”相连，这时的基极反压系由电容 C_3 两端电压产生，其余接线与测试方法同上。记录 t_{on}、t_s、t_f。

4）并联缓冲电路性能测试，基极电阻用 R_6，加贝克钳位电路

（1）电阻负载（将主回路的“1”与 GTR 单元的“22”相连）时，不同并联缓冲电路参数时的性能测试。

（a）大电阻、小电容时的缓冲特性：将 GTR 单元的“26”“27”与“31”相连，“32”与“18”相连，其余接线同上，测量并绘制 GTR 单元“21”与“18”及“22”与“18”之间的波形（包括 GTR 导通与关断时的波形，下同）。

（b）大电阻、大电容时的缓冲特性：断开 GTR 单元的“26”“27”与“31”的连接，将 GTR 单元的“26”“27”与“30”相连，测量并绘制 GTR 单元“21”与“18”及“22”与“18”之间的波形。

（c）小电阻、大电容时的缓冲特性：断开 GTR 单元的“26”“27”与“30”的连接，将 GTR 单元的“26”“28”与“30”相连，测量并绘制 GTR 单元的“21”与“18”及“22”与“18”之间的波形。

（d）小电阻、小电容时的缓冲特性：断开 GTR 单元的“26”“28”与“30”的连接，将 GTR 单元的“26”“28”与“31”相连，测量并绘制 GTR 单元的“21”与“18”及“22”与“18”之间的波形。

（2）电阻、电感负载（主回路的“2”与 GTR 单元的“22”相连）时，不同并联缓冲电路参数时的性能测试。

（a）无并联缓冲时测量 GTR 单元的“21”与“18”及“22”与“18”之间的波形。

（b）加上并联缓冲，即将 GTR 单元的“26”“28”与“30”相连，测量 GTR 单元的“21”与“18”及“22”与“18”之间的波形。

5）串联缓冲电路性能

（1）较大串联电感时的缓冲特性。

将主回路的“1”与 GTR 单元的“23”相连，GTR 单元的“25”与“22”相连，其余接线同上，测量 GTR 单元的“21”与“18”及“22”与“18”之间的波形。

（2）较小串联电感时的缓冲特性。

将 GTR 单元的“25”与“22”断开，“24”与“22”相连，其余接线与测试方法同上，测量并绘制 GTR 单元的“21”与“18”及“22”与“18”之间的波形。

6）二极管的反向恢复特性测试

（1）快恢复二极管的恢复特性测试。

将主回路的“1”与 GTR 单元的“22”相连，GTR 单元的“26”与“34”，“33”“27”与“30”相连，其余接线同上。观察电阻 R_{11} 两端的波形。

测试条件：调节 PWM 波形发生器的 R_P，脉冲的占空比足够大，使 GTR 的关断时间比集-射极电压 U_{CE}（即 U_{C4}）上升到稳态值的时间短。这样，在 GTR 关断过程中通过二极管对 C_4 的充电电流还未结束时，GTR 又一次导通，即可在采样电阻 R_{11}（1 Ω）两端观察到反向恢

复过程。

(2) 普通二极管的恢复特性测试。

断开 GTR 单元的“26”与“34”的连接，将“35”与“22”，“33”“27” 与“30”相连，其余接线与测试方法同上。

5. 实验报告

(1) 绘制电阻负载与电阻、电感负载时的 GTR 开关波形，在图上标出 t_{on}、t_s、t_f，并分析不同负载时开关波形的差异。

(2) 绘制不同基极电流时的开关波形并在图上标出 t_{on}、t_s、t_f，分析理想基极电流的波形，探讨获得理想基极电流波形的方法。

(3) 绘制有与没有基极反压时的开关波形，分析其对关断过程的影响。试分析实验中所采用的两种基极反压方案的优缺点，并设计另一种获得反压的方案。

(4) 绘制不同负载、不同并联缓冲电路参数时的开关波形，对不同波形的形状从理论上加以说明。

(5) 试分析串联、并联缓冲电路对 GTR 开关损耗的影响。

(6) 绘制二极管的反向恢复特性曲线，并估算反向恢复峰值电流值(电源电压为 15 V，$R_{11}=1\ \Omega$)，试说明二极管 V_2、V_3 应选用具有何种恢复特性的二极管。

4.3 功率场效应晶体管特性与驱动电路研究

4.3.1 功率场效应晶体管的特性与主要参数

绝缘栅型场效应管(insulated gate field effect transistor，IGFET)也称为金属-氧化物-半导体场效应管(MOSFET 或 Power MOSFET)。MOSFET 是电力场效应晶体管，转移特性都是抛物线关系，都是多数载流子导电，因而是一种单极型全控器件，具有输入阻抗高、工作速度快、驱动功率小且电路简单、热稳定性好、不易发生二次击穿、安全工作区宽等特点。

1. MOSFET 结构

按导电沟道可将 MOSFET 分为 P 沟道和 N 沟道。按照栅极电压为零时是否存在导电沟道可将 MOSFET 分为耗尽型和增强型。当栅极电压为零时，漏极与源极之间存在导电沟道，称为耗尽型；当栅极电压大于(小于)零时才存在导电沟道，称为增强型。MOSFET 主要是 N 沟道增强型。

2. MOSFET 工作原理

截止：漏极与源极间加正电源，栅极与源极间电压为零。P 基区与 N 漂移区之间形成的 PN 结反偏，漏极与源极之间无电流流过。

导电：在栅极与源极间加正电压 V_{GS}，栅极是绝缘的，所以不会有栅极电流流过。但栅极的正电压会将其下面 P 区中的空穴推开，而将 P 区中的少子——电子吸引到栅极下面的 P 区表面。

当 $V_{GS}>V_{GS,th}$（开启电压或阈值电压）时，栅极下 P 区表面的电子浓度将超过空穴浓度，使 P 型半导体反型成 N 型而成为反型层，该反型层形成 N 沟道而使 PN 结消失，漏极和源极导电。

3. 静态输出特性

MOSFET 的静态输出特性如图 4－12(a)所示。

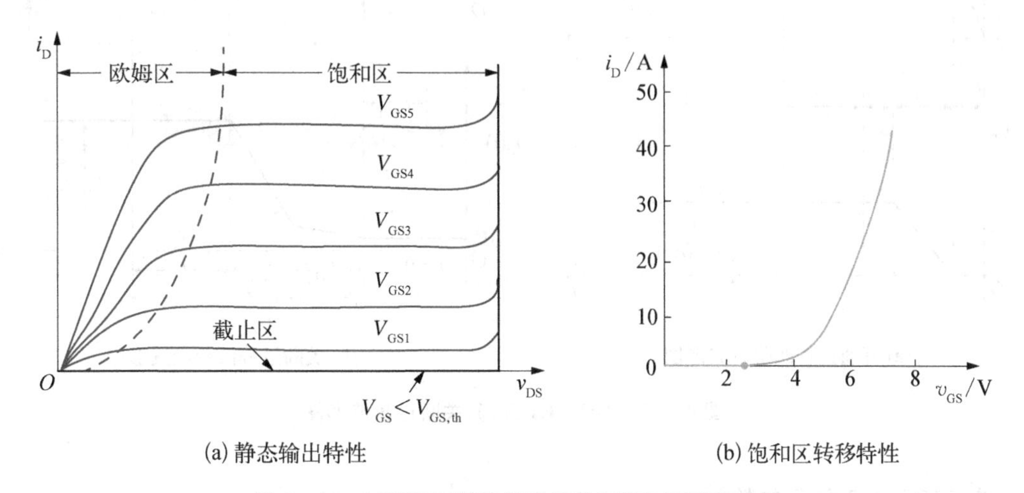

(a) 静态输出特性　　(b) 饱和区转移特性

图 4－12　MOSFET 静态输出特性和饱和区转移特性

当 $V_{GS}<V_{GS,th}$（开启电压通常为 2～4 V），MOSFET 工作于截止区。当 $V_{GS}>V_{GS,th}$ 时，MOSFET 开始工作于饱和区，V_{GS}还不足以让 MOSFET 充分导通，还不能等效成一个电阻。此时，由图 4－12(a)可知，即使 V_{DS}增大，i_D 也几乎不变，这也是称之为饱和区的原因。此时只有改变 V_{GS}才能使 i_D 发生变化，也就是说在饱和区 MOSFET 的 i_D 是由它和 V_{GS}之间的转移特性决定的，如图 4－12(b)所示。如果继续增大 V_{GS}达到约 10 V 以上时，MOSFET 充分导通，进入欧姆区。此时，V_{DS}和 i_D 呈线性关系，MOSFET 可以等效为一个线性电阻，V_{GS}几乎不影响 i_D。在正常工作时，随着 V_{GS}的变化，MOSFET 在截止区和正向电阻区之间切换，这与 GTR 等器件在饱和区和截止区之间的切换类似。转移特性曲线的斜率越大，V_{GS}对 i_D 的控制能力越强。转移特性仅仅描述饱和区的特性。

4. 动态特性

开通过程包括 4 个阶段[见图 4－13(a)]：第一阶段，延迟时间 $t_{d(on)}$，从驱动前沿时刻到 $V_{GS}=V_{GS,th}$ 并开始出现 i_D 时的时间段；第二阶段，电流上升时间 t_{ri}，V_{GS}从 $V_{GS,th}$上升到 MOSFET 进入非饱和区的栅压 $V_{GS,I0}$ 的时间段；第三阶段，电压下降时间 t_{fv1}，i_D 刚达到满载电流并V_{DS}下降迅速的时间段;第四阶段,电压下降时间t_{fv2},V_{DS}下降缓慢直到V_{GS}开始继续上升之间的时间段。图4-13(b)所示是MOSFET关断过程四阶段波形图。关断过程是开通过程的逆过程,由关断延迟时间$t_{d(off)}$、电压上升时间t_{rv1}、电压上升时间t_{rv2}、电流下降时间t_{fi}组成。

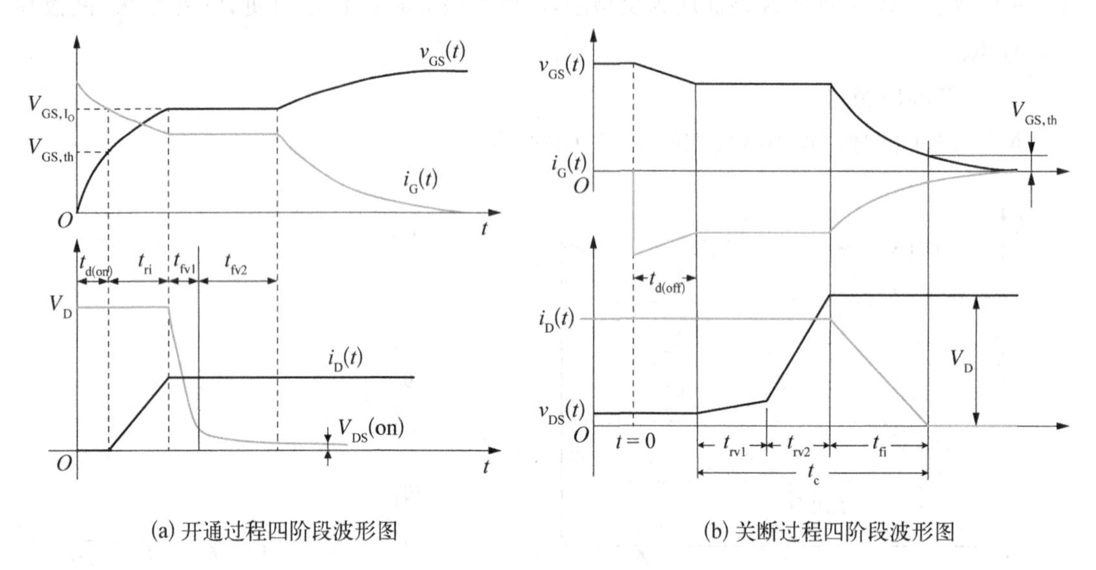

图4-13 MOSFET开通、关断过程波形图

5. MOSFET主要参数

(1) 跨导G_{fs}:转移特性曲线的斜率被定义为MOSFET的跨导G_{fs},即$G_{fs}=\dfrac{di_D}{dv_{GS}}$,跨导越大,$V_{GS}$对$i_D$的控制能力越强。

(2) 栅源电压V_{GS}:栅极与源极之间的电压降,开启电压$V_{GS,th}$也称为"栅极阈值电压"。V_{DS}是漏极与源极之间的电压降。

(3) 开通时间:$t_{on}=t_{d(on)}+t_{ri}+t_{fv1}+t_{fv2}$。

(4) 关断时间:$t_{off}=t_{d(off)}+t_{rv1}+t_{rv2}+t_{fi}$。

(5) MOSFET漏极直流电流:I_D。

(6) 漏极脉冲电流幅值:I_{DM}。

4.3.2 MOSFET驱动电路及其特性研究实验

1. 实验目的

(1) 掌握MOSFET对驱动电路的要求。

(2) 掌握一个实用驱动电路的工作原理与调试方法。

(3) 掌握 MOSFET 开关特性。

2. 实验内容

(1) 驱动电路的输入、输出延时时间测试。

(2) 当电阻与阻感负载时,分别测试 MOSFET 开关特性。

(3) 有与没有反偏压时的 MOSFET 开关过程比较。

(4) 不同驱动电阻时,MOSFET 开关特性测试。

(5) 消除高频振荡实验。

3. 实验设备和仪器

(1) 功率器件挂箱 DLDZ - 07 中的 MOSFET 单元。

(2) 双踪示波器及万用表。

4. 实验方法

1) 快速光耦 6N137 输入、输出延时时间的测试

如图 4 - 14 所示,将 MOSFET 单元的输入"1"和"2"分别与 PWM 波形发生器的输出"1"和"2"相连,将 MOSFET 单元"2"与"5"相连,用双踪示波器观察输入波形("1"与"2")及输出波形("3"与"5"),记录开通时间 t_{on} 和关断时间 t_{off}。

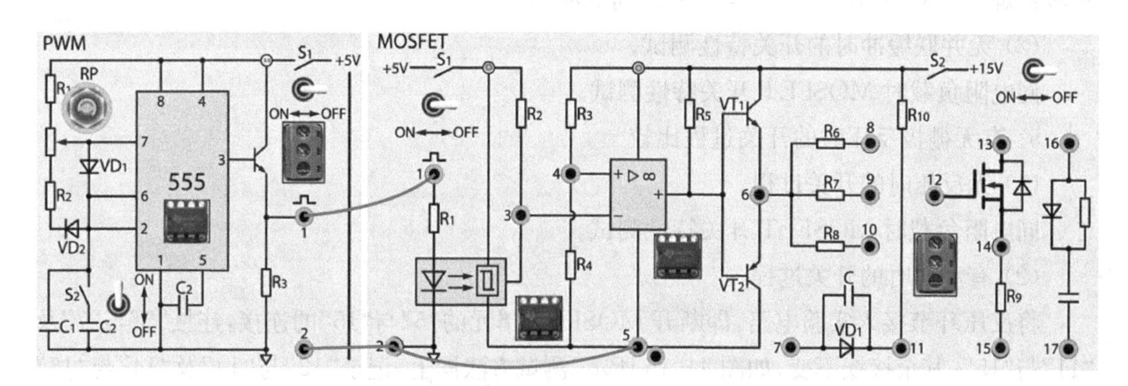

图 4 - 14　快速光耦 6N137 输入、输出延时时间实验接线图

2) 驱动电路的输入、输出延时时间测试

在上述接线基础上,再将 MOSFET 单元的"10"与"12"相连,用双踪示波器观察输入"1"与"2"及驱动电路输出"10"与"5"之间的波形,记录延时时间 t_{off}。

3) 不同负载时开关特性测试

(1) 电阻负载时 MOSFET 开关特性测试。

在图 4 - 14 接线的基础上,将 MOSFET 单元的"5"与"2"连接断开,再将 MOSFET 单元的"8"与"12"、"15"与"5",以及主回路的"1"和"4"分别与 MOSFET 单元的"13"与"15"相连,如图 4 - 15 所示。用双踪示波器观察 MOSFET 单元的"12"与"14"及"13"与"14"之间的波形,记录开通时间 t_{on} 与关断时间 t_{off}。

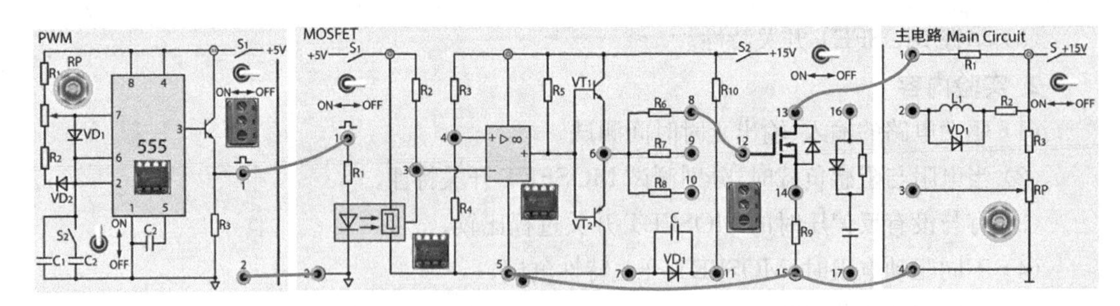

图 4-15　电阻负载时 MOSFET 开关特性实验接线图

（2）电阻、电感负载时 MOSFET 开关特性测试。

在上述接线基础上，断开主回路“1”和 MOSFET 单元“13”的连接，将主回路“2”与 MOSFET 单元“13”相连，用示波器观察 MOSFET 单元“12”与“14”及“13”与“14”之间的波形，记录开通时间 t_{on} 与关断时间 t_{off}。

4）有无并联缓冲电路的开关特性测试

（1）有并联缓冲时的开关特性测试。

在图 4-15 的接线基础上，将 MOSFET 的“13”与“16”，以及“15”与“17”相连，用双踪示波器观察“13”与“14”及“14”与“15”之间的波形。

（2）无并联缓冲时的开关特性测试。

同电阻负载时 MOSFET 开关特性测试。

5）有无栅极反压时的开关过程比较

（1）无反压时的开关过程。

同电阻负载时 MOSFET 开关特性测试。

（2）有反压时的开关过程。

将反压环节接入实验电路，即断开 MOSFET 单元的“5”与“15”的连接，连接“5”与“7”及“11”与“15”，其余接线不变，如图 4-16 所示，测试方法同上，记录“12”与“14”及“14”与“15”之间的波形，测量 t_{on}、t_{off}，并与无反压时的开关过程相比较。

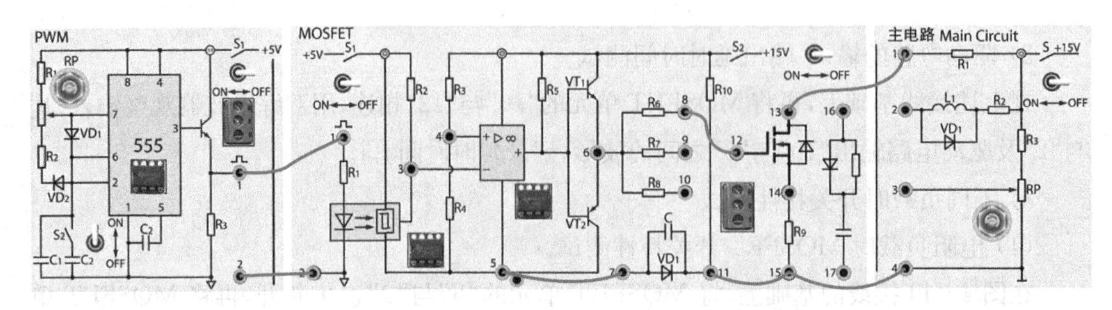

图 4-16　有反压时 MOSFET 开关特性实验接线图

6）不同驱动电阻时的开关特性测试

在图 4-15 的基础上，采用电阻、电感负载，有并联缓冲电路：

(1) 驱动电阻 R_G 采用 $R_6=200\ \Omega$ 时的开关特性，观察 V_{GS} 和 V_{DS}。

(2) 驱动电阻 R_G 采用 $R_7=470\ \Omega$ 时的开关特性，观察 V_{GS} 和 V_{DS}。

(3) 驱动电阻 R_G 采用 $R_8=1.2\ k\Omega$ 时的开关特性，观察 V_{GS} 和 V_{DS}。

7) 消除高频振荡实验

当采用电阻、电感负载，无并联缓冲，驱动电阻为 R_6 时，可能会产生较严重的高频振荡，通常可用增大驱动电阻的方法消除振荡。当出现高频振荡时，可使驱动电阻用较大阻值的 R_8，再比较 V_{GS}。

5. 实验报告

(1) 根据所测数据，在表格中列出 MOSFET 主要参数，并绘制曲线。

(2) 列出快速光耦 6N137 与驱动电路的延时时间，并绘制波形。

(3) 绘制电阻负载，电阻、电感负载，有无并联缓冲时的开关波形。

(4) 绘制不同栅极驱动电阻时的开关波形，分析栅极驱动电阻大小对开关过程影响的物理原因。

4.4　绝缘栅双极型晶体管特性与驱动电路研究

4.4.1　绝缘栅双极型晶体管的特性与主要参数

绝缘栅双极型晶体管(insulated gate bipolar transistor, IGBT)是一种结合了单极型器件易于驱动和双极型器件强载流能力等优点的复合型电力电子器件，同 GTR 相比，它不存在二次击穿的问题。IGBT 可以看成是由 MOSFET 控制的 GTR，综合了 MOSFET 高输入阻抗、开关速度快、驱动功率小，以及晶体管电压、电流大，饱和压降低等优点，频率特性介于 MOSFET 和 GTR 之间，可正常工作于几十千赫兹频率范围内，在中大功率电力电子设备中具有极为广泛的应用。

1. 结构特性

IGBT 本质上是一个场效应晶体管，在半导体结构上与 MOSFET 很相似，可以认为它是在 MOSFET 的漏极和衬底之间增加了一个 P+型层，额外引入了一个 PN 结，从而实现对低掺杂漂移区 N−电导率的调制，也就是引入了电导调制效应，可以使得导通电阻大幅度降低。

2. 工作原理

与 MOSFET 类似，IGBT 是电压控制型器件，当在门极和发射极之间施加正向电压且其大于开启电压 $V_{GE,th}$ 时，形成沟道，给晶体管提供基极电流，进而使 IGBT 导通。反之，当门极与发射极间施加反向电压或不加信号时，沟道消除，切断基极电流，使 IGBT 关断。IGBT 驱动方法与 MOSFET 基本相同，只需控制输入极 N−沟道 MOSFET，所以具有高输入阻抗特性。当 MOSFET 的沟道形成后，从 P+基极注入 N－层的空穴（少子），对 N－层进行电导调制，减小 N－层的电阻，使 IGBT 在高电压时也具有低的通态电压。

3. 静态特性

IGBT 的静态特性主要指 IGBT 的输出特性，也称伏安特性和转移特性等，这些特性往往由 IGBT 的产品手册给出，而且其特性不随外界工况和条件的变化而变化。

IGBT 的输出特性是以门射电压 v_{GE} 为参考变量时，达到稳态以后集电极电流 i_C 与集射极电压 v_{CE} 之间的关系，如图 4－17 所示。集电极电流 i_C 受门射电压 v_{GE} 的控制，v_{GE} 越高，i_C 越大。它与 GTR 的输出特性相似，也可分为饱和区、有源区（放大区）和截止区（阻断区），不同之处仅仅是参考变量为 v_{GE}，而 GTR 的参考变量为基极电流 i_B。

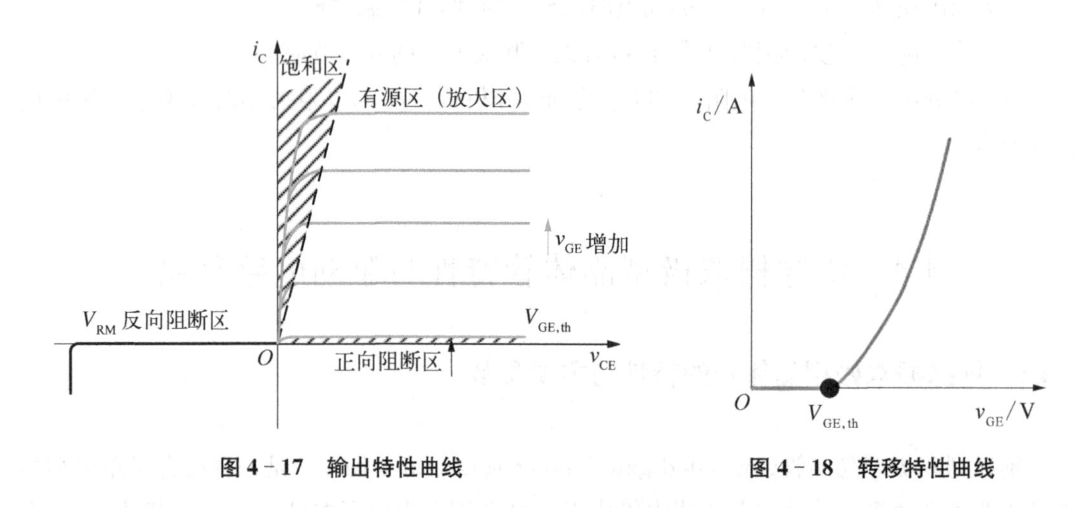

图 4－17　输出特性曲线　　**图 4－18　转移特性曲线**

IGBT 的转移特性与 MOSFET 的转移特性相同，如图 4－18 所示，开启电压 $V_{GE,th}$ 是 IGBT 导通的最低门极电压。IGBT 的开启电压 $V_{GE,th}$ 要高于 MOSFET 的 2～4 V，约为 4～5 V。当门射电压小于 $V_{GE,th}$ 时，IGBT 处于关断状态。在 IGBT 导通后的大部分集电极电流范围内，i_C 与 v_{GE} 呈线性关系。最高门射电压受最大集电极电流限制，其最佳值一般为 15 V 左右。在 IGBT 变流器中，IGBT 工作在开关状态，因而是在正向阻断区和饱和区来回切换。

4. 动态特性

IGBT 动态特性指的是其在开通、关断时的动态电压、电流波形。器件的动态电压、电流波形直接决定了器件的开关损耗、通态损耗和电压电流过冲等。

IGBT 动态特性类似于 MOSFET，但因为 IGBT 是 MOSFET 控制的 GTR，所以其开通过程、关断过程各有一点不同于 MOSFET。

IGBT 在开通过程中与 MOSFET 不同的是 t_{fv2} 段 V_{GE} 会继续上升，而不是保持不变。这是因为在 IGBT 中，MOSFET 的栅漏电容 C_{GD} 是和 GTR 的结电容串联的，充电时间常数由两者共同决定。而 MOSFET 的充电时间常数完全是由其自身的 C_{GD} 决定的，因为 MOSFET 的 C_{GD} 变得很大，所以驱动电路几乎不对 C_{GS} 充电，v_{GS} 会保持不变。

IGBT 在关断过程中与 MOSFET 不同的是，电流下降分两段即 $t_{fi1}+t_{fi2}$（见图 4－19），并存在 t_{fi2} 拖尾电流时间。t_{fi1} 对应 IGBT 内部 MOSFET 和 GTR 一起关断，这段时间集电极电流下降较快。t_{fi1} 结束，MOSFET 已经关断，开始 t_{fi2}，t_{fi2} 对应 IGBT 内部 PNP 晶体管的单独关断过程，这段时间内因为 MOSFET 已经关断，PNP 晶体管无基区少子抽取通道，所以晶体管 N 基区内的少子复合缓慢，造成电流下降较慢，称之为 IGBT 的电流拖尾现象。

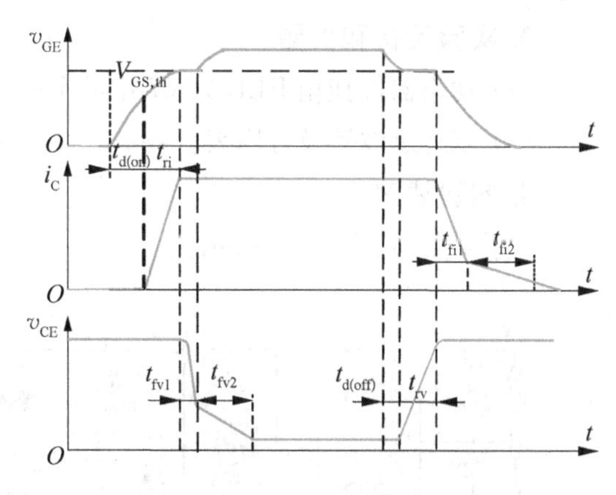

图 4－19　IGBT 开通关断波形曲线

5. 主要参数

最大集射极间电压 V_{CES}：IGBT 集电极-发射极的耐压能力，由器件内部的 PNP 晶体管所能承受的击穿电压决定。目前 IGBT 耐压等级有 600 V、1 000 V、1 200 V、1 400 V、1 700 V、3 300 V。

最大集电极电流 I_{CM}：直流条件下 IGBT 的电流容量。

最大脉冲集电极电流 I_{CP}：1 ms 脉宽电流条件下 IGBT 的电流容量。I_{CP} 通常是 I_{CM} 的几倍。

最大集电极耗散功率 P_{CM}：正常工作温度下允许的最大耗散功率。

门极-发射极开启电压 $V_{GE,th}$：IGBT 在一定的集电极-发射极电压 V_{CE} 下，流过一定的集电极电流 i_C 时的最小开门电压。当门射电压等于开启电压 $V_{GE,th}$ 时，IGBT 开始导通。

开关时间：包括开通时间 t_{on} 和关断时间 t_{off}。开通时间 t_{on} 包含开通延迟时间 $t_{d(on)}$、电流上升时间 t_{ri} 和电压下降时间 t_{fv}。关断时间 t_{off} 又包含关断延迟时间 $t_{d(off)}$、电压上升时间 t_{rv} 和电流下降时间 t_{fi}。

4.4.2　绝缘栅双极型晶体管特性与驱动电路研究

1. 实验目的

（1）熟悉 IGBT 主要参数与开关特性的测试方法。

（2）掌握混合集成驱动电路英飞凌 1ED020I12－F2 的工作原理与调试方法。

2. 实验内容

（1）IGBT 主要参数测试。

（2）1ED020I12－F2 性能测试。

（3）IGBT 开关特性测试。

（4）过流保护性能测试。

3. 实验设备和仪器

(1) 功率器件挂箱 DLDZ－07 中的 IGBT 单元。

(2) 双踪示波器及万用表。

4. 实验线路

实验线路如图 4－20 所示。

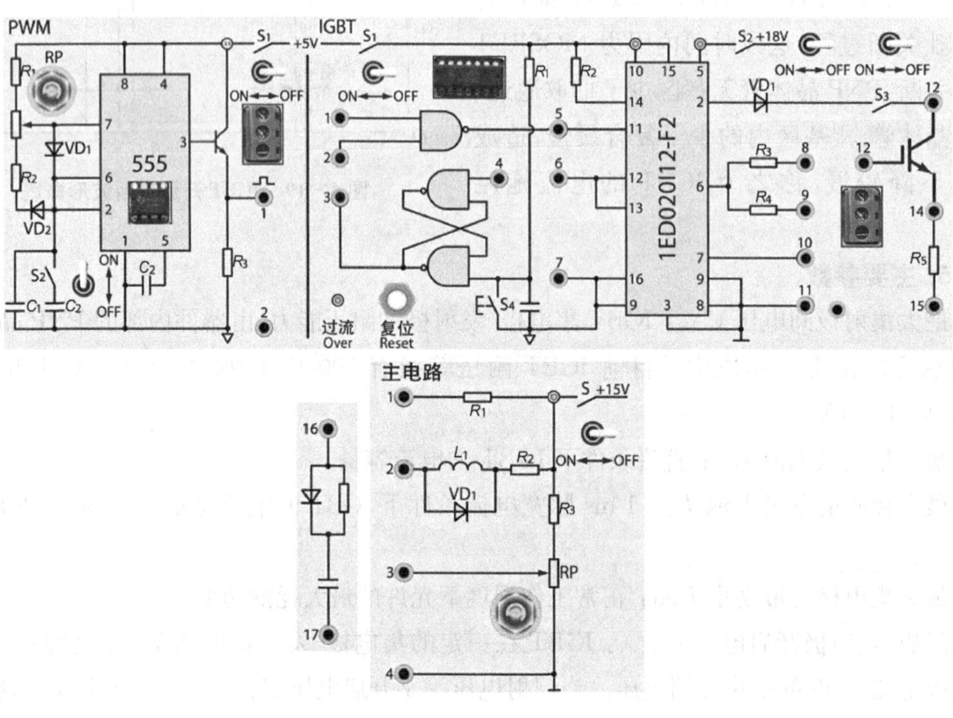

图 4－20　实验线路图

5. 实验方法

1) 1ED020I12－F2 性能测试

(1) 输入、输出延时时间测试。

IGBT 驱动的“1”和“7”分别与 PWM 波形发生器的“1”和“2”连接。IGBT 驱动开关 S_3 拨到 ON,“11”与“13”连接,IGBT 驱动“与门”输入“2”与“1”连接,连接完成后将电源开关 S_1、S_2 拨至 ON,PWM 波形发生器的 S_2 拨到 OFF。“7”与“11”连接共地,用示波器观察 IGBT 驱动输入“1”和“7”与 1ED020I12－F2 输出“9”和“11”之间的波形,记录输入输出延时时间。

实验测试完成后将 IGBT 驱动电源控制开关 S_1 和 S_2 拨至 OFF。

(2) 过流阈值电压测试。

在上述接线基础上,断开“11”与“13”,“11”与“7”,“1”与“2”。连接 IGBT 部分“2”与“3”,“4”与“6”,将主回路的“3”和“4”分别与 IGBT 部分“13”、“11”和“14”连接,RP 逆时针旋转到底。连接完成后将 IGBT 驱动电源开关 S_1、S_2 拨至 ON,主回路 S 拨至 ON。用双踪示波器观察 IGBT 部分“8”与“11”之间的波形，将主回路上 RP 逐渐顺时针旋转，边旋转边监视波形，一旦该波形消失时即停止旋转，测出主回路“3”与“4”之间的电压值(8 V 左右)，该值即为过流保护阈值电压值。

实验测试完成后将 IGBT 驱动电源控制开关 S_1 和 S_2 拨至 OFF。

2) IGBT 开关特性测试

(1) 电阻负载时开关特性测试。

将 IGBT 部分的“1”和“7”分别与 PWM 波形发生器“1”和“2”相连，将 IGBT 部分的“4”与“6”,“2”与“3 ”,“9”与“12”,“11”与“14”，主回路的“1”和“4”分别与 IGBT 部分的“13”和“15”相连。连接完成后将 IGBT 驱动电源控制开关 S_1、S_2 拨至 ON，用双踪示波器分别观察“12”与“14”及“14”与“15”的波形。

(2) 电阻、电感负载时开关特性测试。

将主回路“1”与“13”的连线断开，再将主回路“2”与“13”相连，用双踪示波器分别观察“12”与“14”及“14”与“15”的波形。

(3) 不同门极电阻时开关特性测试。

在阻感负载情况下，将“9”与“12”的连线断开，再将“8”与“12”相连，门极电阻从 $R_4=1\ \text{k}\Omega$ 改为 $R_3=27\ \Omega$，其余接线与测试方法同上。

实验测试完成后将 IGBT 驱动电源控制开关 S_1 和 S_2 拨至 OFF。

3) 并联缓冲电路作用测试(门极电阻用 R_4)

在实验“电阻负载时开关特性测试”接线的基础上，IGBT 部分的“13”和“14”分别与 MOSFET 部分的“16”和“17”相连。

(1) 电阻负载，有无缓冲电路时观察“12”与“14”及“13”与“14”之间的波形。

(2) 电阻、电感负载，有无缓冲电路时，观察波形同上。

4) 过流保护性能测试(门极电阻用 R_3)

在实验“不同门极电阻时开关特性测试”接线的基础上，观察“12”与“14”之间的波形，然后将 IGBT 部分的开关 S_3 拨向 OFF，并观察驱动波形是否消失、过流指示灯是否发亮，待故障消除后，按复位按钮即可继续进行实验。

6. 实验报告

(1) 根据所测数据，记录 1ED020I12 - F2 输入、输出延时时间测试。

(2) 记录过流阈值电压值。

(3) 绘制电阻负载，电阻、电感负载，以及不同门极电阻时的开关波形，并在图上标出 t_{on} 与 t_{off}。

(4) 绘制电阻负载与电阻、电感负载，有无并联缓冲电路时的开关波形，并说明并联缓冲电路的作用。

(5) 记录过流保护性能测试结果，并对该过流保护电路做出评价。

第5章

DC－DC变换电路

5.1　DC－DC变换概述

DC－DC是一种在直流电路中将一个电压值的电能变为另一个电压值的电能的装置，DC－DC典型应用有开关电源、充电器、电机驱动器等。

DC－DC变换器是指将固定的直流电压变换为可变的直流电压的装置。直流DC－DC变换器按照输入与输出之间是否有电气隔离可以分为两类：一类是有电气隔离的，称为隔离式DC－DC变换器；另一类是没有电气隔离的，称为非隔离式DC－DC变换器。而隔离式DC－DC转换器可以按功率开关管的数量分为3种：第一种是单管DC－DC变换器，包括正激式和反激式；第二种是双管DC－DC变换器，包括推挽式、双管正激式、半桥式和双管反激式4种变换器；第三种是四管DC－DC变换器，即全桥DC－DC转换器。

DC－DC变换器主要有两种开关控制方式：脉冲频率调制（pulse frequency modulation，PFM）和脉冲宽度调制（pulse width modulation，PWM）。

PFM是通过固定开通或关断时间、调节脉冲频率的方法来实现稳压输出的技术。PFM技术中频率不固定，使得无源器件如电感、电容的设计变得困难。实际中应用更多的是PWM技术，PWM的周期固定，通过调节占空比（duty ratio）来调节输出电压。

占空比为开通时间和开关周期之比，用D表示，即$D=\frac{t_{on}}{T_s}$，T_s为开关周期。

$$V_O=\frac{1}{T_s}\int_0^{T_s} v_O(t)\mathrm{d}t=\frac{1}{T_s}\left(\int_0^{t_{on}} V_D\mathrm{d}t+\int_{t_{on}}^{T_s} 0\mathrm{d}t\right)=\frac{t_{on}}{T_s}V_D=DV_D \tag{5-1}$$

改变D就可以调节输出电压平均值V_O。PWM就是在保持恒定频率的前提下，通过调节开通时间和关断时间来控制输出电压的技术。采用PWM控制的电力电子电路，最后都是产生一个占空比函数来控制功率器件的通断。

5.2 直流斩波电路

5.2.1 三种斩波电路工作特性

1. 降压式变换器的组成及工作模式分析

1) 降压式变换器的组成及工作原理

降压式变换器(step-down/buck converter),简称 Buck 变换器,顾名思义,就是一种输出电压等于或小于输入电压的直流变换器。Buck 变换器的功能是降低电压,由于 buck down 有推落的意思,故得名 Buck。

Buck 变换器原理如图 5-1 所示,其主电路由开关、二极管、输出滤波电感 L、输出滤波电容 C 组成,升压式变换器电路、Buck-Boost 变换器电路亦是由这 4 个器件组成。

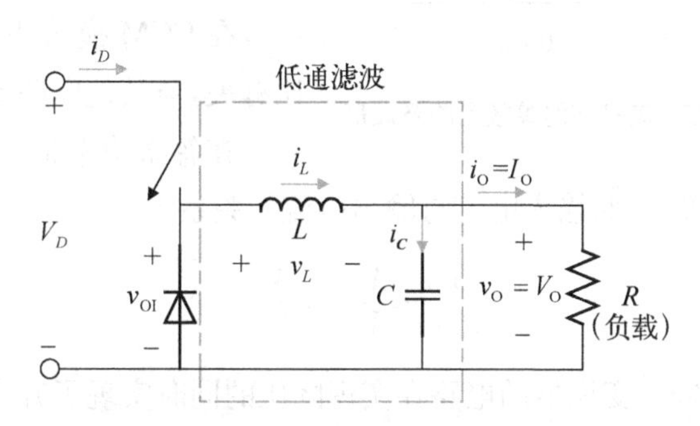

图 5-1 Buck 变换器原理图

Buck 变换器有两种基本工作方式:连续导通模式(continuous conduction mode, CCM)和断续导通模式(discontinuous conduction mode, DCM)。CCM 模式是指输出滤波电感 L 的电流总是大于零,DCM 模式是指在开关管关断期有一段时间 L 的电流为零。在这两种工作方式之间有一个边界,称为临界模式,即在开关管关断期结束时,L 的电流刚好降为 0。下面就 CCM 模式和临界模式进行分析。

2) Buck 变换器的 CCM 模式分析

(1) 过程分析。

CCM 模式下的等效电路及波形如图 5-2 所示。

t_{on}:开关开通,电感电流线性上升。

$$i_L = \frac{V_D - V_O}{L} t + i_L(0) \tag{5-2}$$

当 $t = t_{on}$ 时,电感电流达到最大值

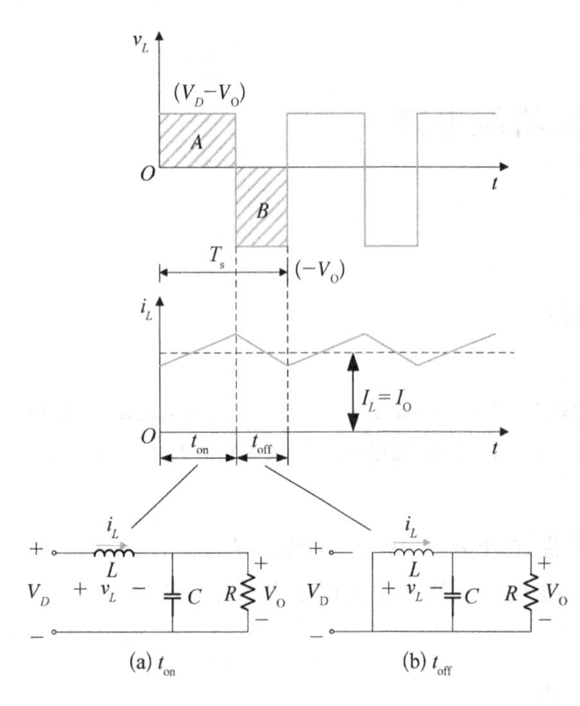

图 5-2　Buck 变换器在 CCM 模式下的等效电路及波形

$$i_{L,\,peak}=i_L(t_{on})=\frac{V_D-V_O}{L}t_{on}+i_L(0) \tag{5-3}$$

t_{off}：开关关断，电感电流通过二极管续流，电感电流线性下降。

$$i_L=-\frac{V_O}{L}(t-t_{on})+i_{L,\,peak} \tag{5-4}$$

当 $t=T_s$ 时，电感电流为最小值 $i_L(0)$，同时又进入下一个开关周期。

(2) 基本关系。

由伏秒平衡可得

$$\frac{V_O}{V_D}=\frac{t_{on}}{T_s}=D \tag{5-5}$$

在 CCM 模式下，电压增益只与占空比有关，与其他电路参数无关。

在忽略功率损耗的前提下，输入功率 P_D 与输出功率 P_O 相等，从而输入电流与输出电流的关系为

$$\frac{I_O}{I_D}=\frac{V_D}{V_O}=\frac{1}{D} \tag{5-6}$$

由式(5-6)可知 Buck 变换器的电路在实现降压的同时实现了升流。

3) Buck 变换器的临界模式分析

如前所述，临界模式是指在开关管关断期结束时，L 的电流刚好降为 0，如图 5-3 所示。

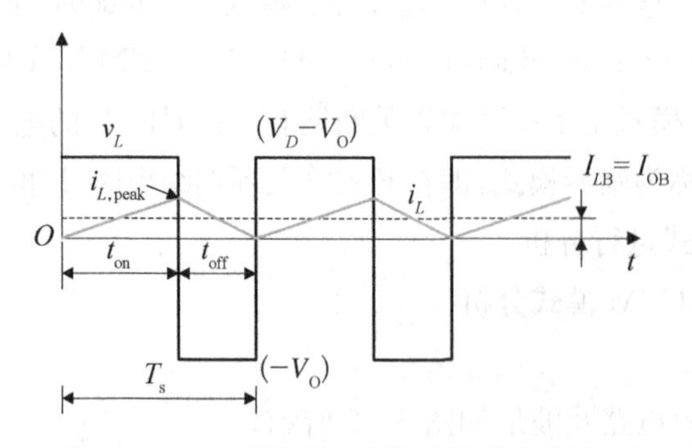

图 5-3　Buck 变换器电路临界模式的波形分析

从图 5-3 可以计算，临界电感电流平均值

$$I_{LB}=\frac{1}{2}i_{L,\,peak}=\frac{V_D-V_O}{2L}t_{on}=\frac{DT_s}{2L}(V_D-V_O)=I_{OB} \tag{5-7}$$

式中，B 表示临界。

从输入电压恒定（电机驱动、电池恒流充电）和输出电压恒定（开关电源）两种情况来讨论 Buck 变换器电路的临界模式。

(1) 输入电压恒定（V_D＝常数）。

在临界状态时，有 $V_O = DV_D$，代入式(5－7)有

$$I_{LB} = \frac{T_s V_D}{2L} D(1-D) \tag{5-8}$$

显然，当 $D=0.5$ 时，I_{LB}有最大值

$$I_{LB,\ max} = \frac{T_s V_D}{8L} \tag{5-9}$$

所以，I_{LB}也可以表示为

$$I_{LB} = 4I_{LB,\ max} D(1-D) \tag{5-10}$$

当 V_D 为常数时，I_{LB}与 D 呈抛物线关系，如图 5－4(a)所示。

(2) 输出电压恒定（V_O＝常数）。

在临界状态时，$V_D = V_O/D$，代入式(5－7)可推出

$$I_{LB} = \frac{T_s V_O}{2L}(1-D) \tag{5-11}$$

当 $D=0$ 时，I_{LB}有最大值

$$I_{LB,\ max} = \frac{T_s V_O}{2L} \tag{5-12}$$

所以，I_{LB}也可以表示为

$$I_{LB} = I_{LB,\ max}(1-D) \tag{5-13}$$

当 V_O 为常数时，I_{LB}与 D 呈线性关系，如图 5－4(b)所示。

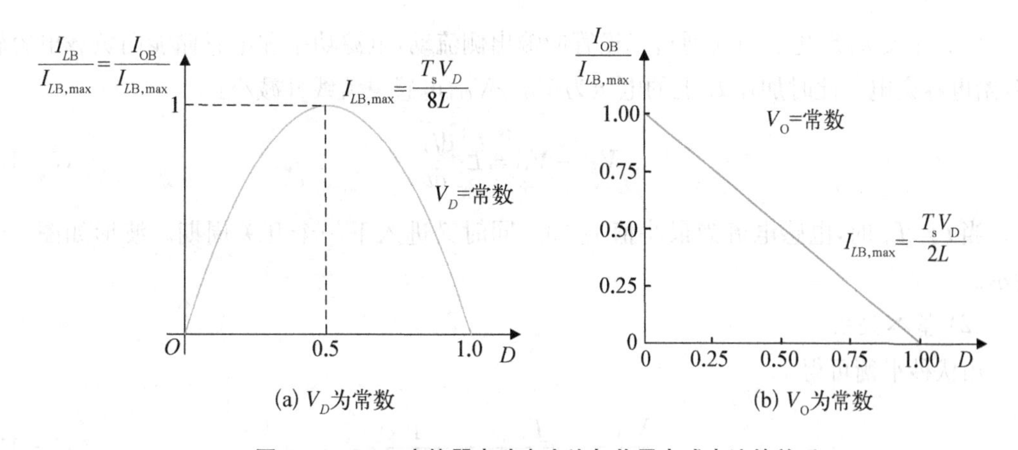

图 5－4　Buck 变换器电路占空比与临界电感电流的关系

2. 升压式变换器的组成及工作模式分析

1) 升压式变换器的组成及工作原理

升压式变换器(step-up/boost converter),简称 Boost 变换器,属于基本斩波电路,顾名思义,就是一种输出电压大于输入电压的直流变换器。Boost 变换器的功能是升高电压。其结构如图 5-5 所示,其中,T 为开关管;L 为电感;C 为电容;V_D 为电源;V_O 为输出电压;R 为负载。

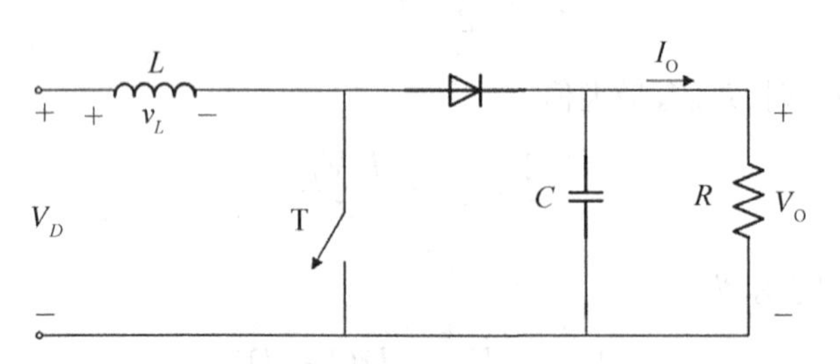

图 5-5　Boost 变换器

Boost 变换器也有两种基本工作方式:CCM 模式和 DCM 模式。在这两种工作方式之间有一个边界,称为临界模式。下面就 CCM 模式和临界模式这两种情况进行分析。

2) Boost 变换器的 CCM 模式分析

(1) 过程分析。

CCM 模式下 Boost 变换器的等效电路及波形如图 5-6 所示。

t_{on}:开关开通,电源电压全部加在升压电感 L 上,电感电流线性上升。

$$V_D = L\frac{di_L}{dt}(0) \tag{5-14}$$

当 $t = t_{on}$ 时,电感电流达到最大值

$$i_{L,\text{peak}} = \frac{V_D}{L}t_{on} + i_L(0) \tag{5-15}$$

t_{off}:开关关断,电感电流通过二极管向输出侧流动,电源功率和电感储能向负载电容转移,给电容充电。此时加在 L 上的电压为 $V_D - V_O$,电感电流线性减小:

$$V_D - V_O = L\frac{di_L}{dt} \tag{5-16}$$

当 $t = T_s$ 时,电感电流为最小值 $i_L(0)$,同时又进入下一个开关周期。波形如图5-6所示。

(2) 基本关系。

由伏秒平衡可得

$$\frac{V_O}{V_D} = \frac{T_s}{T_s - t_{on}} = \frac{1}{1-D} \tag{5-17}$$

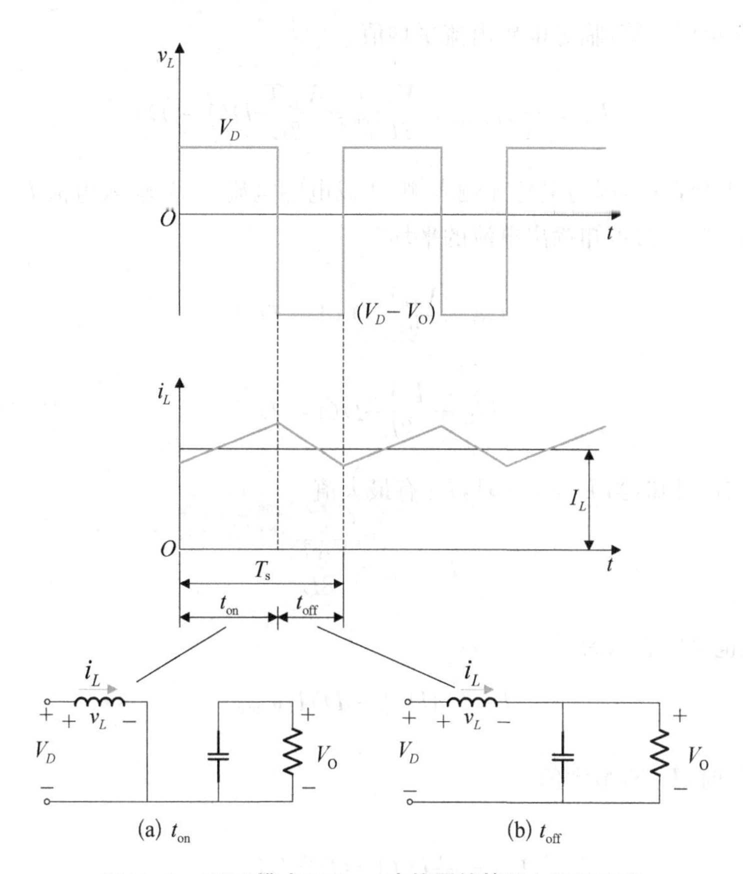

图 5 - 6　CCM 模式下 Boost 变换器的等效电路及波形

所以，在 CCM 模式下，电压增益只与占空比有关，与其他电路参数无关。

在忽略功率损耗的前提下，输入功率 P_D 与输出功率 P_O 相等，从而输入电流与输出电流的关系为

$$\frac{I_O}{I_D}=\frac{V_D}{V_O}=1-D \tag{5-18}$$

3) Boost 变换器的临界模式分析

如前所述，临界模式是指在开关管关断期结束时，L 的电流刚好降为 0，如图 5 - 7 所示。

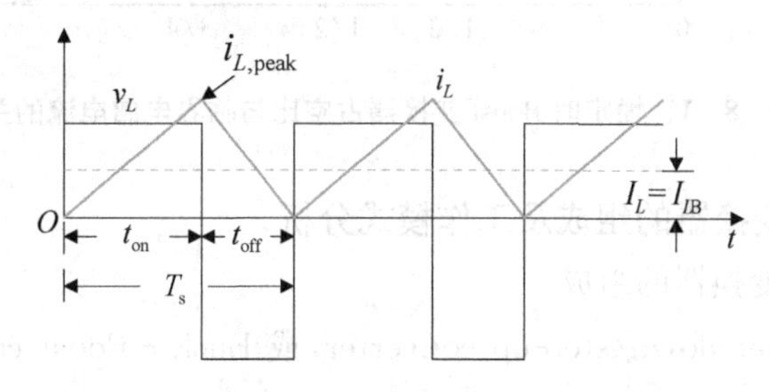

图 5 - 7　临界模式下 Boost 变换器的波形分析

从图 5 - 7 可以计算，临界电感电流平均值

$$I_{LB}=\frac{1}{2}i_{L,\text{ peak}}=\frac{V_D}{2L}t_{\text{on}}=\frac{V_O T_s}{2L}D(1-D) \tag{5-19}$$

在 Boost 变换器中，因为电感在输入侧，所以电感电流 I_L 和输入电流 I_D 大小相同。由式(5 - 18)和式(5 - 19)可知输出电流的平均

$$I_{OB}=\frac{V_O T_s}{2L}D\,(1-D)^2 \tag{5-20}$$

$$I_{LB}=\frac{T_s V_D}{2L}D(1-D) \tag{5-21}$$

由式(5 - 21)可知，当 $D=0.5$ 时，I_{LB}有最大值

$$I_{LB,\text{ max}}=\frac{V_O T_s}{8L} \tag{5-22}$$

所以，I_{LB}也可以表示为

$$I_{LB}=4D(1-D)I_{LB,\text{ max}} \tag{5-23}$$

当 $D=\frac{1}{3}$ 时，I_{OB}有最大值

$$I_{OB}=\frac{27}{4}D\,(1-D)^2 I_{OB,\text{ max}} \tag{5-24}$$

当 V_O 恒定的时候，I_{OB}、I_{LB}与 D 的关系如图 5 - 8 所示。

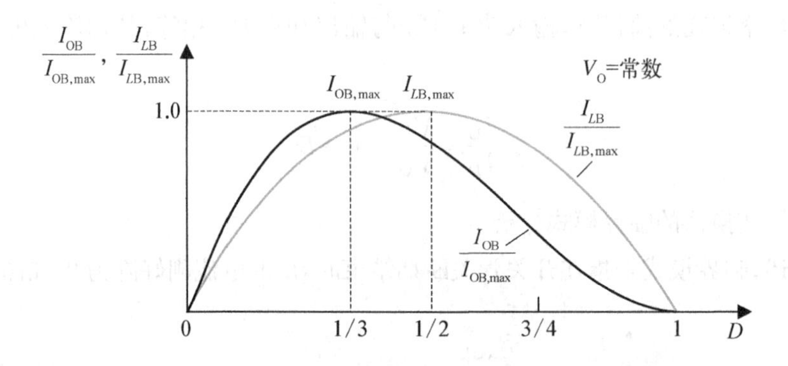

图 5 - 8　V_O 恒定时 Boost 变换器占空比与临界电感电流的关系

3. Buck - Boost 变换器的组成及工作模式分析

1) Buck - Boost 变换器的组成

升降压变换器(step-down/step-up converter，或 Buck - Boost converter)简称 Buck - Boost 变换器，是输出电压 V_O 既可以低于也可以高于输入电压 V_D 的变换器。其主电路与

Buck 或 Boost 变换器元器件相同，也由开关管、二极管、电感和电容构成，如图 5 - 9 所示。与 Buck 变换器和 Boost 变换器不同的是，其输出电压的极性与输入电压相反。

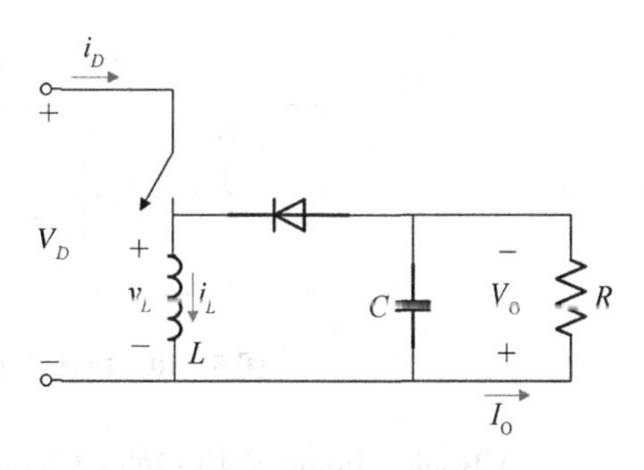

图 5 - 9　Buck - Boost 变换器电路

Buck - Boost 变换器实际上是由 Buck 电路和 Boost 电路串联得到的，如图 5 - 10 所示。由级联的特性可知，级联后的电压增益 M 等于两电路电压增益之积，即 $M=M_1M_2$。在 CCM 模式下，Buck 变换器的电压增益 $M_1=D$，Boost 变换器的电压增益 $M_2=\dfrac{1}{1-D}$，故 Buck - Boost 变换器在 CCM 模式下的电压增益 $M=\dfrac{D}{1-D}$。通过伏秒平衡或安秒平衡也容易推导出 Buck - Boost 变换器的电压增益。

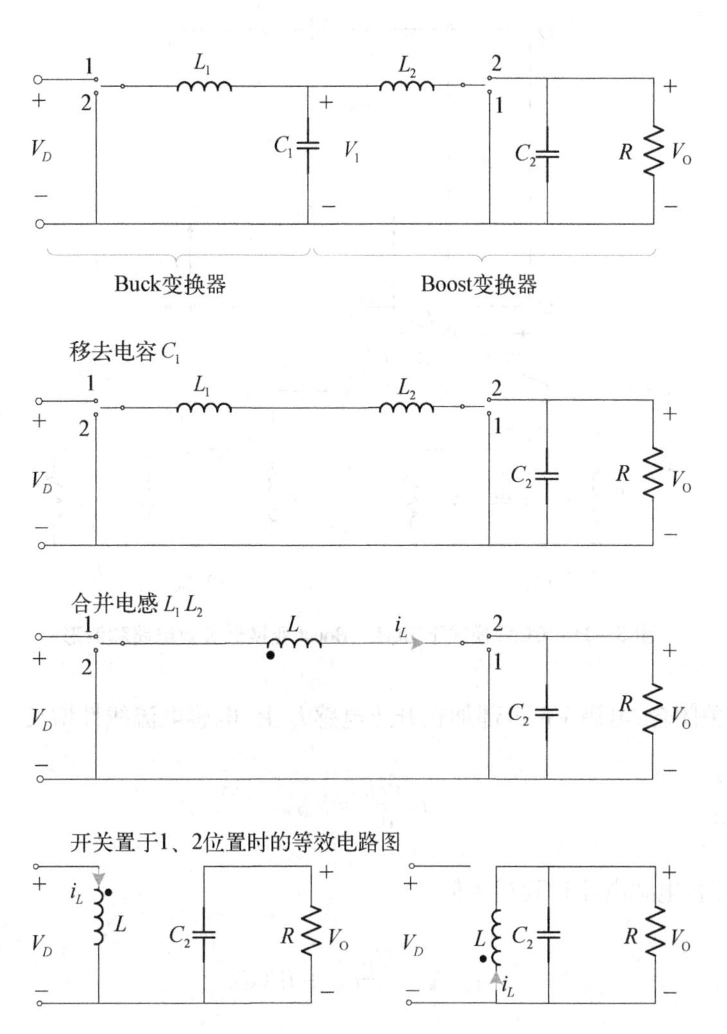

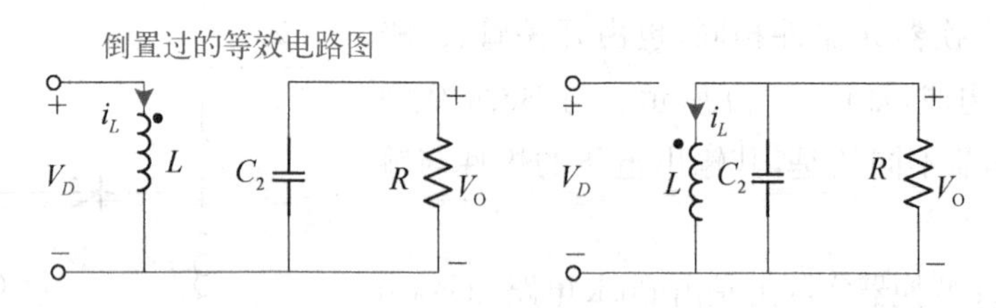

图 5-10　Buck 变换器与 Boost 变换器的级联和简化过程

2) Buck-Boost 变换器的 CCM 模式

(1) 过程分析。

CCM 模式下 Buck-Boost 变换器等效电路和波形如图 5-11 所示。

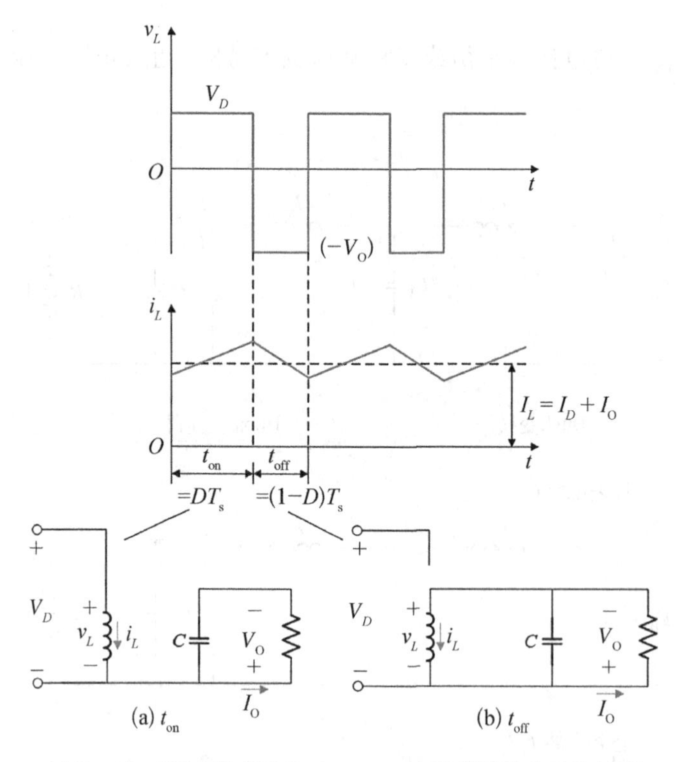

图 5-11　CCM 模式下 Buck-Boost 变换器等效电路和波形

a. t_{on}：开关闭合，电源 V_D 全部加在升压电感 L 上，电感电流线性增长。

$$L\frac{\mathrm{d}i_L}{\mathrm{d}t}=V_D \tag{5-25}$$

当 $t=t_{on}$ 时，电感电流达到最大值

$$i_{L,\text{ peak}}=\frac{V_D}{L}t_{on}+i_L(0) \tag{5-26}$$

b. t_{off}：开关关断，电感电流通过二极管续流，电感储能向负载和电容转移。此时加在 L 上的电压为 $-V_{\text{O}}$，电感电流线性减小。

$$L\frac{\mathrm{d}i_L}{\mathrm{d}t}=-V_{\text{O}} \tag{5-27}$$

当 $t=T_{\text{s}}$ 时，电感电流为最小值 $i_L(0)$，同时进入下一个开关周期。

(2) 基本关系。

由伏秒平衡可得

$$\frac{V_{\text{O}}}{V_D}=\frac{D}{1-D} \tag{5-28}$$

在忽略功率损耗的前提下，输入功率与输出功率相等，输入电流和输出电流的关系为

$$\frac{I_{\text{O}}}{I_D}=\frac{V_D}{V_{\text{O}}}=\frac{1-D}{D} \tag{5-29}$$

由伏秒平衡或安秒平衡可推导出 Buck - Boost 变换器的电压增益，在 CCM 模式下，该电压增益 $M=D/(1-D)$。

3) Buck - Boost 变换器临界模式分析

图 5 - 12 是 Buck - Boost 变换器临界模式下的电感电流波形。

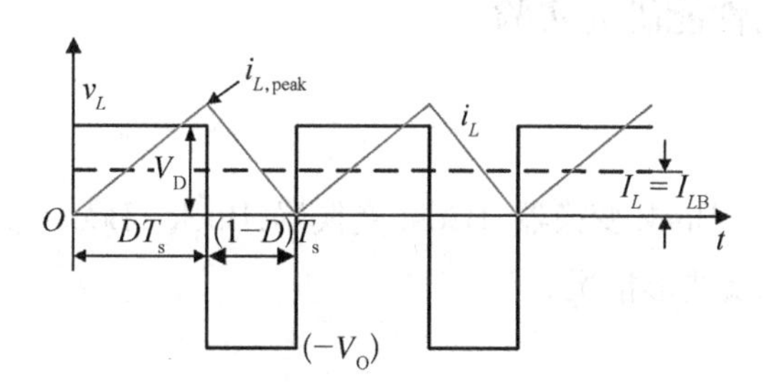

图 5 - 12　临界模式下 Buck - Boost 变换器波形

临界模式下 Buck - Boost 变换器的电感电流平均值

$$\begin{aligned}I_{\text{LB}}&=\frac{1}{2}i_{L,\text{peak}}=\frac{V_D}{2L}t_{\text{on}}=\frac{T_{\text{s}}V_D}{2L}D\\&=\frac{V_{\text{O}}}{2L}t_{\text{off}}=\frac{T_{\text{s}}V_{\text{O}}}{2L}(1-D)\end{aligned} \tag{5-30}$$

在 Buck - Boost 变换器中，电感电流、输入电流和输出电流满足

$$I_{\text{O}}=I_L-I_D \tag{5-31}$$

从而

$$I_{\text{O}}=(1-D)I_L \tag{5-32}$$

可以得到用 V_{O} 表示的临界模式下的平均输出电流

$$I_{OB}=\frac{T_sV_O}{2L}(1-D)^2 \tag{5-33}$$

故当 $D=0$ 时，I_{LB}，I_{OB}同时取到最大值

$$I_{LB,\max}=\frac{T_sV_O}{2L} \tag{5-34}$$

$$I_{OB,\max}=\frac{T_sV_O}{2L} \tag{5-35}$$

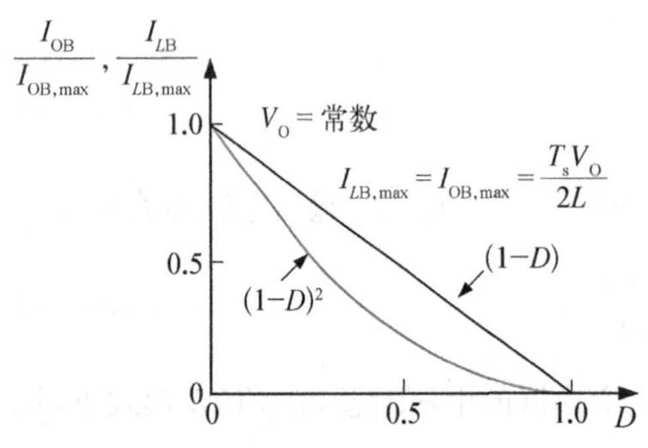

图 5-13 临界模式下 Buck-Boost 变换器 I_{OB}，I_{LB}与 D 的关系

此时 I_{LB}，I_{OB}可表示为

$$I_{LB}=I_{LB,\max}(1-D) \tag{5-36}$$

$$I_{OB}=I_{OB,\max}(1-D)^2 \tag{5-37}$$

当输出电压 V_O 恒定时，对于给定的占空比 D，若输出电流小于 I_{OB}（此时电感电流也小于 I_{LB}），则 Buck-Boost 变换器进入 DCM 模式。I_{OB}，I_{LB}与 D 的关系如图 5-13 所示。

5.2.2 直流变换器的性能研究实验

1. 实验目的

熟悉 3 种变换器——Buck 变换器、Boost 变换器、Buck-Boost 变换器——的工作原理，掌握变换器的工作状态及波形情况。

2. 实验内容

（1）SG3525 芯片的调试。

（2）变换器的连接。

（3）变换器的波形观察及电压测试。

3. 实验设备及仪器

（1）MCL-22 实验箱。

（2）双踪示波器。

（3）万用表。

4. 实验方法

1）PWM 测试

开关 S_1 拨至“OFF”，用双踪示波器测量 PWM 波形发生器的“G”孔和地之间的波形，如图 5-14 所示。开关 S_2 拨至“90%”，调节占空比旋钮 RP_1，测量及记录驱动波形的频率以及占空比的调节范围 D。

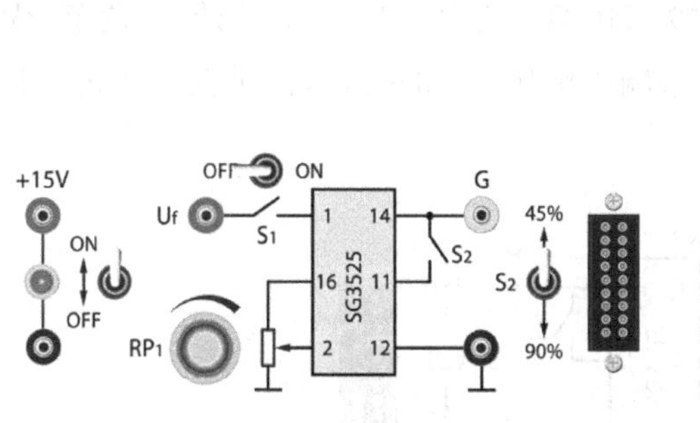

图 5-14 PWM 波形发生器

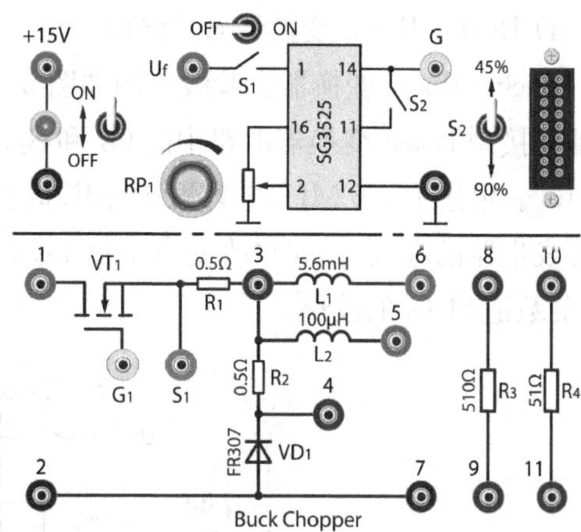

图 5-15 Buck 变换器实验线路图

2) Buck 变换器性能测试

Buck 变换器实验线路图如图 5-15 所示。首先将 PWM 波形发生器单元的 G 和地接到 Buck 变换器电路中的 G_1 和 S_1，+15 V 电源接入 Buck 变换器电路的输入"1"和"2"。电感取 5.6 mH，负载为 510 Ω。闭合+15 V 电源开关，调节 PWM 波形发生器的电位器 RP1，改变占空比 D，观察输出电压 U_O 即负载 R_3 电压的变化，记录在不同占空比下 U_O 的数值和 I_O 的波形。

3) Boost 变换器性能测试

Boost 变换器实验线路图如图 5-16 所示。首先将 PWM 波形发生器单元的 G 和地连接到 Boost 变换器电路中的 G_2 和 S_2，+15 V 电源接入 Boost 变换器电路的输入"12"和"13"。电感取 5.6 mH，电容取 10 μF，负载为 510 Ω。闭合+15 V 电源开关，调节 PWM 波形发生器的电位器 RP1，改变占空比 D，观察输出电压 U_O 的变化，记录在不同占空比下 U_O 的数值和 I_O 的波形。

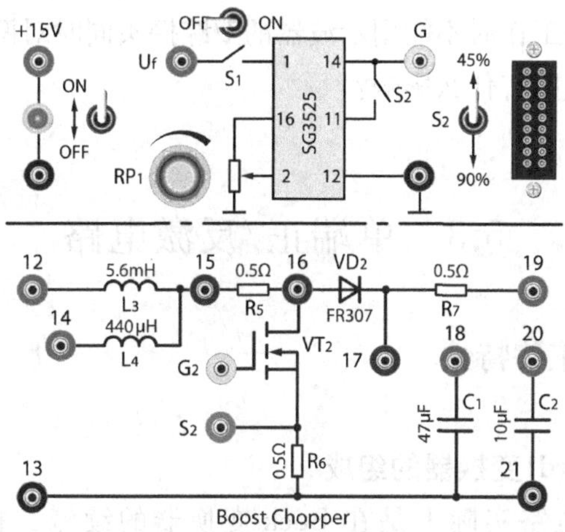

图 5-16 Boost 变换器实验线路图

4) Buck－Boost 变换器(设计性)

Buck－Boost 变换器实验线路图如图 5－17 所示。首先将 PWM 波形发生器单元的 G 和地连接到 Boost 变换器电路中的 G_2 和 S_2，+15 V 电源接入 Boost 变换器电路的输入“12”和“13”。电感取 5.6 MH，电容取 10 μF，负载为 510 Ω。闭合+15 V 电源开关，调节 PWM 波形发生器的电位器 RP1，改变占空比 D，观察输出电压 U_O 的变化，记录在不同占空比下 U_O 的数值和 I_O 的波形。

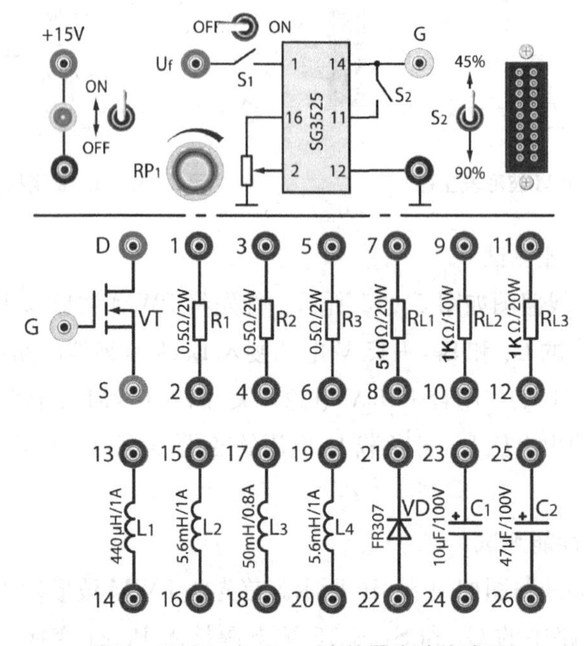

图 5－17　Buck－Boost 变换器实验线路图

5. 实验报告

(1) 直流斩波电路的工作原理是什么？有哪些结构形式和主要元器件？

(2) 为什么在主电路工作时不能用示波器的双踪探头同时对两处波形进行观测？

(3) 不同的电感对电路有什么影响？

5.3　单端正/反激电路

5.3.1　单端正激电路工作特性

1. 单端正激(Forward)变换器的组成

Forward 变换器主电路实际上是在 Buck 变换器的续流二极管之前插入隔离变压器，再加一个整流二极管构成的，如图 5－18 所示。另外，Forward 变换器必须要有磁复位(de-magnetization)电路，图 5－18 中的 N_3 绕组串联二极管 D_3 构成了一种最常见的磁复位绕组形式，另外还有 RCD 钳位复位、有源钳位复位等多种形式。磁复位电路是正激变换器的鲜明特点。Forward 变换器在磁复位完成后，与 Buck 电路一样，电感电流经过续流二极管续流。如果变换器二次侧电感电流降到 0 时下个周期尚未开始，则 Forward 变换器将进入断续模式，此时负载电流由电容提供，其分析与 Buck 变换器电路完全一致。

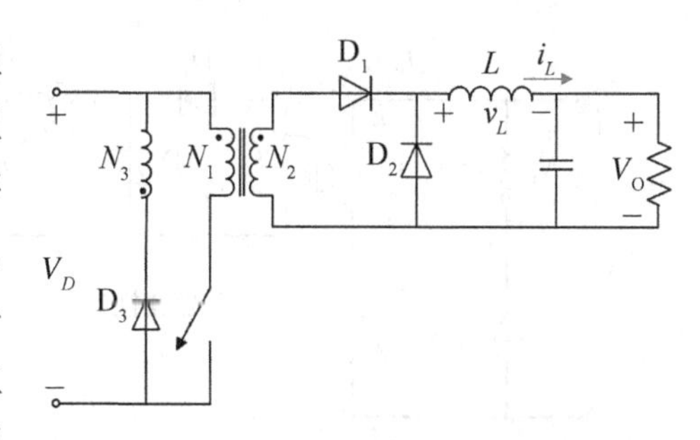

图 5－18　Forward 变换器主电路与磁复位电路

2. 电流连续时的 Forward 变换器工作过程分析

1) 过程分析

图 5－19 所示是 Forward 变换器电流连续时的等效电路及波形图。

(1) t_{on}：开关导通，输入电压 V_D 加在一次侧绕组上，铁心被磁化，铁心磁通 ϕ 呈线性增长

$$N_1 \frac{\mathrm{d}\phi}{\mathrm{d}t} = V_D \tag{5-38}$$

此时铁心磁通的增长量为

$$\Delta\phi_{(+)} = \frac{V_D}{N_1} t_{on} = \frac{V_D}{N_1} D T_s \tag{5-39}$$

变压器励磁电流 i_m 从 0 开始线性增加

$$i_m = \frac{V_D}{L_m} t \tag{5-40}$$

一次侧、二次侧绕组上的电压 V_{N1} 和 V_{N2} 分别为

$$V_{N1} = V_D,\ V_{N2} = \frac{N_2}{N_1} V_D \tag{5-41}$$

此时 D_1 导通，D_2 截止，二次侧电流开始线性增加，这与 Buck 变换器类似。

$$\frac{\mathrm{d}i_L}{\mathrm{d}t} = \frac{\frac{N_2}{N_1} V_D - V_O}{L} \tag{5-42}$$

一次侧电流 i_1 或流过开关的电流 i_{SW} 等于变压器二次侧折算过来的电流和励磁电流 i_m 之和，即

$$i_1 = i_{SW} = i_m + \frac{N_2}{N_1} i_L = i_m + \frac{N_2}{N_1} i_2 \tag{5-43}$$

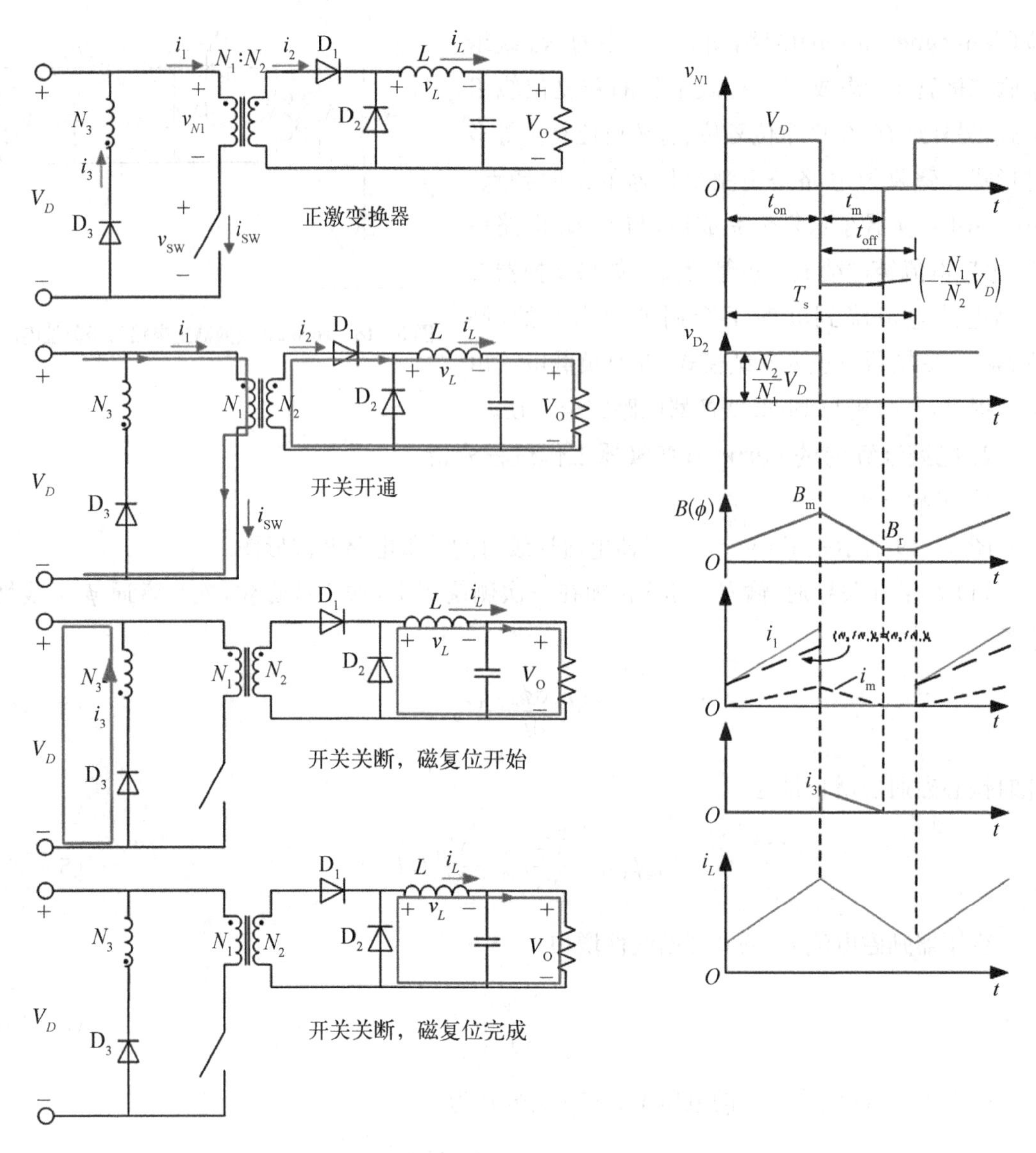

图 5-19　Forward 变换器电流连续时的分阶段等效电路及波形

(2) t_{off}，磁复位时间：输入电压 $-V_D$ 加于复位绕组 3，折合到绕组 1、2 的电压 V_1 和 V_2 分别为

$$V_1=-\frac{N_1}{N_3}V_D \tag{5-44}$$

$$V_2=-\frac{N_2}{N_3}V_D \tag{5-45}$$

加在励磁电感的负电压使铁心去磁、磁通减少

$$N_3\frac{\mathrm{d}\phi}{\mathrm{d}t}=-V_D \tag{5-46}$$

减少量为

$$\Delta\phi_{(-)}=\frac{V_D}{N_3}t_m=\frac{V_D}{N_3}\Delta_1 T_s \tag{5-47}$$

式中，$t_m=\Delta_1 T_s$ 是变压器的去磁时间，且需要 $\Delta_1\leqslant 1-D$。

励磁电流 i_m 从一次侧绕组中转移到复位绕组中，并且开始线性减小，计算得

$$i_m=\frac{V_D}{L_m}t_{on}-\frac{N_1}{N_3}\frac{V_D}{L_m}(t-t_{on}) \tag{5-48}$$

i_m 下降到 0，磁复位完成。

在此状态中，加在开关上的电压为

$$V_{SW}=V_D+\frac{N_1}{N_3}V_D=\left(1+\frac{N_1}{N_3}\right)V_D \tag{5-49}$$

(3) 磁复位完成后：当励磁电流 i_m 降为 0 时，D_3 反偏，所有绕组中均无电流，电压均为 0，开关管上的电压为 V_D，二次侧滤波电感电流经过 D_2 续流。

2) 基本关系分析

Forward 变换器实际上是一个隔离的 Buck 变换器。与 Buck 变换器一样，由 Forward 变换器二次侧电感的伏秒平衡可得

$$\frac{V_O}{V_D}=\frac{N_2}{N_1}D \tag{5-50}$$

在 Forward 变换器上加入复位绕组 N_3，起去磁复位的作用，使磁通增加量等于减少量，或者使励磁电流降回 0，主磁通复位。为了防止输入电压在开关开通时为复位绕组输送能量，还要加一个与复位绕组串联的反电势钳位二极管 D_3。

磁复位意味着磁通增加量等于减少量，故

$$\Delta_1=\frac{N_3}{N_1}D \tag{5-51}$$

即

$$\frac{\Delta_1}{D}=\frac{N_3}{N_1} \tag{5-52}$$

式中 $\Delta_1=\frac{t_m}{T_s}$。

要留下充足的磁复位时间，则 $\Delta_1\leqslant 1-D$，即

$$D\leqslant\frac{N_1}{N_1+N_3}=\frac{1}{1+N_3/N_1} \tag{5-53}$$

Forward 变换器在磁复位完成后，与 Buck 变换器电路一样，电感电流经过续流二极管续流。如果二次侧电感电流降到 0 时下个周期尚未开始，则 Forward 变换器将进入断续模式，此时负载电流由电容提供，其分析与 Buck 电路完全一致。

5.3.2 单端反激电路工作特性

1. 单端反激(Flyback)变换器的组成

Flyback 变换器也由开关管、整流二极管、电容和变压器构成，如图 5-20 所示。需要注意，变压器两个绕组的同名端不在同一侧。Flyback 变换器由于电路简洁、所用元器件少，非常适合多路输出的场合。

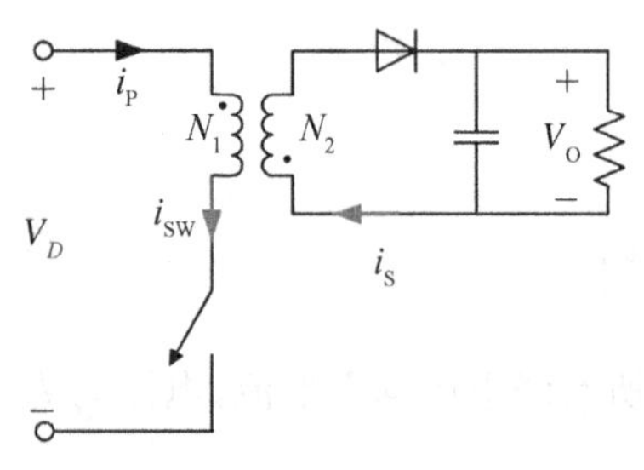

图 5-20 Flyback 变换器电路

Flyback 变换器同样是由基本的 Buck 变换器电路和 Boost 变换器电路演化而来。事实上，它的工作原理与 Buck-Boost 变换器完全一致，它是在 Buck-Boost 变换器上插入变压器演变而来的。

2. Flyback 变换器工作原理

与 Buck-Boost 变换器电路相同，Flyback 变换器电路也有电流连续和断续两种模式；但是它与正激变换器又不同，没有输出电感以判断电流是否连续。Flyback 的变压器实质上起电感的作用，可称为耦合电感。变压器在开关关断后，一次侧绕组的电流 i_P 必然为 0，所以对 Flyback 来说，电流连续是指铁心磁通 ϕ 在一个开关周期内均大于 B_r 对应的剩磁通，也就是一次侧 i_P 和二次侧 i_S 的总电流不为 0；而电流断续是指铁心磁通在开关关断期间有一段时间降到剩磁通，或一次侧励磁电流 i_m 为 0。注意，Flyback 变换器的励磁电流复位不要求 i_m 回到 0，只要复位到起始值即可，这与正激变换器不同。

图 5-21 给出了 Flyback 变换器在不同开关模态下的等效电路。Flyback 变换器在电流连续和电流断续时的波形如图 5-22 所示。

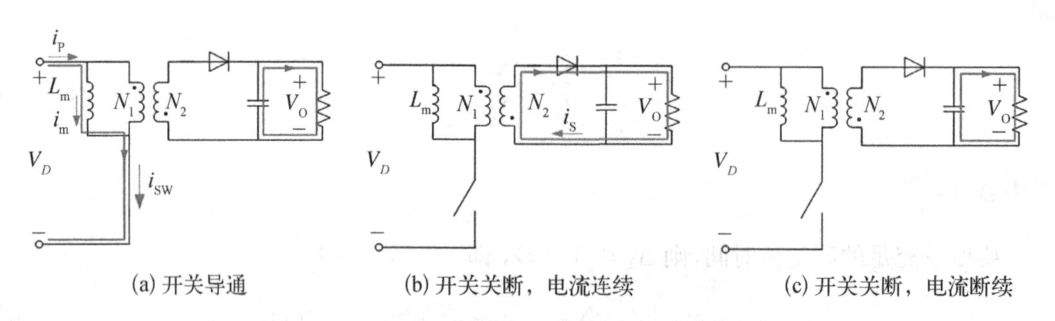

图 5-21 Flyback 变换器在不同开关模态下的等效电路

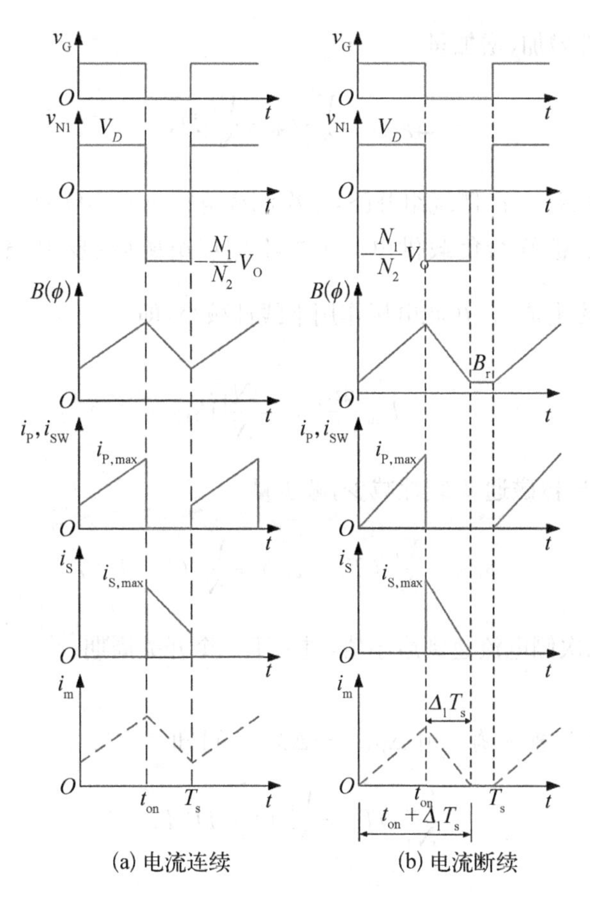

图5-22 Flyback变换器主要波形

3. Flyback变换器CCM工作原理和基本关系

1) CCM过程分析

t_{on}区间：开关导通，电源电压V_D全部加在一次侧绕组N_1上，二次侧绕组的感应电压

$$V_2 = \frac{N_2}{N_1}V_D \tag{5-54}$$

二次侧二极管截止，负载电流由电容提供。此时二次侧绕组电流i_S为0，电流i_P与励磁电感电流i_m、开关电流i_{SW}相等，能量储存在L_m中。在这个阶段，电源电压为励磁电感L_m充电，励磁电流上升，有

$$\frac{di_P}{dt} = \frac{di_m}{dt} = \frac{V_D}{L_m} \tag{5-55}$$

当$t = t_{on}$时，励磁电流达到最大值

$$i_{m,\max} = \frac{V_D}{L_m}t_{on} + i_m(0) \tag{5-56}$$

磁通 ϕ 也在线性增加，增加量

$$\Delta\phi_{(+)}=\frac{V_D}{N_1}t_{\text{on}}=\frac{V_D}{N_1}DT_s \tag{5-57}$$

t_{off}区间：开关关断，一次侧绕组开路，二次侧绕组感应电势反向，二次侧二极管导通，储存在铁心的能量经二极管给负载供电。由二次侧绕组感应（反射）到一次侧绕组的电压 $V_{N1}=-\frac{N_1}{N_2}V_O$，励磁电流 i_m 在此电压作用下线性减小，即

$$L_m\frac{di_m}{dt}=-\frac{N_1}{N_2}V_O \tag{5-58}$$

在此过程中，变压器磁通 ϕ 线性减少，减少量

$$\Delta\phi_{(-)}=\frac{V_O}{N_2}(T_s-t_{\text{on}})=\frac{V_O}{N_2}(1-D)T_s \tag{5-59}$$

当 $t=T_s$ 时，二次侧电流达到最小值，进入下一个开关周期。

2）基本关系

对励磁电感应用伏秒平衡或由 $\Delta\phi_{(+)}=\Delta\phi_{(-)}$，可知

$$\frac{V_D}{N_1}DT_s=\frac{V_O}{N_2}(1-D)T_s \tag{5-60}$$

即

$$\frac{V_O}{V_D}=\frac{N_2}{N_1}\frac{D}{1-D} \tag{5-61}$$

若 $N_2/N_1=1$，电压增益表达式与 Buck - Boost 变换器相同。由此可见，Flyback 变换器具有这类变换器的特性，但又比它们有更多的灵活性（多了 N_2/N_1 这一项）。

4. 临界模式分析

若在临界模式工作，V_O 与 V_D 的关系保持不变，一次侧电流 i_P 在 t_{on}区间从 0 开始增大到最大值 $i_{P,\max}$，二次侧电流 i_S 在 t_{off}区间由最大值 $i_{S,\max}$减小到 0。两个电流最大值满足

$$\frac{i_{P,\max}}{i_{S,\max}}=\frac{N_2}{N_1} \tag{5-62}$$

又

$$i_{P,\max}=\frac{V_D}{L_m}DT_s \tag{5-63}$$

故

$$i_{S,\max}=\frac{N_1}{N_2}\frac{V_D}{L_m}DT_s \tag{5-64}$$

所以，临界模式下的负载电流

$$I_{OB}=\frac{1}{2}i_{S,\max}(1-D)=\frac{N_1}{N_2}\frac{V_D}{2L_m}(1-D)DT_s \tag{5-65}$$

当 $D=0.5$ 时，I_{OB}有最大值

$$I_{OB,\max}=\frac{N_1}{N_2}\frac{V_D}{8L_m}T_s \tag{5-66}$$

所以 I_{OB}也可以写成

$$I_{OB}=4I_{OB,\max}(1-D)D \tag{5-67}$$

5.3.3　单端正激/反激式开关电源实验

1. 实验目的

(1) 熟悉 PWM 波形发生器调试方法。

(2) 熟悉单端正激、反激变换器工作原理。

(3) 了解单端正激、反激变换器工作特性。

2. 实验内容

(1) SG3525 芯片的调试。

(2) 观察开环时带负载前后输出电压、电流，以及 MOS 管 G、D、S 端波形。

(3) 观察闭环时带负载前后输出电压、电流，以及 MOS 管 G、D、S 端波形。

3. 实验设备及仪表

(1) DLDZ－22 实验箱。

(2) MCL－21 实验箱。

(3) NDJ－03/4 电阻箱。

(4) DLDZ－02 智能直流仪表。

(5) 双踪示波器。

(6) 万用表。

4. 实验方法

1) 正激变换器的主要特点：

(1) 一次侧绕组同名端与二次侧绕组同名端极性相同。

(2) 功率开关管导通时变压器传输能量。

(3) 正激变换器必须在输出整流二极管与滤波电容之间串联储能电感。

2) SG3525 性能测试

将 DLDZ－22 开关 S_1 拨向“OFF”，在占空比开关 S_2 切换至不同的状态下（45%和 90%），测量 SG3525 的输出波形，记录最大、最小占空比 D_{max} 和 D_{min}。

3) 单端正激变换器实验（负载电流不超过 0.8 A）

(1) 单端正激变换器开环实验。

(a) 连接电路。

实验台断电，参照图 5－23 连接电路。交流电源输入采用相电（火线与零线），仪表为直流表，负载 R_L 采用 NDJ－03/4 挂箱中的 R_2，负载采用并联连接（A_1-B_1 短接，A_3-B_3 短接，电阻值调至最大即逆时针调至底）。

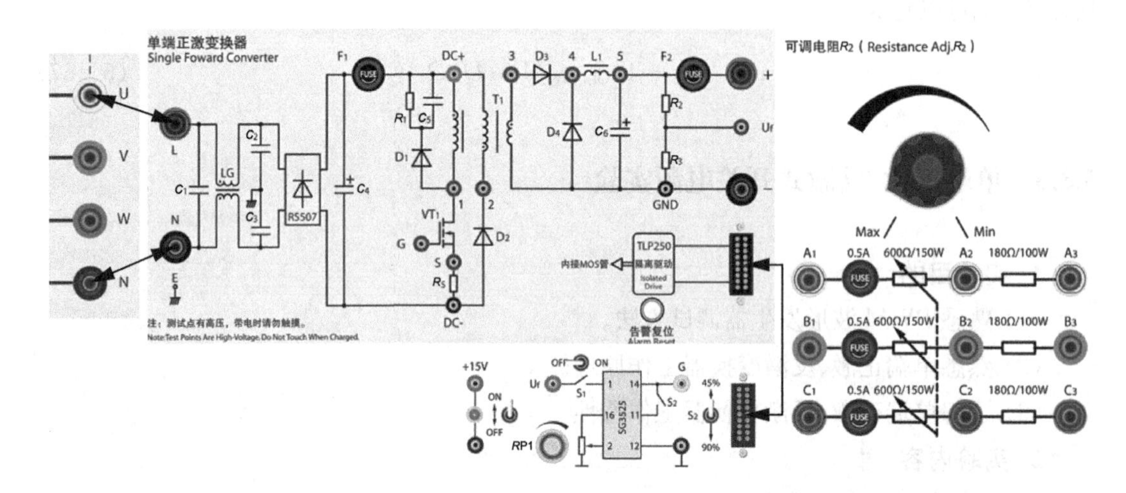

图 5－23　单端正激变换器开环实验接线图

将开关 S_1 拨向“OFF”，占空比开关 S_2 切换至 45%，用扁平带将 PWM 输出接至 MCL－21 的正激电路 PWM 输入口。

(b) 实验内容。

闭合 QS－DY05“ON”按钮及 MCL－21 电源开关，固定负载（负载电阻调节至最大），调节 DLDZ－22 中的脉宽调节电阻器 RP1，记录输入电压 U_i，以及占空比为 30%时的输出电压 U_O。分别观察 MOS 管的驱动波形与输出波形。调节脉宽调节电阻器 RP1，使 U_O 为 24 V，逐渐减小负载 R_L，记录不同负载下 U_O 和 I_O 的变化。再调节脉宽调节电阻器 RP1，使 U_O 为 15 V，逐渐减小负载 R_L，记录不同负载下 U_O 和 I_O 的变化。

实验完成后将所有电位器负载恢复原位。

(2) 单端正激变换器闭环实验。

(a) 连接电路。

实验台断电，参照图 5－24 连接电路。

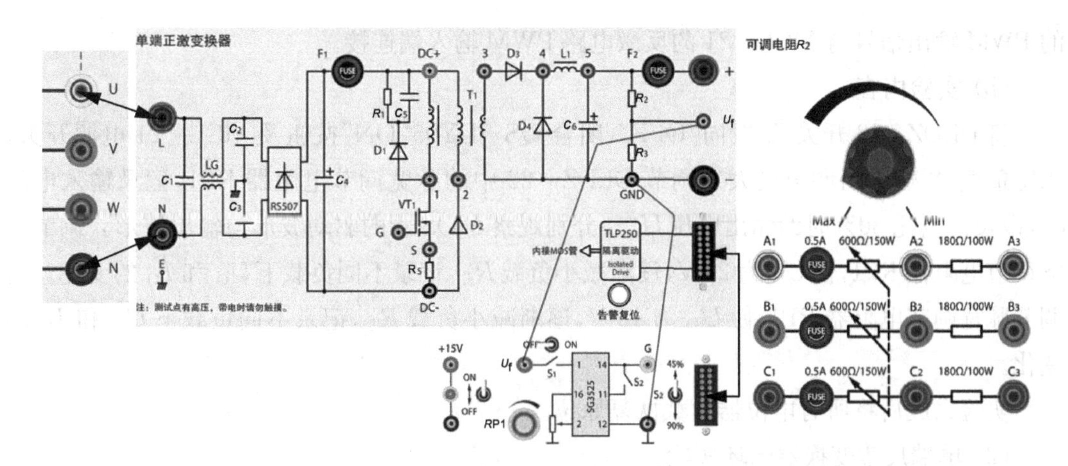

图5-24 单端正激变换器闭环实验接线图

(b) 实验内容。

DLDZ-22实验箱中的开关S_1拨向"ON",将正激电路中的U_f与PWM发生器中的U_f连接。实验台通电,即闭合QS-DY05"ON"按钮及MCL-21电源开关,固定负载(负载电阻调至最大),调节DLDZ-22中的脉宽调节电阻器RP1,使U_O为24 V,逐渐减小负载R_L,记录不同负载下U_O和I_O的变化。再调节脉宽调节电阻器RP1,使U_O为15 V,逐渐减小负载R_L,记录不同负载下U_O和I_O的变化。

实验完成后将所有电位器负载恢复原位。

4) 单端反激变换器电源实验(负载电流不超过0.8 A)

(1) 单端反激变换器开环实验(占空比切换至45%)。

(a) 连接电路。

实验台断电,参照图5-25连接电路。交流电源输入采用相电(火线与零线),仪表为直流表,负载R_L采用NDJ-03/4挂箱中的R_2。负载调至最大。采用扁平带将DLDZ-22中

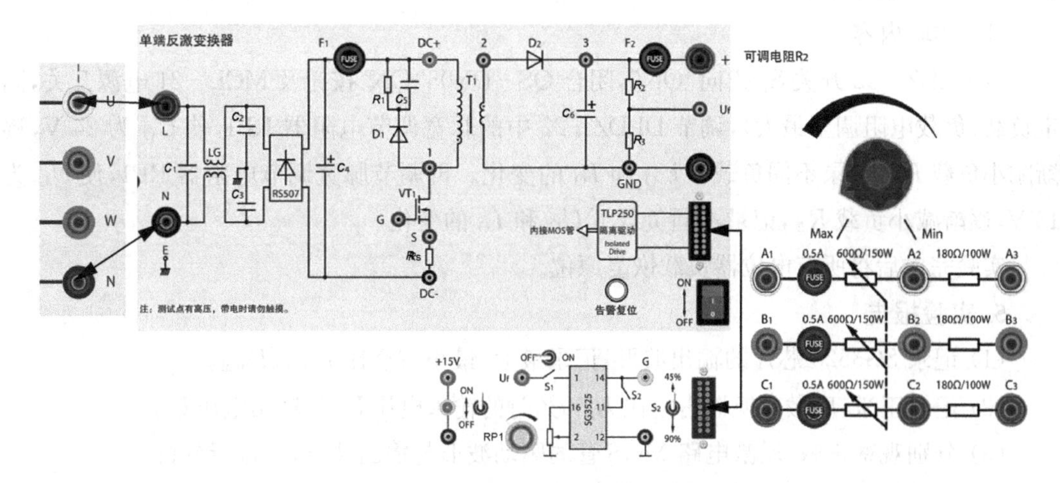

图5-25 单端反激变换器开环实验接线图

的 PWM 输出信号与 MCL－21 的反激电路 PWM 输入端连接。

(b) 实验内容。

将 DLDZ－22 开关 S_1 拨向“OFF”，闭合 QS－DY05“ON”按钮及 MCL－21 电源开关，固定负载(负载电阻调至最大)，调节 DLDZ－22 中的脉宽调节电阻器 RP1，记录输入电压 U_i，以及占空比 30%时的输出电压 U_O。分别观察 MOS 管的驱动波形与输出波形。调节脉宽调节电阻器 RP1，使 U_O 为 24 V，逐渐减小负载 R_L，记录不同负载下 U_O 和 I_O 的变化。再调节脉宽调节电阻器 RP1，使 U_O 为 15 V，逐渐减小负载 R_L，记录不同负载下 U_O 和 I_O 的变化。

实验完成后将所有电位器负载恢复原位。

(2) 单端反激变换器闭环实验。

(a) 按图 5－26 连接电路。

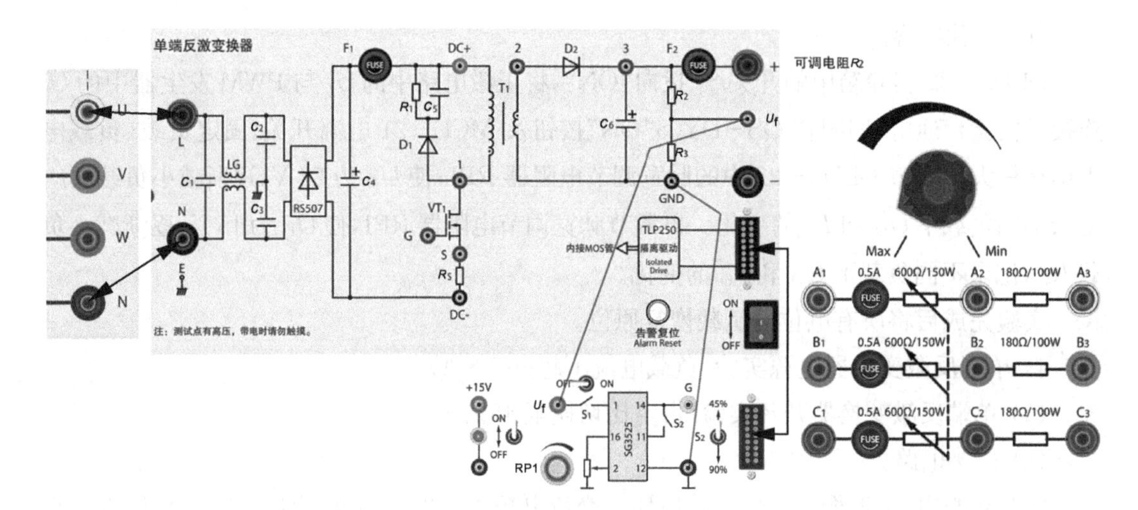

图 5－26　单端反激变换器闭环实验接线图

(b) 实验内容。

将 DLDZ－22 开关 S_1 拨向“ON”，闭合 QS－DY05“ON”按钮及 MCL－21 电源开关，固定负载(负载电阻调至最大)，调节 DLDZ－22 中的脉宽调节电阻器 RP1，使 U_O 为 24 V，逐渐减小负载 R_L，记录不同负载下 U_O 和 I_O 的变化。再调节脉宽调节电阻器 RP1，使 U_O 为 15 V，逐渐减小负载 R_L，记录不同负载下 U_O 和 I_O 的变化。

实验完成后将所有电位器负载恢复原位。

5. 实验报告

(1) 记录 SG3525 芯片的输出波形，记录最大、最小占空比 D_{max}、D_{min}。

(2) 记录正激、反激变换器占空比为 30%时的输入电压 U_i 和输出电压 U_O。

(3) 分别观察正激、反激电路 MOS 管的驱动波形与输出波形，并进行分析。

(4) 说明两种电路的控制方式和带载能力。

5.4　全桥 DC－DC 变换器

5.4.1　全桥 DC－DC 变换器工作特性

1. 全桥变换器组成及工作原理

全桥变换器是用途非常广的变换器，它不仅可用于开关直流电源、直流电动机驱动，也可用于 DC－AC 逆变电路。前面学到的电路都是电流、功率单向流动的，并且输出电压极性固定。但在某些场合，例如在电动机驱动中，不仅需要电流从输入端流向输出端的正向驱动，还需要电流从输出端到输入端的正向制动。电动机的正向驱动可以用一个 Buck 变换器来实现，而正向制动可以由一个 Boost 变换器（从右向左看）来实现。将这两个电路合并在一起可以得到一个半桥变换器，如果将两个半桥并联起来就可以得到全桥变换器，从而实现四象限运行，实现正向驱动、正向制动、反向驱动、反向制动，如图 5－27 所示。

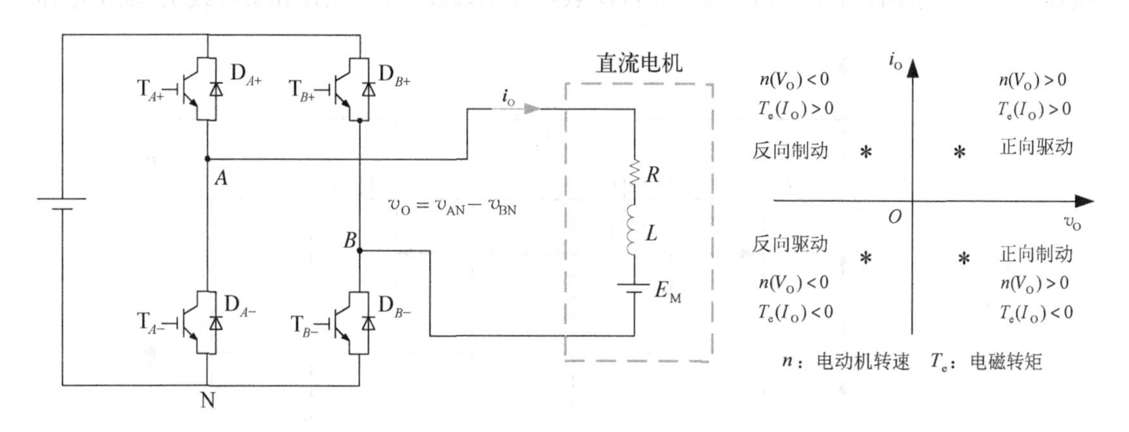

图 5－27　全桥变换器

全桥变换器的输出电压取决于开关的状态。分析之前先假定：

(1) 同一桥臂上的开关不会同时开通或者关断。

(2) 忽略死区时间。

基于以上假定，图 5－27 所示的全桥变换器有 4 种合理的开关方式。

(1) 组合 1：T_{A+}、T_{B-} 开通，T_{A-}、T_{B+} 关断。此时，若负载电流为正，电流将由 T_{A+}、T_{B-} 导通，A 点连在正母线上，B 点连在负母线上，输出电压 $V_O = +V_D$。

(2) 组合 2：T_{A+}、T_{B+} 开通，T_{A-}、T_{B-} 关断。此时，A 点、B 点都在正母线上，输出电压 $V_O = 0$。

(3) 组合 3：T_{A-}、T_{B-} 开通，T_{A+}、T_{B+} 关断。此时，A 点、B 点都在负母线上，输出电压 $V_O = 0$。

(4) 组合 4：T_{A-}、T_{B+} 开通，T_{A+}、T_{B-} 关断。此时，B 点连在正母线上，A 点连在负母线上，输出电压 $V_O=-V_D$。

当只使用组合 1、组合 4 时，在一个开关周期内，输出电压在 $+V_D$ 和 $-V_D$ 之间跳变，这种控制方式为双极性控制；当使用组合 2、组合 3 与组合 1、组合 4 配合时，输出电压在 0 与 $+V_D$ 和 0 与 $-V_D$ 之间跳变，这种控制方式称为单极性控制。

2. 全桥 DC-DC 变换器的典型应用与控制方式

全桥 DC-DC 变换器主要有 3 个应用场合：第一种是直流电动机驱动等；第二种是正弦波 DC-AC 单相逆变器；第三种是高频变压器隔离 DC-DC 电源的 DC-AC 变换部分。在 3 种应用中，全桥变换器的结构是一样的，只是控制方式和滤波器等附加电路有所不同。最简单的控制方式是让对角线的两对开关 T_{A+}、T_{B-} 与 T_{A-}、T_{B+} 按照同样的占空比进行对称的开关动作，称为双极性控制。PWM 控制信号调制过程和输出电压、输出电流的信号波形如图 5-28 所示。当 $V_{control}>V_{tri}$ 时，T_{A+}、T_{B-} 开通，反之 T_{A-}、T_{B+} 开通。当 T_{A+}、T_{B-} 导通时，A 点连在正母线上，B 点连在负母线上，输出电压 $V_O=+V_D$，输出电流 i_O 在正向电压的作用下增加；当 T_{A-}、T_{B+} 开通时，B 点连在正母线上，A 点连在负母线上，输出电压

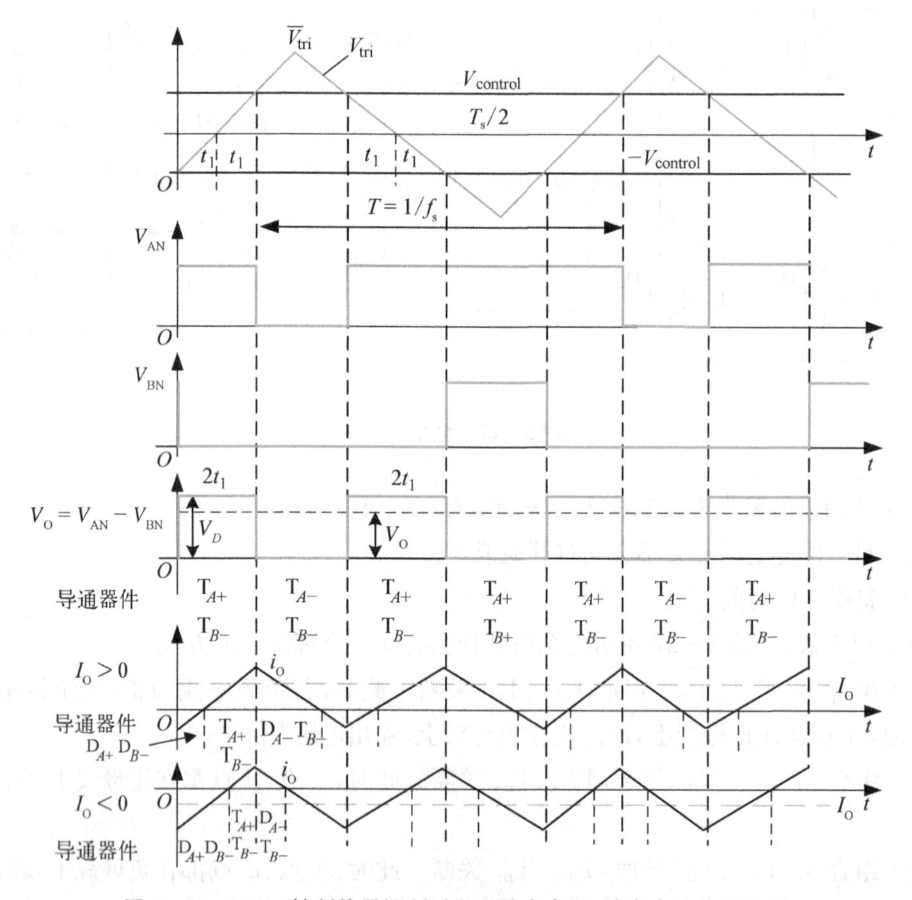

图 5-28　PWM 控制信号调制过程和输出电压、输出电流信号波形

$V_O=-V_D$，输出电流 i_O 在反向电压的作用下减小。关键的一点，T_{A+}、T_{B-} 开通，或者 T_{A-}、T_{B+} 开通，并不意味着一定会有电流流过，是否有电流流过，还取决于电流的方向。

图5-28显示了开通信号和实际导通的功率管或者二极管，从中可以得到两个基本结论：① 输出电流的方向不受输出电压的约束；② 实际导通的功率管由电流方向和开通信号共同决定。从图5-28还可以看出，在双极性调制下，输出电压与输入电压呈线性关系。

5.4.2 全桥DC-DC变换器实验

1. 实验目的

(1) 掌握可逆直流脉宽调速系统主电路的组成、原理及各主要单元部件的工作原理。

(2) 熟悉H型PWM变换器各种控制方式的原理与特点。

2. 实验内容

(1) PWM控制器SG3525性能测试。

(2) H型PWM变换器DC-DC主电路性能测试。

3. 实验系统的组成和工作原理

全桥DC-DC变换脉宽调速系统的实验框图如图5-29所示。

图5-29中可逆PWM变换器主电路系采用MOSFET所构成的H型结构，PWM为脉宽调制器，DLD为逻辑延时环节，FA为瞬时动作的过流保护。

4. 实验设备及仪器

QS-DY05交/直流电源、DLDZ-01直流表、DLDZ-31系统控制单元1、DLDZ-10 PWM/SPWM调速系统、DLDZ-03电阻负载、DLDZ-331二极管/电抗器。

5. 实验方法

1) PWM控制器的SG3525脉宽调制器性能测试

合上QS-DY05中的装置总电源开关，电源输出选择调至“交流调速”挡。DLDZ-10电源开关合上。

(1) 用双踪示波器观察“3”端的电压波形，调节PWM的电位器RP，使方波的占空比为50%。

(2) 用导线将DLDZ-31的“G给定”输出和DLDZ-10中的PWM的“Uc”相连，分别调节正、负给定，记录PWM“3”端输出波形的最大占空比和最小占空比。

2) 控制电路的测试

(1) 逻辑延时时间的测试。

在上述实验的基础上按照图5-29连线，分别将DLDZ-31“G给定”输出，正、负给定均调至零，用双踪示波器观察DLD的“1”端和“2”端的输出波形，并记录PWM发生单元延时时间 t_d。

(2) 同一桥臂上下Mosfet驱动信号死区时间测试。

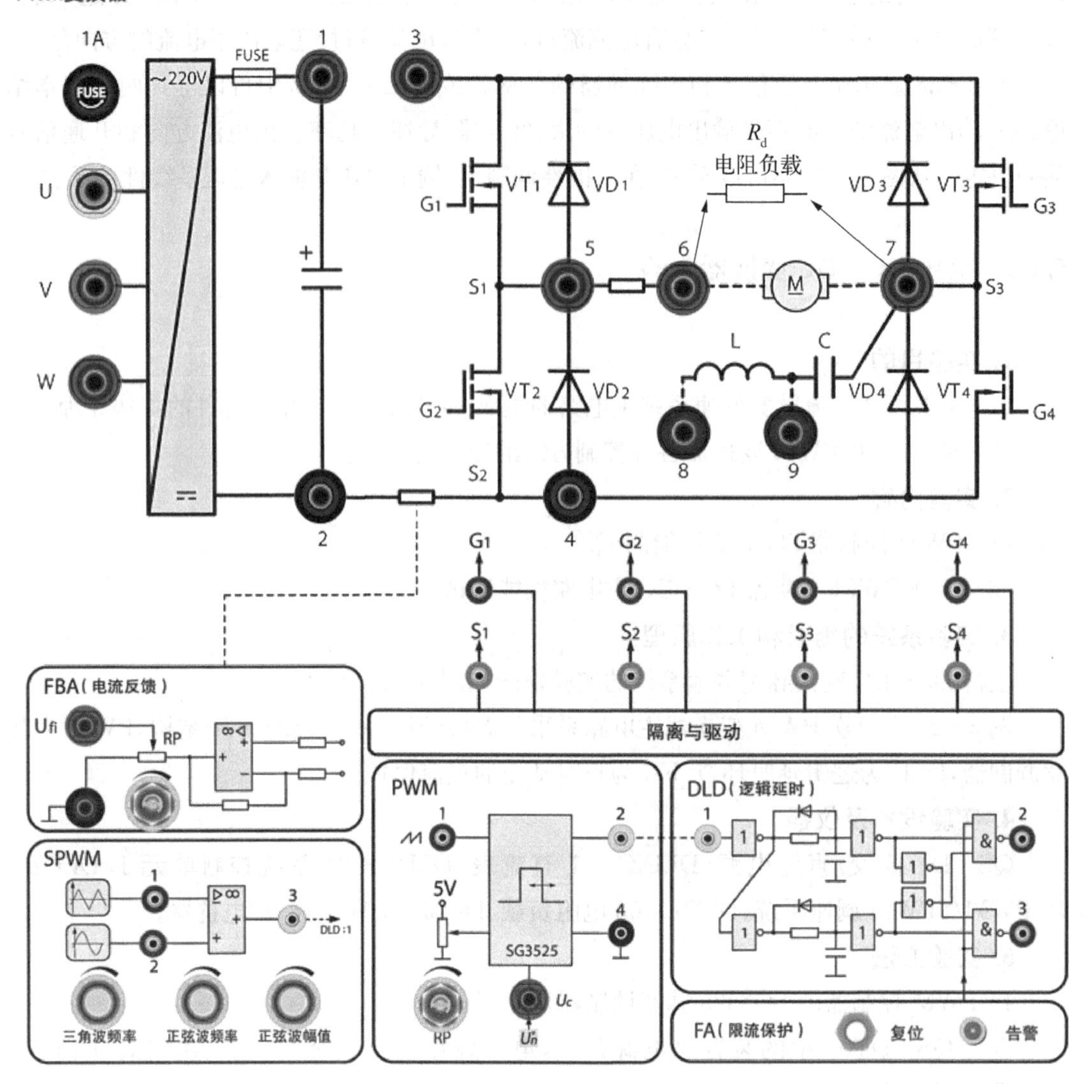

图 5-29　全桥 DC-DC 变换脉宽调速系统的实验框图

用双踪示波器分别测量 $V_{VT1.GS}$ 和 $V_{VT2.GS}$，以及 $V_{VT3.GS}$ 和 $V_{VT4.GS}$ 的死区时间 $t_{dVT1.VT2}$ 和 $t_{dVT3.VT4}$。

3) DC-DC 波形观察

(1) 将 QS-DY05 中的"ON"按下，调节"G 给定"正输出，观察并记录电阻负载上的波形。

(2) 调节"G 给定"负输出，观察电阻负载上的波形。

6. 实验报告

根据实验数据，列出 SG3525 的各项性能参数、逻辑延时时间、同一桥臂驱动信号死区时间。

第6章 晶闸管整流与有源逆变

6.1 整流电路变换概述

凡能将交流电(alternating current, AC)转换为直流电(direct current, DC)的电路统称为整流电路,简称为AC-DC。交流电是我们日常生活和工作中的主要电能来源,但很多电器和电子设备不能直接使用交流电源,为满足这部分设备对电源的要求,可通过整流电路将交流电转换成直流电,再按要求对整流后的直流电进行处理。

AC-DC是出现最早的电力电子电路,应用十分广泛,例如直流电电镀电源、电解电源、同步发电机励磁电源、通信系统电源等。

AC-DC有多种分类方法。按交流电源输入相数可将其分为单相、三相或多相整流电路。按电路结构可将其分为半波、全波和桥式整流电路。按整流电路中使用的电力器件可将其分为不控(由不可控二极管组成,输出电压不能主动调节)、半控(由可控元件和管混合组成,输出电压的大小可调,但其极性不能改变)、全控(所有的整流元件都是可控的,如晶闸管、GTR、IGBT等,输出电压的极性与大小均可调节)整流电路。其中,由半控型器件晶闸管组成的全控整流电路也称为相控整流电路,是半导体变流电路中历史最长、技术最成熟的整流电路。二极管整流电路的实际负载通常是RC负载,相控整流电路的实际负载通常等效为阻感负载。此外,实际负载还要考虑进线端的等效阻抗。由全控器件组成的全控整流电路,由于性能优良而越来越受到工程领域的重视,但其属于PWM斩控而非相控范畴,且与逆变器电路结构、调制方式完全相同,所以通常把它和逆变器放在一起,作为同一电路的逆变模式运行和整流模式运行来分析。

半波电路变压器一二次侧电流中含有较大的直流分量,输出电压脉动较大,全波电路要求变压器具有中间抽头,给变压器的制作带来困难。如果抽头两侧参数不对称,也会产生直流分量,且二极管的电压应力是半波整流电路和桥式整流电路的两倍。实际中,半波和全波整流电路应用较少,多在小功率、低压输出时应用,如开关电源的输出整流。应用较多的是桥式整流电路,包括单相和三相桥式整流电路。

6.2　锯齿波同步移相触发电路

6.2.1　锯齿波同步移相触发电路工作原理

相控电路指晶闸管可控整流电路，即控制触发脉冲初始相位来控制输出电压。为确保相控电路的正常工作，应保证按触发角 α 的大小在正确的时刻向晶闸管施加有效的触发脉冲，相应的电路称为触发电路。

大、中功率的变流器对触发电路的精度要求较高，对输出的触发功率要求较大，故广泛使用的是晶体管触发电路，以同步信号为锯齿波的触发电路使用最多。

图 6－1 为同步信号为锯齿波的触发电路，其输出为双窄脉冲（适用于有两个晶闸管一起导通的电路），也可为单窄脉冲。电路结包含 3 个根本环节：脉冲的形成与放大、锯齿波的构成和脉冲移相、同步环节。此外，还有强触发和双窄脉冲构成环节。

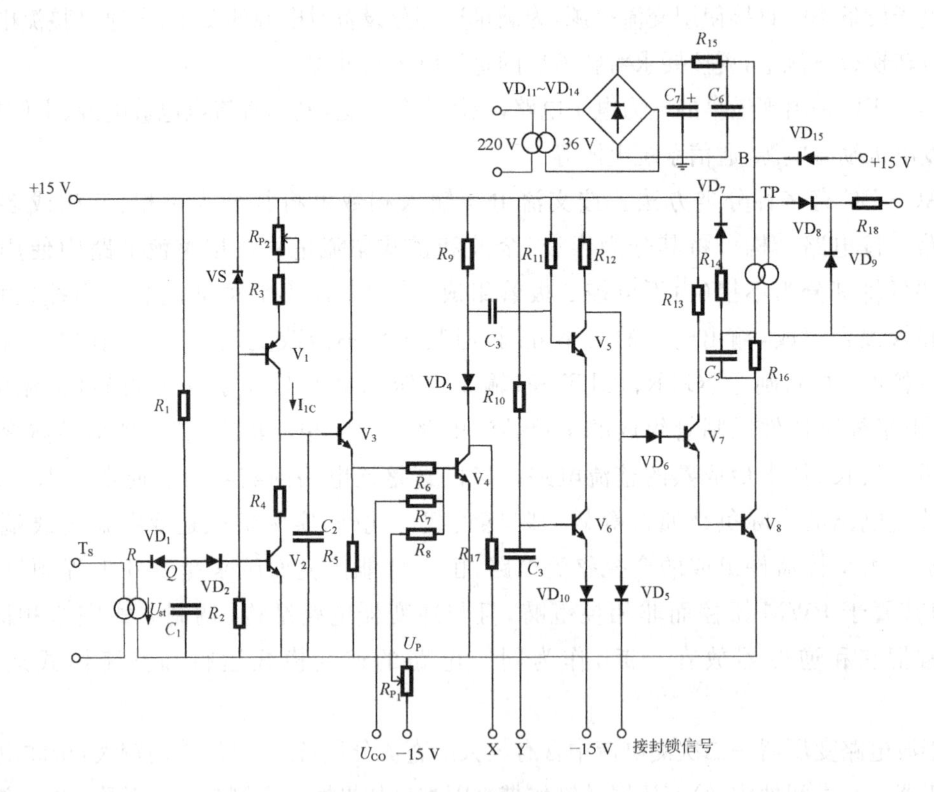

图 6－1　锯齿波同步触发电路

1）脉冲构成环节

V_4、V_5 形成脉冲，V_7、V_8 放大脉冲，控制电压 U_{co} 加在 V_4 基极上。当 $U_{co}=0$ 时，V_4 截

止。V_5 导通。V_7、V_8 处于截止状态，无脉冲输出。电容 C_3 充电，当充满后电容两头电压接近 30.0 V 时，V_4 导通，A 点电位由 15.0 V 下降到 1.0 V 左右，V_5 基极电位下降约−30.0 V，V_5 当即截止。V_5 集电极电压由−15.0 V 上升为 2.1 V，V_7、V_8 导通，输出触发脉冲。电容 C_3 放电和反向充电，使 V_5 基极电位上升，直到 $U_{b5}>-15$ V 时，V_5 又从头导通。使 V_7、V_8 截止，输出脉冲终止。脉冲前沿由 V_4 导通时刻确认，脉冲宽度与反向充电回路时间常数和 $R_{11}C_3$ 有关。电路的触发脉冲由脉冲变压器 TP 二次侧输出，其一次侧绕组接在 V_8 集电极电路中。

2）锯齿波的构成和脉冲移相环节

锯齿波电路的构成方式较多，如选用自举式电路、恒流源电路等。锯齿波电路由 V_1、V_2、V_3 和 C_2 等元件组成，V_1、V_S、RP2 和 R_3 为一恒流源电路。锯齿波是由开关 V_2 管来控制的。当 V_2 截止时，恒流源电流 I_c 对 C_2 充电，调节 RP2，即改动 C_2 的稳定充电电流 I_{1c}，可见 RP2 是用来调节锯齿波斜率的。当 V_2 导通时，因 R_4 很小故 C_2 放电，U_{b3}电位降到 0 V 邻近。V_2 周期性地通断，V_3 基极电压 U_{b3}便构成一锯齿波；类似的，V_3 射极电压 U_{e3}也是一个锯齿波。射极跟踪器 V_3 可减小控制回路电流对锯齿波电压 U_{b3}的影响。V_4 基极电位取是锯齿波电压、控制电压 U_{co}、直流偏移电压 U_p 三者的叠加。

3）同步环节

同步指要求触发脉冲的频率与主电路电源的频率相同且相位关系确定。V_2 开关的频率便是锯齿波的频率，由同步变压器所接的交流电压决定。V_2 在由导通变截止过程中产生锯齿波，锯齿波起点便是同步电压由正变负的过零点。V_2 截止状况持续的时刻便是锯齿波的宽度，其大小取决于充电时间常数 R_1C_1。

4）双窄脉冲构成环节

内双脉冲电路由 V_5、V_6 构成“或”门。当 V_5、V_6 同时导通时，V_7、V_8 都截止，没有脉冲输出，只要 V_5、V_6 有一个截止，就会使 V_7、V_8 导通，有脉冲输出。第一个脉冲由本触发单元的 U_{co}对应的触发角 α 产生。隔 $\pi/3$ 的第二个脉冲是由滞后 $\pi/3$ 相位的后一相触发单元产生（经过 V_6）。

6.2.2 锯齿波同步移相触发电路实验

1. 实验目的

（1）加深理解锯齿波同步移相触发电路的工作原理及各元件的作用。

（2）掌握锯齿波同步触发电路的调试方法。

2. 实验内容

（1）锯齿波同步触发电路的调试。

（2）锯齿波同步触发电路各点波形的观察、分析。

3. 实验线路及原理

锯齿波同步触发电路实验线路如图 6-2 所示。

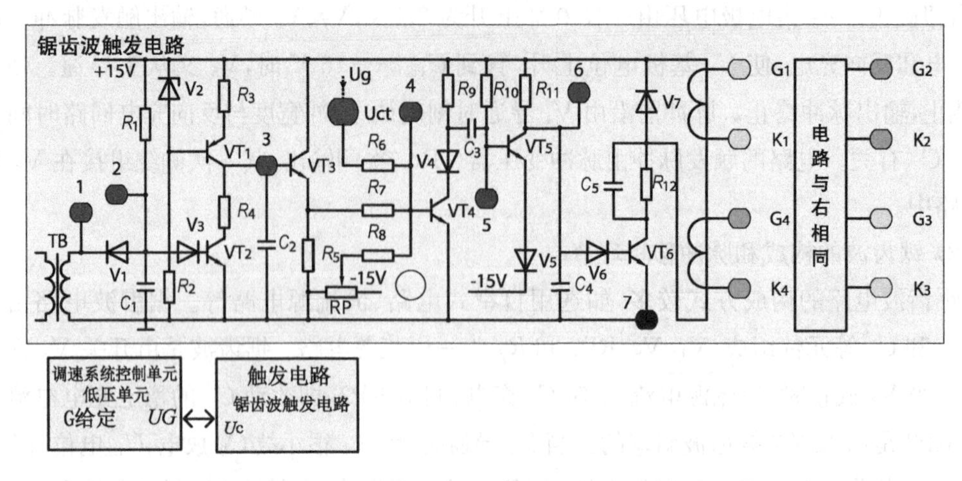

图 6-2　锯齿波同步触发电路实验线路图

4. 实验设备及仪器

(1) QS-DY05 交/直流电源。

(2) DLDZ-36B 锯齿波触发电路。

(3) DLDZ-31 系统控制单元。

(4) DLDZ-331 二极管及电抗器。

(5) DLDZ-03 电阻负载。

(6) 双踪示波器及万用表。

5. 实验方法

(1) 将 DLDZ-36B 锯齿波触发电路面板上左下角的同步电压输入接 QS-DY05 交/直流电源的 U 端、V 端。

(2) 合上 QS-DY05 主电路电源绿色开关。用双踪示波器观察各端口的电压波形，双踪示波器的地线接于“7”端口。

同时观察“1”端口、“2”端口的波形，了解锯齿波宽度和“1”端口波形的关系。

分别观察“3”～“5”端口 U_{G1K1} 的波形，调节电位器 RP1，当“3”端口的锯齿波出现平顶时，记下各波形的幅值与宽度，比较“3”端口电压 U_3 与“5”端口电压 U_5 的对应关系。

(3) 调节脉冲移相范围。将 DLDZ-31 的“G”端口输出电压调至 0 V(逆时针调节电位器)，即将控制电压 U_c 调至零，用双踪示波器观察 U_2 电压(即“2”端口)及 U_5 的波形，调节 RP 使 $\alpha=\pi$。

调节 DLDZ-31 的给定电位器 RP1，增加 U_c，观察脉冲的移动情况，要求当 $U_C=0$ 时，$\alpha=\pi$；当 $U_C=U_{max}$时，$\alpha=\pi/6$：以满足移相范围 $\alpha=\pi/6\sim\pi$ 的要求。

(4) 调节 U_C，使 $\alpha=\pi/3$，观察并记录“1”～“5”端口及输出脉冲电压 U_{G1K1} 和 U_{G2K2} 的波形。

6. 实验报告

(1) 整理、描绘实验中记录的波形,并标出幅值与宽度。

(2) 总结锯齿波同步触发电路移相范围的调试方法,以及移相范围的大小与哪些参数有关。

(3) 如果要求当 $U_C=0$ 时,$\alpha=\pi/2$,应如何调整?

6.3　单相桥式半控整流电路

6.3.1　单相桥式半控整流电路工作原理

单相桥式半控整流电路的负载为阻感负载,在负载两端并联一个续流二极管电路的电路原理和工作波形分别如图 6-3(a)和(b)所示。首先分析图 6-3(a)中阻感负载两端没有并联续流二极管 VD_R 电路的工作原理。

假设电路电感 L 无穷大,且电路已经处于稳定状态。在变压器次级边电压 U_2 的正半周时,在触发延迟角 α 处给晶闸管 VT_1 加高电平,U_2 经晶闸管 VT_1 和二极管 VD_4 向负载提供能量。当 U_2 过零变负时,图 6-3(a)中的 a 点电位低于 b 点电位,会强迫电流 i_2 从 VD_4 转移至 VD_2,此时 VD_4 关断,电流不再流经变压器二次侧绕组,而是由 VT_1 和 VD_2 导通。在该阶段,当不考虑晶闸管 VT_1 的通态压降时,$U_d=0$,不会像单相全桥可控整流电路那样出现 U_d 为负的情况。在变压器次级边电压 U_2 负半轴,触发延迟角时刻给晶闸管 VT_3 高电平,这时 VT_3 导通,VT_1 此时承受反向电压关断,变压器次级边电压 U_2 经 VT_3 和 VD_2 向负载供电。当 U_2 过零变正时,VD_4 导通,VD_2 关断,VT_3 和 VD_4 续流,U_d 为零。

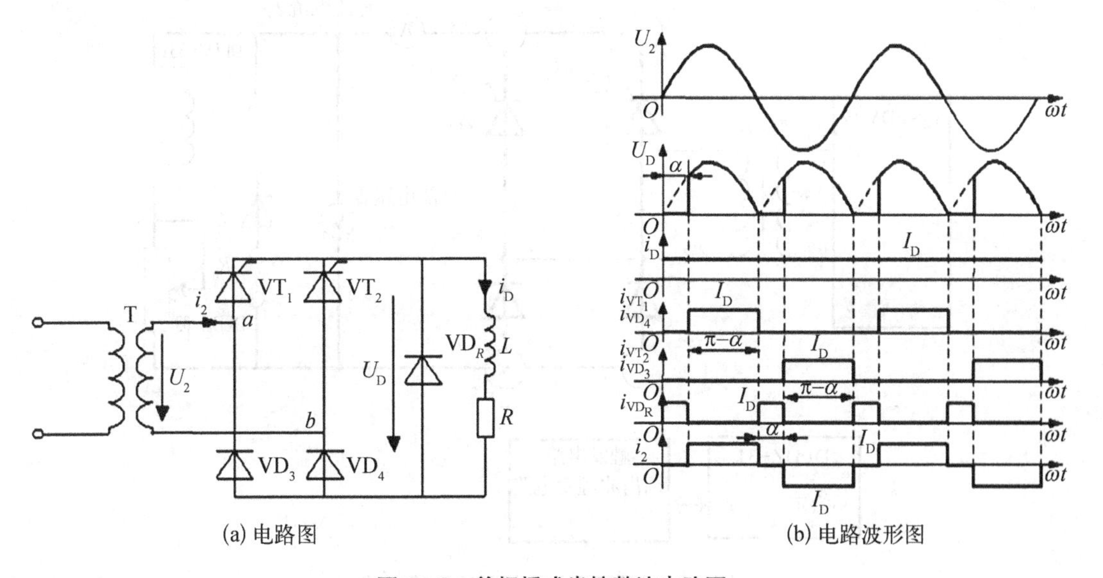

(a) 电路图　　(b) 电路波形图

图 6-3　单相桥式半控整流电路图

上面讨论的单相桥式半控整流电路负载为阻感负载的电路在实际应用中非常少见，原因在于该电路工作时有可能发生失控，不能保证正常工作。因此在实际应用中需要在阻感负载两端并联一个续流二极管 VD_R，这样就可以避免随时可能发生的失控现象。如果没有续流二极管 VD_R，那么当 α 突然增大至 π 时，会导致一个晶闸管持续开通、而两个桥臂上的两个二极管轮流开通的情况，这使得 U_d 成为正弦半波，即 U_d 在半周期内保持为正弦波，U_d 在另外半周期一直保持为零，而且其平均值保持稳定不变。这样的输出波形跟单相半波不可控整流电路时的波形完全一致，这种现象称为失控。比如在 VT_1 导通时，突然停掉触发脉冲，当 U_2 变负时，由于电感对电流的阻碍作用，负载电流经过 VT_1 和 VD_2 流通；当 U_2 又变为正时，VT_1 是开通的，U_2 又经 VT_1 和 VD_4 向负载提供电能。但是当阻感负载两端并联一个续流二极管 VD_R 时情况完全不同，此时续流过程由 VD_R 完成，在续流阶段晶闸管能够及时关断，这就避免了晶闸管持续有电流流过的情况，从而可以避免失控的发生。

6.3.2 单相桥式半控整流电路实验

1. 实验目的

(1) 研究单相桥式半控整流电路在电阻负载、电阻-电感负载时的工作。

(2) 研究锯齿波触发电路的工作。

2. 实验线路

单相桥式半控整流电路实验线路如图 6-4 所示。

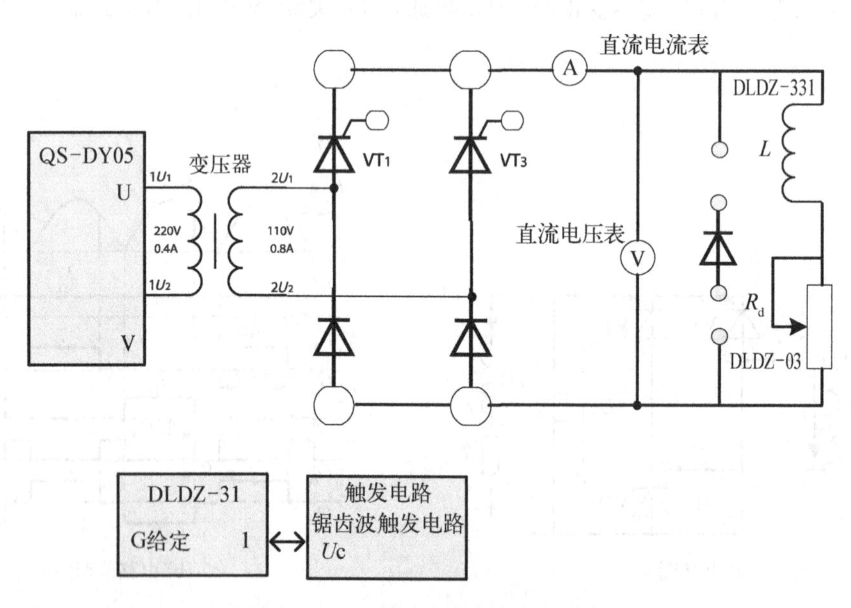

图 6-4 单相桥式半控整流电路实验

3. 实验内容

(1) 单相桥式半控整流电路供电给电阻负载。

(2) 单相桥式半控整流电路供电给电阻—电感负载。

4. 实验设备及仪器

(1) QS－DY05 交/直流电源。

(2) DLDZ－36B 锯齿波触发电路。

(3) DLDZ－31 系统控制单元。

(4) DLDZ－331 二极管及电抗器。

(5) DLDZ－03 电阻负载。

(6) 双踪示波器及万用表。

5. 注意事项

(1) 实验前必须先了解晶闸管的电流额定值(本装置为 5 A)，并根据额定值与整流电路形式计算出负载电阻的最小允许值。

(2) 为保护整流元件不受损坏，晶闸管整流电路的正确操作步骤：

(a) 在主电路不接通电源时，调试触发电路，使之正常工作。

(b) 在控制电压 $U_c=0$ 时，接通主电源。然后逐渐增大 U_c，使整流电路投入工作。

(c) 断开整流电路时，应先把 U_c 降到零，使整流电路无输出，然后切断总电源。

(3) 注意双踪示波器的使用。

6. 实验方法

(1) 将 DLDZ－36B 锯齿波触发电路面板左下角的同步电压输入接于 QS－DY05 的 U、V 输出端。将 DLDZ－31 的“U_n^*”输出电压调至 0 V，即将控制电压 U_c 调至 0 V，用双踪示波器观察 DLDZ－36B 锯齿波触发电路中的触发脉冲“2”端口的电压及“5”端口的波形，调节偏移电压 U_b(即调节 RP)，使 $\alpha=\pi$。

调节 DLDZ－31 的给定电位器 RP1，增加给定电压 U_c，观察脉冲的移动情况，要求当 $U_c=0$ 时，$\alpha=\pi$，以满足移相范围 $\alpha=\pi/6\sim\pi$ 的要求。

(2) 单相桥式晶闸管半控整流电路供电给电阻性负载。

(a) 按图 6－4 接线，并短接平波电抗器 L。调节电阻负载至最大(负载大于 400 Ω)。

(b) DLDZ－31 的 G 给定电位器 RP1 逆时针调到底，$U_n^*=0$，使 $U_c=0$。合上主电路电源，调节 DLDZ－31(低电压单元)的 G 给定电位器 RP1，使 $\alpha=\pi/2$，测取此时整流电路的输出电压 U_D，以及晶闸管端电压 U_{VT} 波形，并测定交流输入电压 U_2、整流输出电压 U_D，验证

$$U_D=0.9U_2\frac{1+\cos\alpha}{2} \tag{6-1}$$

(c) 采用类似方法，分别测取 $\alpha=\pi/3,\pi/2,2\pi/3$ 时的 U_d、U_{VT}波形。

(3) 单相桥式半控整流电路供电给电阻—电感负载。

(a) 接上平波电抗器。DLDZ－31 的 G 给定电位器 RP1 逆时针调到底 $U_n^*=0$,使 $U_C=0$。合上主电源。

(b) 调节 U_n^*,使 $\alpha=\pi/2$,测取输出电压 U_D 数值。减小电阻 R_D,观察波形如何变化,注意观察电流表防止过流。

(c) 调节 U_n^*,使 $\alpha=\pi/3,\pi/2,2\pi/3$ 时,分别测取 U_D 和 U_{VT}。

7. 实验报告

(1) 绘制在电阻负载情况下当 $\alpha=\pi/3,\pi/2,2\pi/3$ 时 U_D、U_{VT}的波形,并加以分析。

(2) 绘制在阻感负载情况下当 $\alpha=\pi/3,\pi/2,2\pi/3$ 时 U_D、U_{VT}的波形,并加以分析。

6.4　单相桥式全控整流电路实验工作原理

6.4.1　单相桥式全控整流电路工作原理

1. 纯电阻负载的单相桥式晶闸管整流电路且 $L_s=0$

首先以纯电阻负载为例,并忽略输入电感。如图 6－5 所示,在带电阻负载的单相桥式全控整流电路中,晶闸管 T_1 和 T_2 组成一对桥臂,T_3 和 T_4 组成另一对桥臂。波形如图 6－6 所示。

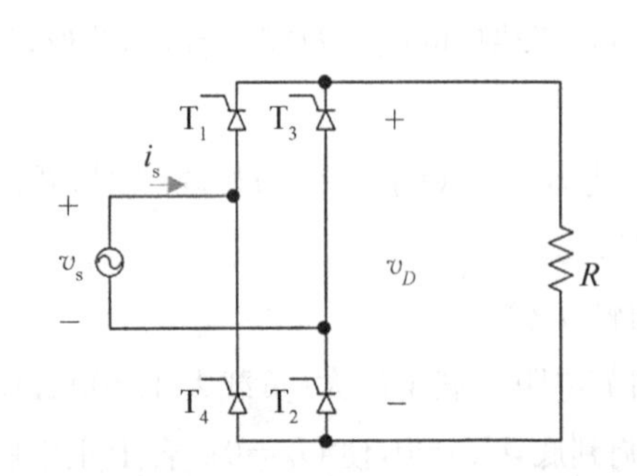

图 6－5　带电阻负载的单相桥式全控整流电路

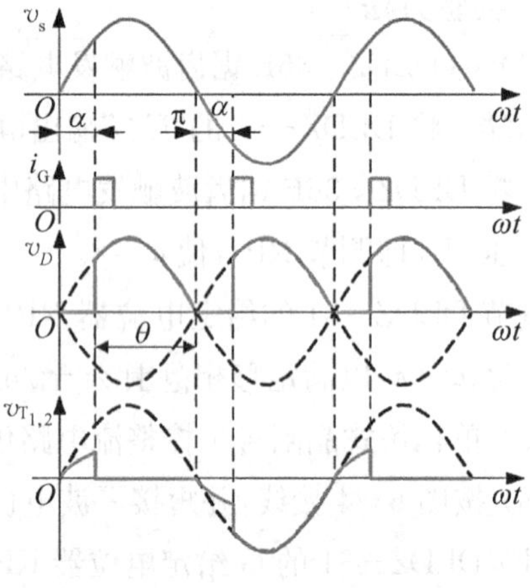

图 6－6　带电阻负载的单相桥式全控整流电路波形图

若在 $\alpha=0$(v_s 由负变正过零点)处给 T_1 和 T_2 触发信号,而在 $\alpha=\pi$(v_s 由正变负过零点)处给 T_3 和 T_4 触发信号,则图 6－5 所示电路的工作过程将与单相桥式二极管整流电路完全一样。若在正半周 $\alpha\neq0$ 处给 T_1 和 T_2 触发信号,T_1 和 T_2 导通,电流从电源正经 T_1、R 和 T_2 流回电源负。当 v_s 过零时,流经晶闸管的电流也降到零,T_1 和 T_2 关断。同理可分析在负半周 $\alpha\neq0$ 处给 T_3 和 T_4 触发信号的情况。

整流电压平均值为

$$V_{D\alpha}=\frac{1}{\pi}\int_{\alpha}^{\pi}\sqrt{2}\,v_s\sin(\omega t)\mathrm{d}(\omega t)=0.9\,v_s\,\frac{1+\cos\alpha}{2} \tag{6-2}$$

当 $\alpha=\pi$ 时，$V_{D\alpha}=0$，可见单相桥式带纯电阻负载的移相范围是 180°。

2. 带阻感负载(电流源负载)的单相桥式晶闸管整流电路且 $L_s=0$

考虑带阻感负载(电流源负载)的情况，仍然忽略输入电感。与纯电阻负载相比，阻感负载由于电感的作用，会使得负载电流 I_d 波形变得平直，当电感足够大时，负载电流 I_d 的波形可近似为一条水平线。在接下来的分析中将阻感负载等效为电流源。

如果持续施加门极触发电流，那么图 6-7 所示电路就相当于一个二极管整流电路，其波形如图 6-8(a)所示。

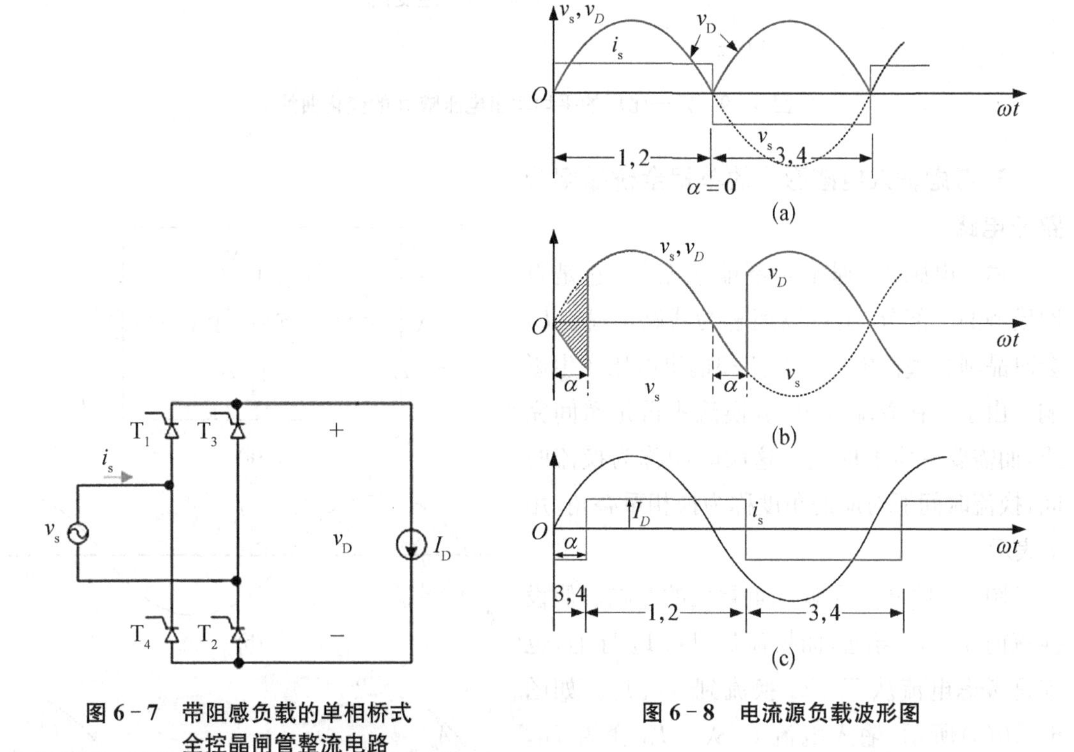

图 6-7　带阻感负载的单相桥式全控晶闸管整流电路

图 6-8　电流源负载波形图

接下来讨论电路在 $\alpha\neq0$ 时被触发的情况。如图 6-8(b)所示，在 v_s 的正半周，当 $\omega t=\alpha$ 时，T_1 和 T_2 导通，$v_D=v_s$，此时输入电流等于输出电流 I_D。而当 v_s 过零变负后，由于 T_3 和 T_4 的触发信号还没有到，电流源的作用使得 T_1 和 T_2 仍然保持导通的状态。当 $\omega t=\pi+\alpha$ 时，触发 T_3 和 T_4，由于此时 T_3 和 T_4 承受正电压，故 T_3 和 T_4 导通。v_s 通过 T_3 和 T_4 给 T_1 和 T_2 施加反压，使 T_1 和 T_2 关断，流过 T_1 和 T_2 的电流立刻转移到 T_3 和 T_4 上。此时输入电流方向改变，为 $-I_D$，整个过程的波形图如图 6-8(b)和(c)所示。

输出电压为

$$V_{D\alpha}=\frac{1}{\pi}\int_{\alpha}^{\pi+\alpha}\sqrt{2}\,v_s\sin(\omega t)\mathrm{d}(\omega t)=0.9\,v_s\cos\alpha \tag{6-3}$$

令 $\alpha=0$ 且 $L_s=0$ 时的平均输出电压为 V_{DO}，则 $V_{DO}=0.9\,V_s$，那么由 α 产生的电压损失为 $\Delta V_{D\alpha}=V_{DO}-V_{D\alpha}=0.9\,V_s(1-\cos\alpha)$。归一化后的平均输出电压随 α 的变化曲线如图 6-9 所示。当 $\alpha<\pi/2$ 时，平均输出电压为正，整流器处于整流模式；当 $\alpha>\pi/2$ 时，平均输出电压变为负值，电路处于逆变模式。

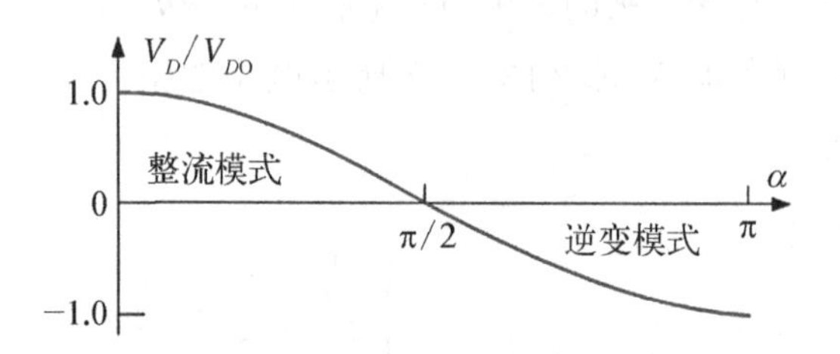

图 6-9　归一化后的平均输出电压随 α 的变化曲线

3. 考虑输入电感影响的单相全桥晶闸管整流电路

输入电感 L_s 通常是不能忽略的，它是电网模型的一部分，也可以理解为线路电感。L_s 会对晶闸管整流电路的换流和输出电压产生影响。由于存在着输入电感，换流不再是瞬间完成，而需要一定的时间。这段时间称为换流时间，换流时间所对应的角度称为换相重叠角，用 u 表示。

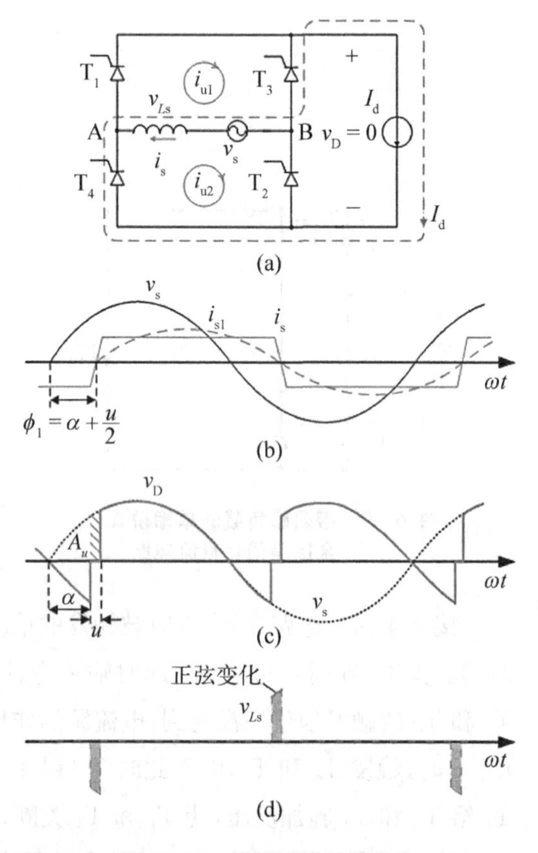

图 6-10　换相重叠角的影响

图 6-10 展示了换相重叠角的影响。假设换流前 T_3、T_4 导通，而换流后 T_1、T_2 导通，也就是考虑电流从 T_3、T_4 换流到 T_1、T_2。如图 6-10(a)所示，输入电流 i_s 从 $-I_D$ 变为 I_D。换流时，四个晶闸管均处于导通状态；$V_D=0$，使得输出电压平均值下降，产生电压损失，在这段时间内，T_1、T_2 的电流从 0 变成 I_D，而 T_3、T_4 则相反。

负载电流、输入电感越大，电压损失越大。当 $\alpha\leqslant\pi/2$ 时，α 越小，换相重叠角 u 越大，这是因为 α 越小，相邻相的相电压差值越小，换流

时的 $\mathrm{d}i/\mathrm{d}t$ 越小，能量释放越慢。此结论也适用于三相桥式整流电路。

4. 单相晶闸管整流电路的逆变模式

当整流器平均输出电压为负时，能量将从直流侧流向交流侧，整流器运行在逆变模式，工作在第四象限。理解逆变模式最简单的方法就是假设负载是一个电流源 I_D，这个电路在触发角 α 满足 $\pi/2<\alpha<\pi$ 时的输出电压与电流的波形如图 6-11 所示。可以看到 V_D 的平均值为负，因此，直流侧平均功率也为负，它表示负载发出功率，平均功率从直流侧流到交流侧。在逆变模式下，晶闸管两端电压波形如图 6-12 所示，在 u 区间，换流完成，T_3 和 T_4 电流降到零，并开始承受反压。

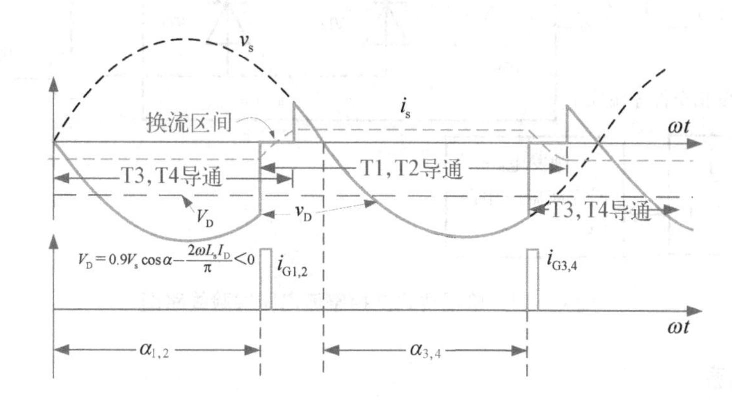

图 6-11　$\pi/2<\alpha<\pi$ 时输出电压与电流的波形图

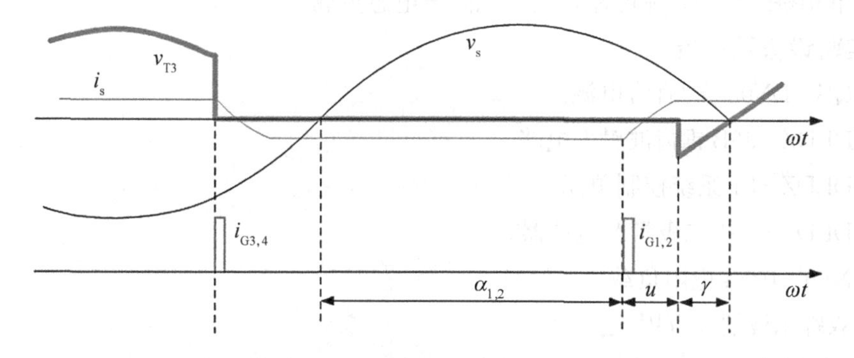

图 6-12　逆变模式下晶闸管两端电压波形图

6.4.2　单相桥式全控整流电路实验

1. 实验目的

(1) 了解单相桥式全控整流电路的工作原理。

(2) 研究单相桥式全控整流电路在电阻负载、阻感负载时的工作。

(3) 熟悉触发电路(锯齿波触发电路)。

2. 实验线路及原理

单相桥式全控整流电路实验线路如图 6－13 所示。

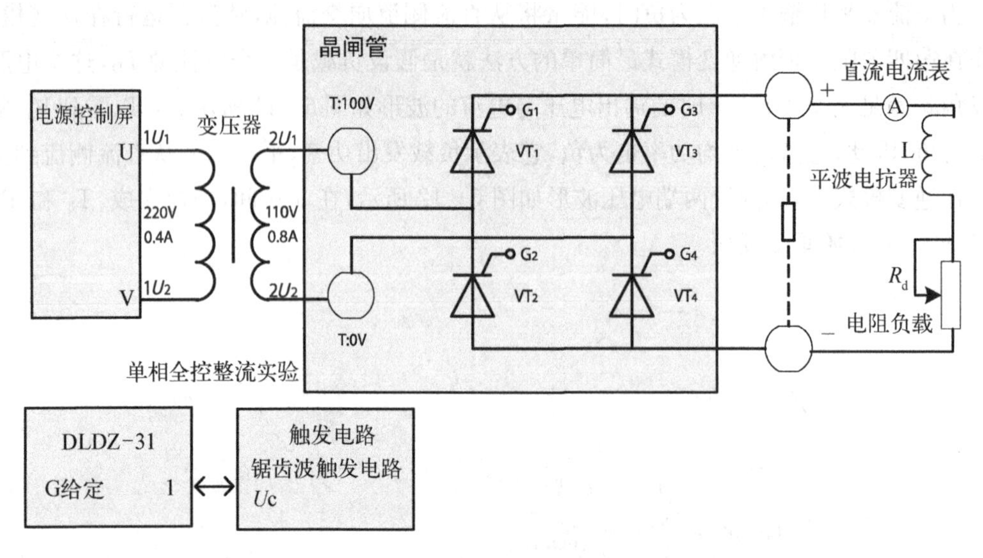

图 6－13　单相桥式全控整流电路实验线路图

3. 实验内容

(1) 单相桥式全控整流电路供电给电阻负载。

(2) 单相桥式全控整流电路供电给电阻—电感负载。

4. 实验设备及仪器

(1) QS－DY05 交/直流电源。

(2) DLDZ－36B 锯齿波触发电路。

(3) DLDZ－31 系统控制单元。

(4) DLDZ－331 二极管及电抗器。

(5) NDJ－03/4 电阻负载。

(6) 双踪示波器及万用表。

5. 注意事项

(1) 本实验中触发可控硅的脉冲来自 DLDZ－36B 锯齿波触发电路组件。

(2) 电阻 R_d 的调节需注意。若电阻过小，会出现电流过大造成过流保护动作(熔断丝烧断，或仪表告警)。

(3) 电感的值可根据需要选择。

(4) 示波器的两根地线由于同外壳相连，必须注意需接等电位，否则易造成短路事故。

6. 实验方法

(1) 将 DLDZ－36B 锯齿波触发电路面板左下角的同步电压输入接 QS－DY05 的 U、V 输出端。

(2) 断开变压器和晶闸管(T)主回路的连接线，合上控制屏主电路电源(按下绿色开关)，此时锯齿波触发电路应处于工作状态。

DLDZ-31 的 G 给定电位器 R_{P1} 逆时针调到底 $U_n^*=0$，使 $U_c=0$。调节偏移电压电位器 R_P，使 $\alpha=\pi$。

断开主电源，按图 6-13 连线。脉冲选择开关拨向“桥式整流”。

(3) 单相桥式全控整流电路供电给电阻负载。

接上电阻负载，逆时针调节电阻负载至最大，首先短接平波电抗器。闭合 QS-DY05 主电路电源，调节 DLDZ-31 的给定 U_n^*，求取在不同 $\alpha(\pi/6,\pi/3,\pi/2)$ 时整流电路的输出电压 U_d 的波形及晶闸管的端电压 U_{VT} 的波形，并记录相应 α、交流输入电压 U_2 和直流输出电压 U_d。

(4) 单相桥式全控整流电路供电给阻感负载。

断开平波电抗器短接线，求取在不同控制电压 U_n^* 下的输出电压 U_d 的波形、晶闸管端电压 U_{VT} 的波形，并记录相应 α。

7. 实验报告

(1) 绘出在单相桥式全控整流电路供电给电阻负载的情况下，当 $\alpha=\pi/6,\pi/3,\pi/2$ 时的 U_d、U_{VT} 波形，并加以分析。

(2) 绘出在单相桥式全控整流电路供电给阻感负载的情况下，当 $\alpha=\pi/6,\pi/3,\pi/2$ 时的 U_d、U_{VT} 波形，并加以分析。

(3) 作出实验整流电路的移相特性 $U_d=f(\alpha)$、输入-输出特性 $U_d/U_2=g(\alpha)$ 曲线。

6.5　单相桥式有源逆变电路

6.5.1　单相桥式有源逆变电路工作原理

单相桥式有源逆变电路的工作原理如图 6-14 所示。电路的工作状态随着控制角 α 的不同而不同。当 $0<\alpha<\pi/2$，V_D 为负值，该电路工作于整流状态中，电动势 E 的极性应该为上“+”下“−”。当 $\pi/2<\alpha<\pi$ 时，该电路工作在逆变状态(电动势 E 的极性应该为上“−”下“+”)下。如果满足以下两个条件，单相桥式全控整流电路便可以工作于有源逆变工作状态：

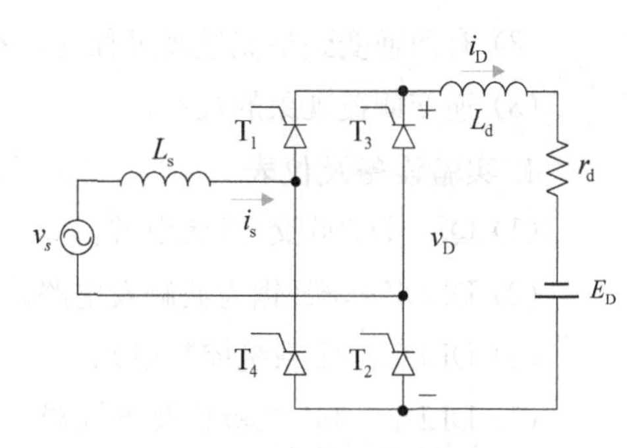

图 6-14　单相桥式全控整流及有源逆变电路工作原理图

(1) 变流电路的负载侧含有直流电势。直流电势的方向和晶闸管的导通方向相同，直流电势的大小应大于变流电路中直流测的平均电压。

(2) 要求晶闸管的控制角 $\alpha > \pi/2$,使 V_D 为负值。

6.5.2 单相桥式有源逆变电路实验

1. 实验目的

(1) 加深理解单相桥式有源逆变电路的工作原理,掌握有源逆变条件。

(2) 了解产生逆变颠覆现象的原因。

2. 实验线路及原理

触发电路及晶闸管主回路的整流二极管 $VD_1 \sim VD_6$ 组成三相不控整流桥,将其作为逆变桥的直流电源,回路中接入电感 L 及限流电阻 R_d。具体线路参见图 6-15。

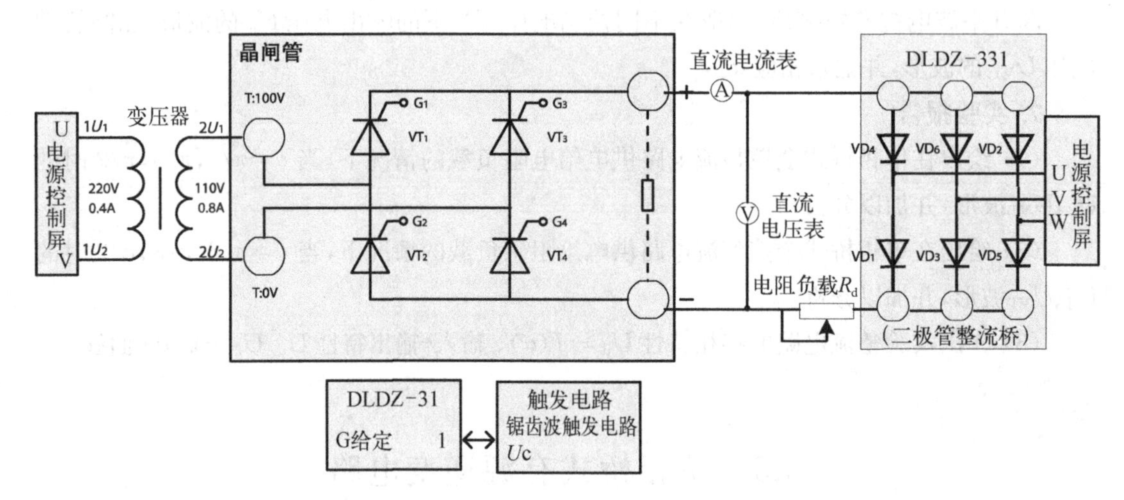

图 6-15 单相桥式有源逆变电路实验线路图

3. 实验内容

(1) 单相桥式有源逆变电路的波形观察。

(2) 有源逆变到整流过渡过程的观察。

(3) 逆变颠覆现象的观察。

4. 实验设备及仪表

(1) QS-DY05 交/直流电源。

(2) DLDZ-36B 锯齿波触发电路。

(3) DLDZ-31 系统控制单元。

(4) DLDZ-331 二极管及电抗器。

(5) DLDZ-03 电阻负载。

(6) 双踪示波器及万用表。

5. 注意事项

(1) 本实验中触发可控硅的脉冲及晶闸管来自触发电路挂箱。

(2) 电阻 R_d 的调节需注意。若电阻过小，会出现电流过大，继而造成过流保护动作(熔断丝烧断，或仪表告警)。

(3) 电感值可根据需要选择。

(4) 逆变变压器为组式变压器，原边为 220 V，副边为 110 V。

(5) 示波器的两根地线同外壳相连，必须注意接等电位，否则易造成短路事故。

6. 实验方法

(1) 有源逆变实验。有源逆变实验的主电路如图 6 - 15 所示。

(a) 将限流电阻 R_d 调至最大(大于 400 Ω)，先断开变压器和晶闸管的连接线及二极管整流三相输入电源，连接控制回路。合上主电源，用双踪示波器观察 DLDZ - 36B 锯齿波触发电路中的触发脉冲，调节偏移电位器 RP2，使 $U_n^* = 0$ 时，$\alpha = 17\pi/18$，然后调节 U_n^*，使 α 在 $5\pi/6$ 附近。

(b) 按图 6 - 15 连接主回路。合上主电源，用双踪示波器观察在不同 α($\pi/2$，$2\pi/3$，$5\pi/6$)时逆变电路输出电压 U_d 以及晶闸管的端电压 U_{VT} 的波形，并记录相应的 α、U_2 和 U_d。

(2) 逆变到整流过程的观察。

当 $\alpha < \pi/2$ 时，晶闸管有源逆变过渡到整流状态，输出电压极性改变，可用示波器观察此变化过程。注意，当晶闸管工作在整流状态时，有可能产生比较大的电流，需要注意监视。

(3) 逆变颠覆的观察。

当 $\alpha = 5\pi/6$ 时，继续减小 G 给定，可观察到逆变输出突然变为一个正弦波，即逆变颠覆。当突然断开 DLDZ - 36B 锯齿波触发电路面板的电源使脉冲消失时，也将产生逆变颠覆。

7. 实验报告

(1) 绘制单相桥式有源逆变电路当 $\alpha = \pi/2, 2\pi/3, 5\pi/6$ 时 U_d、U_{VT} 的波形，并加以分析。

(2) 分析逆变颠覆的原因和后果，并指出如何防止逆变颠覆。

6.6　三相半波可控整流电路

6.6.1　三相半波可控整流电路工作原理

(1) 电阻负载。

图 6 - 16 为三相半波整流带电阻负载的电路和主要波形。与单相电路不同，对共阴极三相半波相控整流电路来说，各相晶闸管能够被触发导通的最早时刻是相电压的正交点。此处定义自然换相点为相电压的交点，对于三相电压来说，共有 6 个自然换相点。三相电路

中，自然换相点被作为计算晶闸管触发角 α 的起点，即自然换相点处 $\alpha=0°$。对于如图 6－16 所示的共阴极三相半控整流电路，当 $\alpha=0°$时，换相都是发生在三个正的自然换相点处（共阳极的三相半控电路则为负的三个自然换相点）。

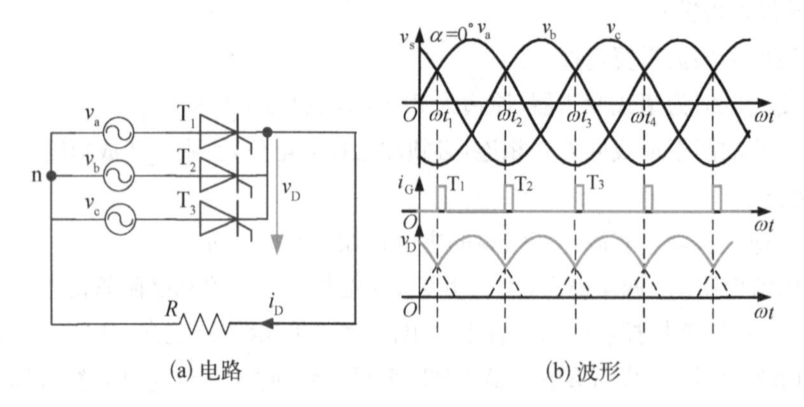

(a) 电路　　(b) 波形

图 6－16　三相半波晶闸管整流电路带电阻负载电路及 α=0°时的工作波形

当 $\alpha=0°$时，相当于将电路中的晶闸管换作二极管。显然，相电压最大的一相所对应的晶闸管导通，并使另两相晶闸管承受反压关断，输出整流电压即为该相的相电压，电流从一个晶闸管转移到另一个晶闸管。

当增大触发角 α 时，整流电路波形相应发生变化。图 6－17(a)是 $\alpha=30°$时的波形，在 ωt_1时刻后，$v_b>v_a$，此时 T_2开始承受正压，但由于没有触发脉冲而不导通，T_1仍然导通。直到触发脉冲出现，T_2导通，T_1承受反压从而关断。从输出电压和电流波形来看，晶闸管导通角仍为 120°，但这时负载电流处于连续和断续的临界状态。若 $\alpha>30°$，则当相电压过零变负时，该相晶闸管关断。而此时下一相晶闸管虽承受正压，但因无触发脉冲而不导通，负载电压和电流均为零，直到下一相晶闸管的触发脉冲出现为止。这会导致负载电流断续，晶闸管导通角小于 120。图 6－17(b)所示是 $\alpha=60°$时的波形，此时晶闸管导通角为 90°。若继续增大触发角，输出电压越来越小，$\alpha=150°$时，v_D为零。故电阻负载时，三相半波可控整流电路移相范围是 150°。

如图 6－17 所示，整流电压平均值计算分为 $\alpha\leqslant30°$和 $\alpha>30°$两种情况。

(a) $\alpha\leqslant30°$，负载电流连续：$V_D=1.17\,V_s\cos\alpha$；

(b) $\alpha>30°$，负载电流断续：$V_D=0.675\,V_s[1+\cos(\frac{\pi}{6}+\alpha)]$。

(2) 阻感负载。

图 6－18(a)所示为三相半波相控整流电路带阻感负载电路。与单相半波阻感负载不同，此处，为便于分析，假设电感极大，则负载电流可以看成电流源。当 $\alpha\leqslant30°$时，负载电压波形与电阻负载时相同；当 $\alpha>30°$时，当某相电过零变负时，由于电感的作用，电流不会降到零，该相晶闸管仍然导通，直到下一相晶闸管触发脉冲的到来，才发生换流，这与电阻负载情况不同。

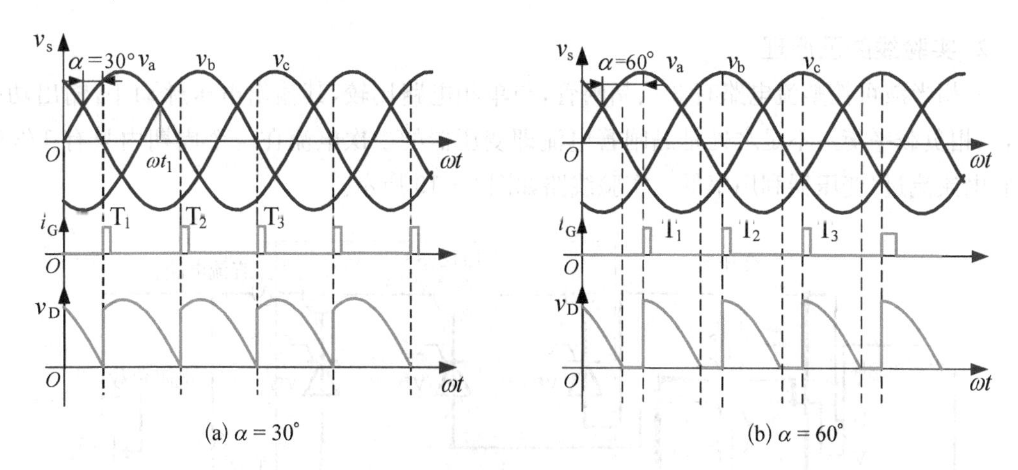

图 6-17　三相半波晶闸管整流电路带电阻负载电路及 $\alpha=30°$和 $\alpha=60°$工作波形

图 6-18(b)所示为 $\alpha=60°$时的工作波形。T_2 导通时，T_1 承受反压而关断。同理，当 T_3 导通时，T_2 承受反压而关断。这种情况下，负载电压波形中会出现负的部分，随着 α 的增大，负载电压波形中负的部分将增加。当 $\alpha=90°$时，负载电压 v_D 中正负面积相等，平均负载电压为零，即大电感负载时，三相半波相控整流电路移相范围是 90°。由于负载电流连续，阻感负载时的输出电压平均值与 $\alpha \leqslant 30°$时的电阻负载相同，$V_D=1.17\,V_s\cos\alpha$。

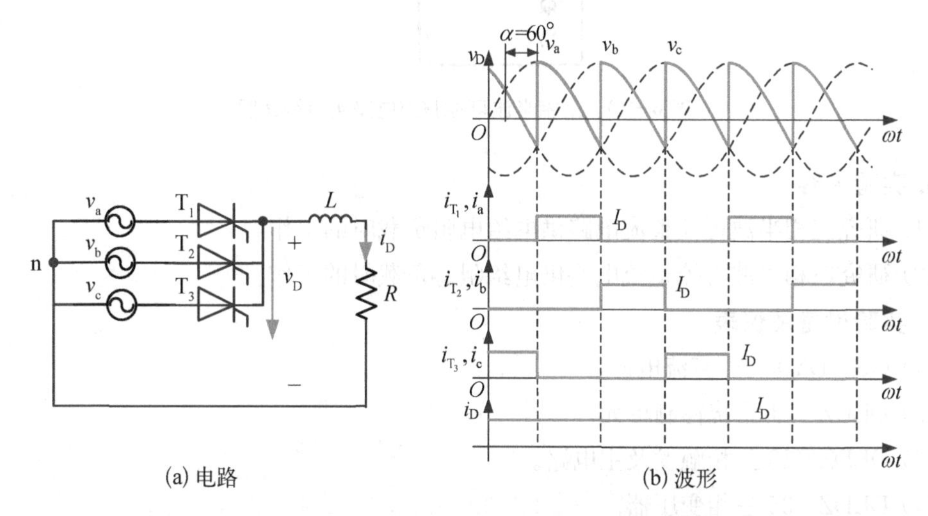

图 6-18　三相半波晶闸管整流电路带阻感负载电路及 $\alpha=60°$时的工作波形

6.6.2　三相半波可控整流电路实验

1. 实验目的

了解三相半波可控整流电路的工作原理，研究可控整流电路在电阻负载和阻感负载时的工作。

2. 实验线路及原理

三相半波可控整流电路有 3 只晶闸管，与单相电路比较，其输出电压脉动小，输出功率大，三相负载平衡。不足之处是晶闸管电流即变压器的二次电流在一个周期内只有 1/3 时间有电流流过，变压器利用率低。实验线路如图 6－19 所示。

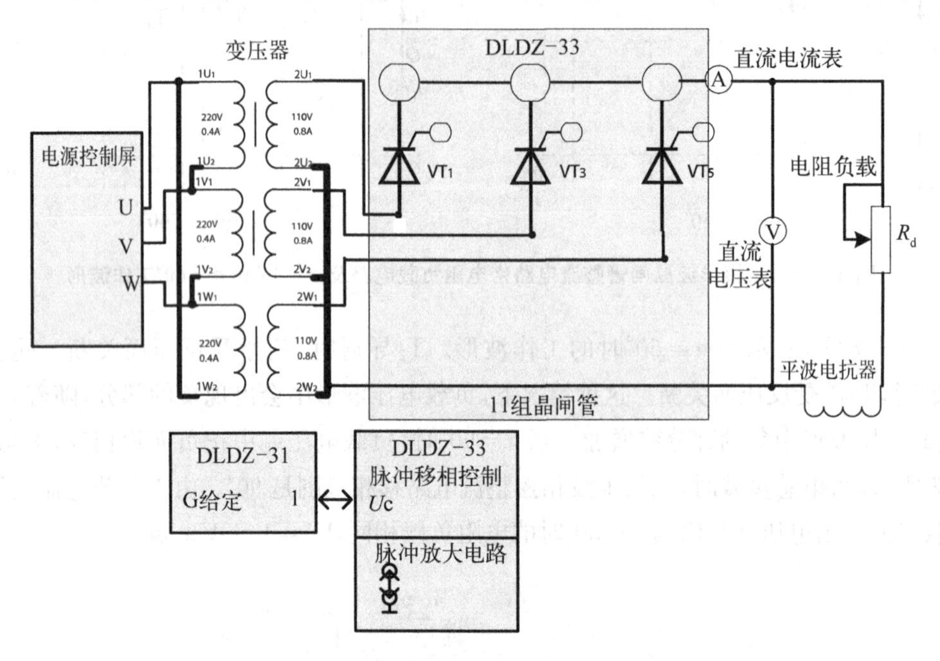

图 6－19　三相半波可控整流电路实验线路图

3. 实验内容

(1) 研究三相半波可控整流电路供电给电阻负载时的工作。

(2) 研究三相半波可控整流电路供电给阻感负载时的工作。

4. 实验设备及仪表

(1) QS－DY05 交/直流电源。

(2) DLDZ－31 系统控制单元。

(3) DLDZ－33 三相触发及主电路。

(4) DLDZ－35 三相变压器。

(5) DLDZ－331 二极管及电抗器。

(6) DLDZ－03 电阻负载。

(7) 双踪示波器及万用表。

5. 注意事项

(1) 整流电路与三相电源连接时，一定要注意相序。

(2) 整流电路的负载电阻不宜过小，应使 I_d 不超过 2 A，同时负载电阻不宜过大，保证 I_d 超过 0.1 A，避免晶闸管时断时续。

(3) 正确使用双踪示波器,避免示波器的两根地线接在非等电位的端点上,造成短路事故。

6. 实验方法

(1) 按图 6-19 接线,未接通主电源之前,检查晶闸管的脉冲是否正常。

(a) 用双踪示波器观察 DLDZ-33 的双脉冲观察孔,应能观察到间隔均匀、幅度相同的双脉冲。触发脉冲均为双脉冲,之间间隔为 $\pi/3$。

(b) 检查相序,用双踪示波器观察 DLDZ-33 中同步电压双脉冲相序是否相差 $2\pi/3$;若非 $2\pi/3$,应调整输入电源(任意对换三相插头中的两相电源)。示波器必须共地,地线接挂箱中黑色"⊥"标。

(c) 用双踪示波器观察每只晶闸管的控制极和阴极,应有幅度为 1～2 V 的脉冲。

(2) 研究三相半波可控整流电路电阻负载时的工作特性。

(a) 合上主电源,接上电阻负载 R_d($R_d>400\ \Omega$)。

(b) 改变控制电压 U_n^*,观察在不同 α($\pi/6$,$\pi/3$,$\pi/2$)时,可控整流电路的输出电压 U_d 波形、晶闸管端电压 U_{VT} 波形,并记录相应 α、交流输入电压 U_2、直流输出电压 U_d 的值。

(3) 研究三相半波可控整流电路阻感负载时的工作特性。

接入电抗器,可把原负载电阻 R_d 调小,监测电流,不宜超过 1.1 A,操作方法同上。观察 $\alpha=\pi/6,\pi/3,\pi/2$ 时,输出电压 U_d 波形和晶闸管端电压 U_{VT} 波形,并记录相应 α、交流输入电压 U_2 和直流输出电压 U_d。

7. 实验报告

(1) 绘制在电阻负载情况下当 $\alpha=\pi/6,\pi/3,\pi/2$ 时 U_d、U_{VT} 的波形,并加以分析。

(2) 绘制在阻感负载情况下当 $\alpha=\pi/6,\pi/3,\pi/2$ 时 U_d、U_{VT} 的波形,并加以分析。

6.7　三相桥式半控整流电路

6.7.1　三相桥式半控整流电路工作原理

三相桥式半控整流电路如图 6-20 所示,是由变压器、共阴极接法的 3 个晶闸管(T_1、T_3 和 T_5)、共阳极接法的 3 个二极管(T_2、T_4 和 T_6)及负载连接而成,这种电路具有可控和不可控的特性。输出整流电压 U_O 是 3 组整流电压之和,改变共阴极组晶闸管的控制角,可获得 0～$2.34U_2$(变压器二次侧电压)的直流电压。T_1、T_3 和 T_5 为触发脉冲相位互差 $2\pi/3$ 的晶闸管,T_2、T_4 和 T_6 为整流二极管,由这 6 个

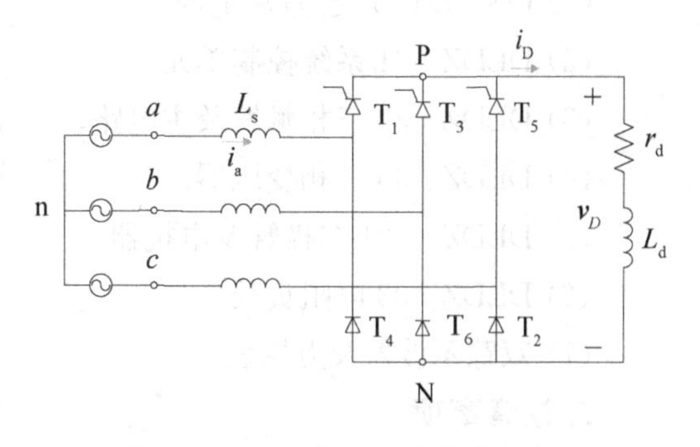

图 6-20　三相桥式半控整流电路图

管子组成三相桥式半控整流电路。它们的导通顺序依次为 T_1—T_2—T_3—T_4—T_5—T_6。假定负载电感 L 足够大,可以认为负载电流在整个稳态工作过程中保持恒值,因此,控制角 α 不论为何值,负载电流总是单向流动,而且变化很小。

在图 6-20 中,各个管子总是在换相点处换相。当 $\alpha=0$ 时,给晶闸管控制极加触发脉冲,针对 3 个共阴极组的晶闸管,阳极所接的交流电压最高的一个导通;而对共阳极组的 3 个二极管,阴极所接的交流电压最低的一个导通。因此,在共阳极组和共阴极组中,任意时刻总是各有一个管子导通,负载输出电压为两个相电压之差,是线电压中最大的一个。只要共阴极组中有晶闸管导通,共阳极组中就会有二极管续流。当 $\alpha \leqslant \pi/3$ 时,负载输出电压 U_O 波形连续,对于电阻负载,负载输出电流 i_O 波形与电压 u_O 波形形状一样且都连续。当 $\alpha > 60°$ 时,负载输出电压 u_O 波形中有一段为零,但不会出现负值。

6.7.2 三相桥式半控整流电路实验

1. 实验目的

(1) 熟悉触发电路及晶闸管主回路组件。

(2) 了解三相桥式半控整流电路的工作原理及输出电压、电流波形。

2. 实验内容

(1) 三相桥式半控整流供电给电阻负载。

(2) 三相桥式半控整流供电给反电势负载。

(3) 观察平波电抗器的作用。

3. 实验线路及原理

在中等容量的整流装置或要求不可逆的电力拖动中,可采用比三相桥式全控整流电路更简单、经济的三相桥式半控整流电路。它由共阴极接法的三相半波可控整流电路与共阳极接法的三相半波不可控整流电路串联而成,因此这种电路兼有可控与不可控两者的特性。

具体线路参见图 6-21。

4. 实验设备及仪器

(1) QS-DY05 交/直流电源。

(2) DLDZ-31 系统控制单元。

(3) DLDZ-33 三相触发及主电路。

(4) DLDZ-35 三相变压器。

(5) DLDZ-331 二极管及电抗器。

(6) DLDZ-03 电阻负载。

(7) 双踪示波器及万用表。

5. 注意事项

(1) 供电给电阻负载时,注意负载电阻允许的电流,电流不能超过负载电阻允许的最大

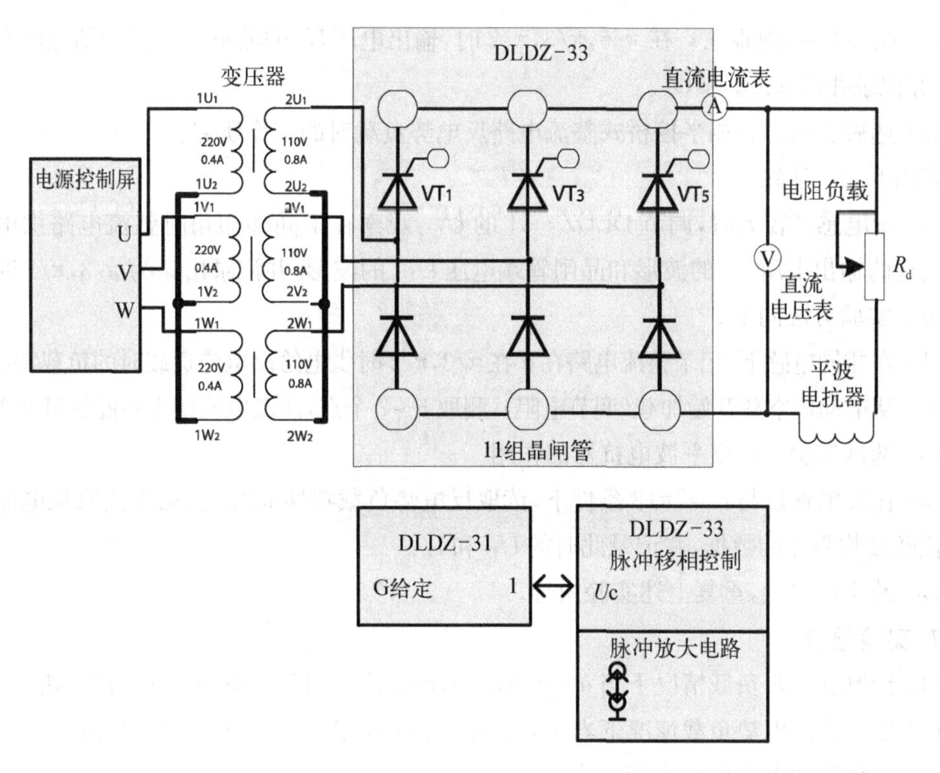

图 6－21　三相桥式半控整流电路实验线路图

值;供电给反电势负载时,注意电流不能超过电动机的额定电流。

(2) 在电动机启动前必须预先做好以下几点:

(a) 先加上电动机的励磁电流,然后才可使整流装置工作。

(b) 启动前,必须置控制电压 U_c 于零位,整流装置的输出电压 U_d 最小。合上主电路后,才可逐渐加大控制电压。

(3) 主电路的相序不可接错,否则容易烧毁晶闸管。

(4) 示波器的两根地线与外壳相连,使用时必须注意两根地线需要等电位以避免造成短路事故。

6. 实验方法

(1) 未合上主电源之前,检查晶闸管的脉冲是否正常。

(a) 用示波器观察 DLDZ－33 的双脉冲观察孔,应可观察到间隔均匀、幅度相同的双脉冲。

(b) 检查相序,操作内容同 6.6.2 节相同。

(c) 用示波器观察每只晶闸管的控制极和阴极,应有幅度为 1～2 V 的脉冲。

(2) 三相半控桥式整流电路电阻负载时的工作研究。

(a) 按图 6－21 接线。短接平波电抗器。

(b) 合上主电源。调节负载电阻,使 R_d 大于 200 Ω,注意电阻不能过大,应保持 i_d 不小于 100 mA,否则可控硅因存在维持电流,容易时断时续。

(c) 调节 U_{CT}，观察在 α 在 $\pi/6$，$\pi/3$，$\pi/2$ 时，输出电压 U_d 的波形和晶闸管端电压 U_{VT} 的波形，并记录相应 α、U_2 和 U_d。

(3) 选做实验。三相半控桥式整流电路反电势负载时的工作研究。

按图 6-21 连线。

(a) 置电感量较大时，调节 DLDZ-31 的 U_n^*，观察在不同移相角时整流电路供电给反电势负载的输出电压 U_d 的波形和晶闸管端电压 U_{VT} 的波形，并记录出 α 为 $\pi/3$，$\pi/2$ 时的相应波形。实验方法同上。

(b) 在相同电感下，记录整流电路在 α 在 $\pi/3$，$\pi/2$ 时供电给反电势负载时的负载特性 $n=f(I_D)$。从电动机空载开始加载(调节电阻)，测取 5～7 个点，注意电流最大不能超过 2 A。

(4) 选做实验。观察平波电抗器的作用。

(a) 在大电感量与 $\alpha=2\pi/3$ 条件下，读取反电势负载特性曲线，注意要读取从电流连续到电流断续临界点的数据，并记录此时的 U_D 和 i_D。

(b) 减小电感量，重复上述实验内容。

7. 实验报告

(1) 绘制在电阻负载情况下当 $\alpha=\pi/6$，$\pi/3$，$\pi/2$ 时 U_d、U_{VT} 的波形，并加以分析。

(2) 绘制在反电势负载情况下当 $\alpha=\pi/3$，$\pi/2$ 时 U_d、U_{VT} 的波形，并加以分析。

(3) 分析平波电抗器的作用。

6.8 三相桥式全控整流及有源逆变电路

6.8.1 三相桥式全控整流及有源逆变电路工作原理

1. 三相桥式全控整流电路原理

1) 电阻负载且不考虑输入电感的三相桥式晶闸管整流电路

如图 6-22 所示，将晶闸管分成上下两组，输出电流 i_D 同时流经 T_1、T_3、T_5 中的一个晶闸管与 T_2、T_4、T_6 中的一个晶闸管。

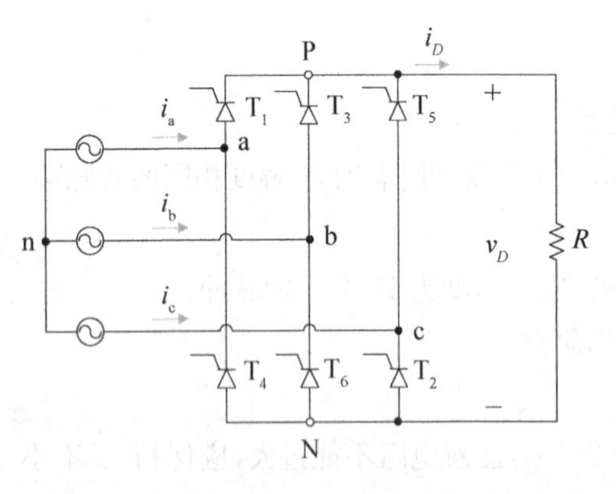

图 6-22　电阻性负载三相桥式晶闸管整流电路

在三相桥式晶闸管整流电路中，定义相电压的交点为自然换相点(每隔 $\pi/3$ 一个，正负方向均有自然换相点)，并取自然换相点处为 $\alpha=0$。如果在自然换相点触发晶闸管，也就是 $\alpha=0$ 时触发晶闸管，相当于门极触发信号持续施加，那么这个电路就相当于一个二极管整流电路。晶闸管导通顺序为 T_1T_2—T_2T_3—T_3T_4—T_4T_5—T_5T_6—T_6T_1。

当 $\alpha=\pi/6$ 时，晶闸管起始导通时刻推迟了 $\pi/6$，组成 V_D 的每一段线电压也推迟了 $\pi/6$，导致 V_D 的平均值降低，其工作波形如图6-23(b)所示。同理，如图 6-23(c)所示，当 $\alpha=\pi/3$ 时，V_D 中的每段线电压继续向后移，V_D 的平均值继续降低，且 V_D 的瞬时值已经降到了零值。如果继续增加 α，V_D 将出现零值区间，也就是 V_D 不再连续。图 6-23 (d)所示为 $\alpha=\pi/2$ 时的波形，V_D 出现了零值区间。这说明，$\alpha=\pi/3$ 是三相桥式晶闸管整流电路电阻负载电压 V_D 波形连续与断续的临界点。

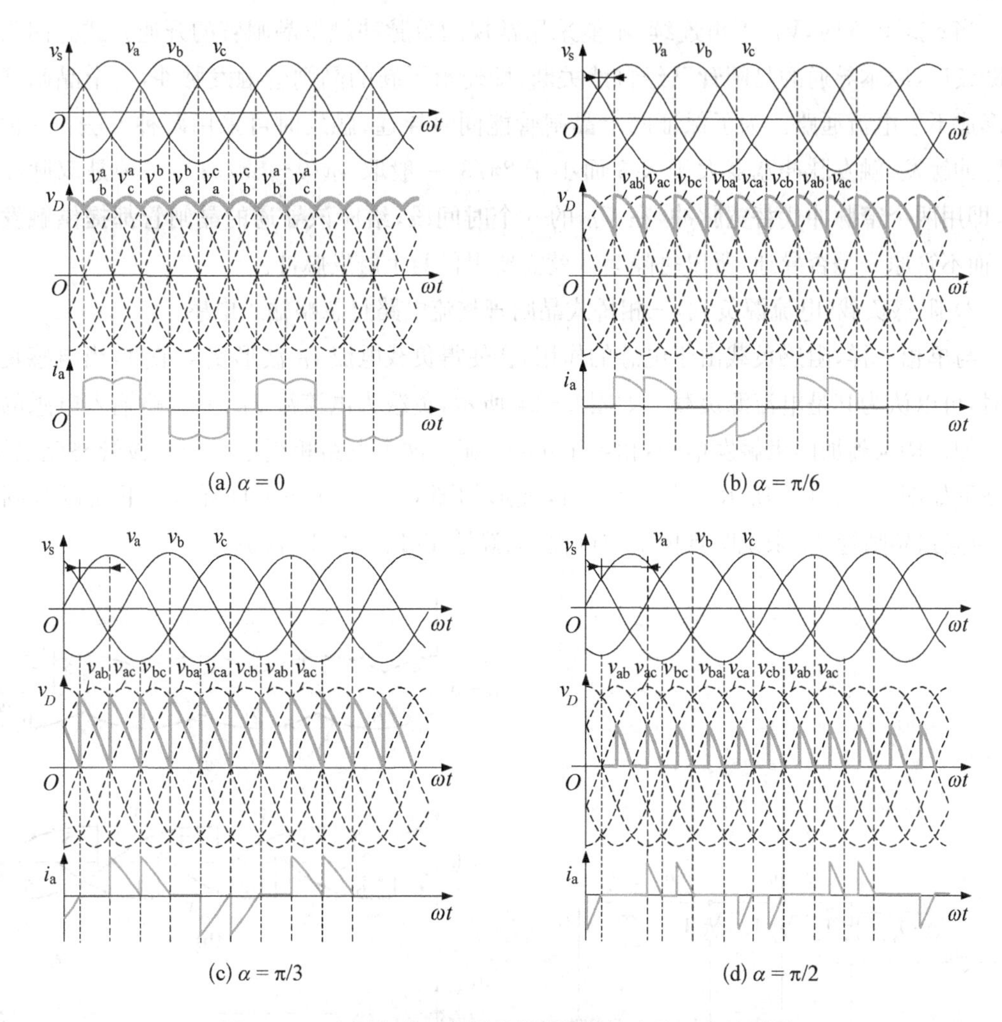

图 6-23　电阻负载三相桥式晶闸管整流电路工作波形图

当 $\alpha\leqslant\pi/3$ 时，输出电压 V_D 连续，其平均值通过线电压积分计算为

$$V_D=\frac{1}{\pi/3}\int_{\frac{\pi}{3}}^{\frac{2\pi}{3}+\alpha}\sqrt{2}V_{\mathrm{LL}}\sin(\omega t)\mathrm{d}(\omega t)=1.35V_{\mathrm{LL}}\cos\alpha=2.34V_{\mathrm{S}}\cos\alpha \tag{6-4}$$

式中，V_{LL}、V_{S} 分别为输入电源的线电压和相电压有效值。

当 $\alpha > \pi/3$ 时，输出电压平均值为

$$V_D = \frac{1}{\pi/3}\int_{\frac{\pi}{3}+\alpha}^{\frac{2\pi}{3}+\alpha} \sqrt{2}V_{\mathrm{LL}}\sin(\omega t)\,\mathrm{d}(\omega t) = 1.35V_{\mathrm{LL}}\left[1+\cos\left(\frac{\pi}{3}+\alpha\right)\right] = 2.34V_{\mathrm{S}}\left[1+\cos\left(\frac{\pi}{3}+\alpha\right)\right] \tag{6-5}$$

若继续增加 α 到 $2\pi/3$ 时，V_D 为零。因此三相桥式晶闸管整流电路电阻负载的移相范围是 $2\pi/3$。

当 $\alpha > \pi/3$ 时，V_D 不再连续，不能采用常规的单脉冲触发晶闸管的开通方式。因为出现断续后，原本导通的晶闸管已经自然关断，即使给了新的晶闸管触发脉冲，一个晶闸管导通形成不了电流通路。为了保证两个晶闸管能同时导通，触发时可采用两种方法：一种是宽脉冲触发，触发脉冲宽度大于 $\pi/3$ 而小于 $2\pi/3$，一般取 $4\pi/9 \sim 5\pi/9$；另一种是双脉冲触发，即用两个窄脉冲代替宽脉冲，在 V_D 的 6 个时间段，给应该导通的晶闸管都提供触发脉冲，而不管原来是否导通，所以每隔 $\pi/3$ 就需要提供两个触发脉冲。

2）阻感负载(电流源负载)三相桥式晶闸管整流电路且忽略输入电感

与单相一样，阻感负载由于电感的作用，会使得负载电流 i_D 波形变得平直，当电感足够大时，可以认为其是电流源负载。如图 6－24 所示，负载为电流源 I_D，并忽略输入电感的影响。如果持续施加门极触发信号，相当于 $\alpha=0$，那么这个电路相当于一个二极管整流电路，其波形如图 6－25(a)所示。当 $\alpha\neq 0$ 时，波形如图 6－25(b)～(d)所示。下面以晶闸管 T_5 换流到晶闸管 T_1 来说明具体工作过程，也就是 T_5T_6—T_6T_1 换流。

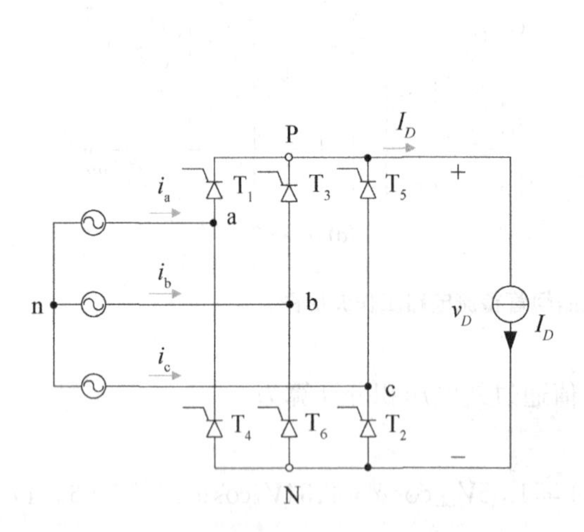

图 6－24　电流源负载三相桥式晶闸管整流电路

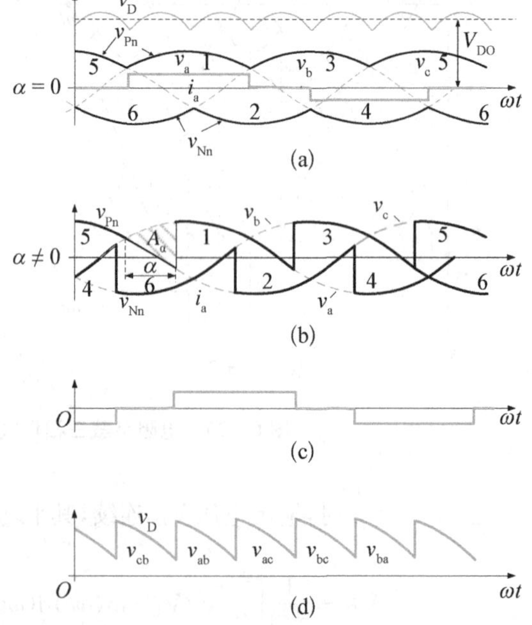

图 6－25　电流源负载三相桥式晶闸管整流电路工作波形图

从图6-25(b)中可以看到，T_5 在 $\omega t=\alpha$ 之前处于导通状态。由于没有输入电感 L_s，当 $\omega t=\alpha$ 时，电流瞬间换流到 T_1，a相电流波形如图6-25(c)所示，与图6-25(a)中的 V_a 相比，a相电流滞后了 α，其他相电流也是如此。直流侧电压波形 v_D($v_D=V_{Pn}-V_{Nn}$)如图6-25(d)所示。

对比图6-25(a)中的 v_{Pn} 和 v_{Nn} 波形可以看出，当 $\alpha\neq 0$ 时，与 $\alpha=0$ 的晶闸管整流相比，相邻两个自然换相点之间也就是每 $\pi/3$ 都会产生一块电压损失面积 A_α(V_{Pn} 或 V_{Nn} 上的损失)，因而可以得到考虑触发角 α 时的平均输出电压为

$$V_{D\alpha}=V_{Do}-\frac{A_\alpha}{\pi/3} \tag{6-6}$$

从图6-25(b)中看出，阴影标出的 A_α 是 $V_a-V_c=V_{ac}$ 的积分，所以，A_α 可以表示为

$$A_\alpha=\int_0^\alpha v_{ac}\mathrm{d}(\omega t)=\int_0^\alpha \sqrt{2}V_{LL}\sin(\omega t)\mathrm{d}(\omega t)=\sqrt{2}V_{LL}(1-\cos\alpha) \tag{6-7}$$

可得

$$V_{D\alpha}=\frac{3\sqrt{2}}{\pi}V_{LL}\cos\alpha=1.36V_{LL}\cos\alpha=V_{Do}\cos\alpha \tag{6-8}$$

从图6-26也可以得出结论，当 $\alpha\leqslant\pi/3$ 时，V_D 波形连续，其工作情况与纯电阻负载时十分相似，各晶闸管的通断情况、输出整流电压波形、晶闸管承受的电压波形等和纯电阻负载都一样。当 $\alpha>\pi/3$ 时，电感负载的工作情况与纯电阻不同，电阻负载时，v_D 不会出现负的部分；而电感负载时，由于电感的作用，v_D 会出现负的部分。当 $\alpha=\pi/2$ 时，若电感足够大

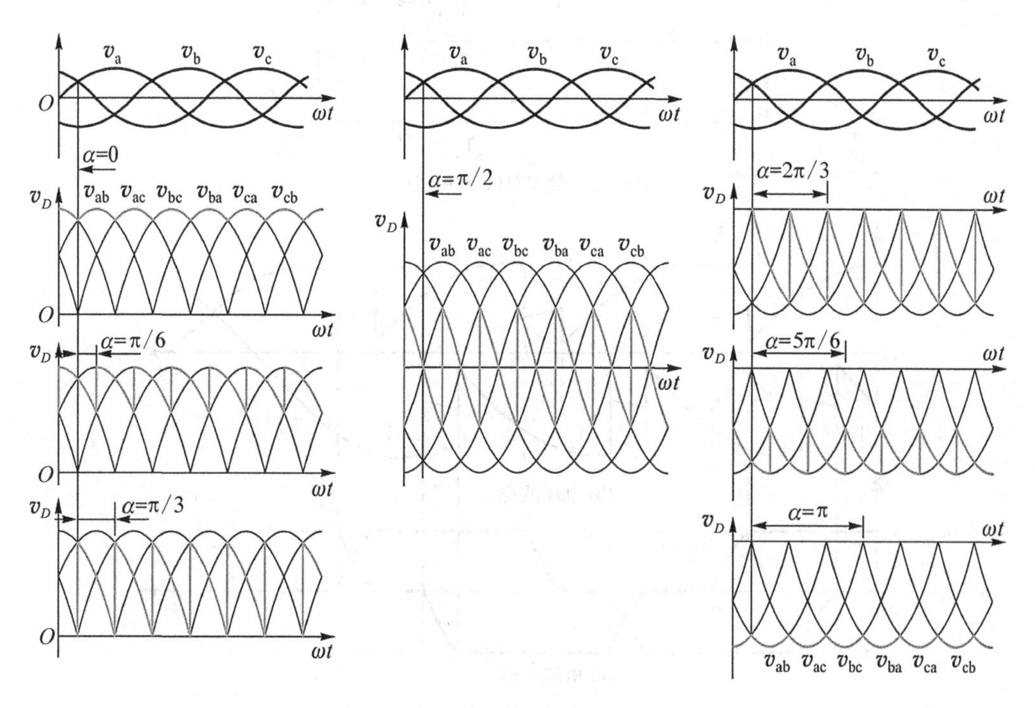

图6-26　不同 α 值时 v_D 波形图

(输出电压电流连续),则 v_D 波形会上下对称,平均值为零。因此,带大电感(电流源)负载时,三相桥式相控整流电路的移相范围为 π/2。

3) 考虑输入电感的三相桥式晶闸管整流电路

接下来考虑输入电感 L_s 的影响,其电路如图 6-27 所示。在实际应用中,一般不能忽略输入电感的影响。L_s 虽然会造成一定的电压损失,但是它却可以有效地减少谐波电流,从而提升电能质量。

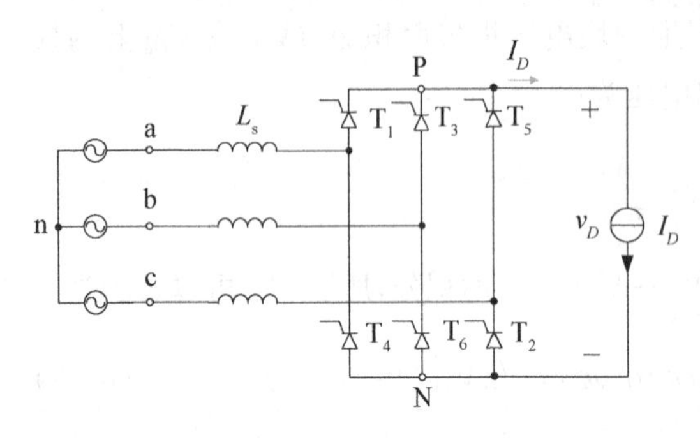

图 6-27　考虑输入电感的三相桥式晶闸管整流电路

考虑 L_s 时,对于给定的 α,换流需要一定的时间。假设开始时晶闸管 T_5 和 T_6 导通。当 $\omega t=\alpha$ 时,电流开始从晶闸管 T_5 换流到 T_1,在换流过程中 $T_1T_5T_6$ 全部导通,换流等效电路如图 6-28(a)所示。取 $V_{an}=V_{cn}$ 的时刻也就是自然换相点作为零点开始分析,画出电压波形图如图 6-28(b)所示。在换流时间内,晶闸管 T_1 和 T_5 同时导通,相电压 V_{an}与 V_{cn}经 L_s 短路。电流 i_a 从 0 逐渐上升到 I_D,同时 i_c 逐渐从 I_D 减少到 0,如图 6-28(c)所示。平均输出电压为

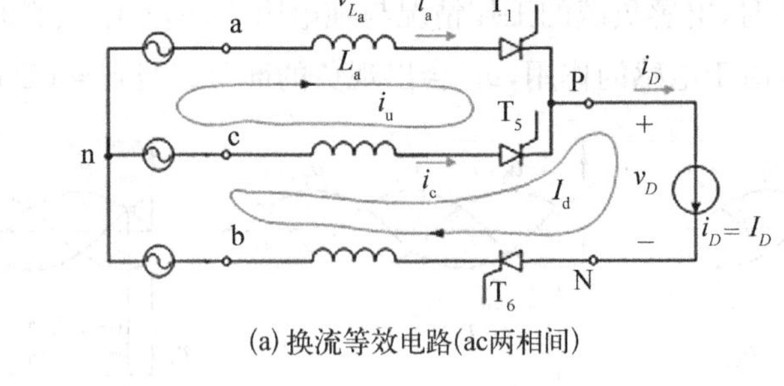

(a) 换流等效电路(ac两相间)

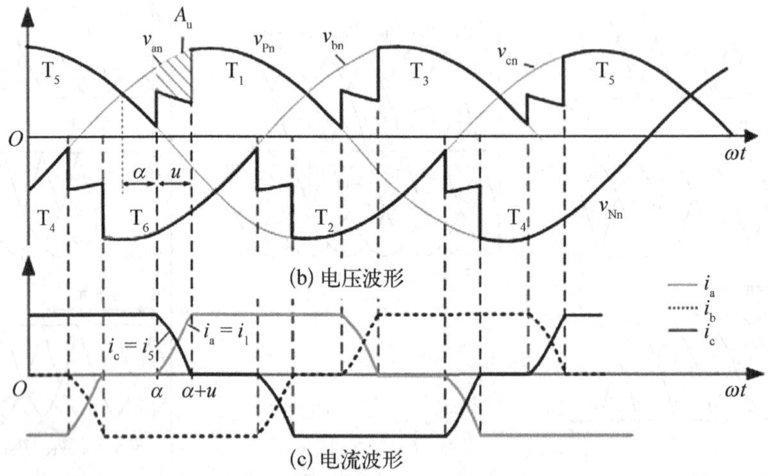

(b) 电压波形

(c) 电流波形

图 6-28　考虑输入电感的三相桥式晶闸管整流电路的换流等效电路和电压、电流波形图

$$V_D = 1.35\,V_{\mathrm{LL}}\cos\alpha - \frac{3\omega L_{\mathrm{s}} I_D}{\pi} = 2.34 V_{\mathrm{S}}\cos\alpha - \frac{3\omega L_{\mathrm{s}} I_{\mathrm{D}}}{\pi} \tag{6-9}$$

图 6 - 29 宏观地给出了在不同触发角时考虑输入电感 L_{s} 的输出电压 v_D 与输入电流 i_{a} 的波形。

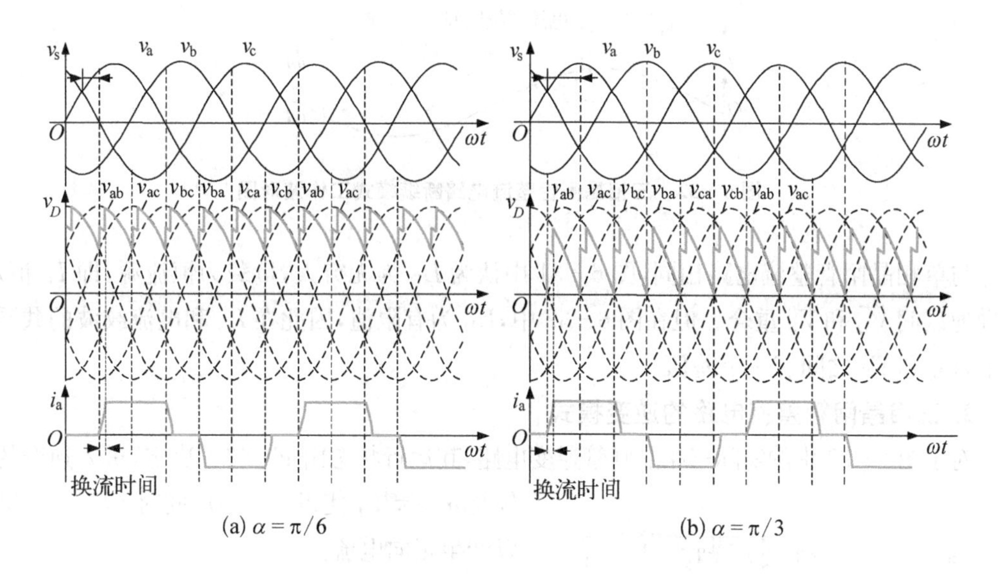

图 6 - 29　在不同触发角时考虑输入电感的 V_D 与输入电流 i_{a} 的波形图

4）实际的三相晶闸管整流电路

实际的三相晶闸管整流电路如图 6 - 30 所示。负载用电压源 E_{D}、电感 L_{d} 和很小的电阻 r_{d} 替代。对于实际的三相晶闸管整流器，通常满足 $\omega L_{\mathrm{D}} \gg r_{\mathrm{d}}$，其输出电流接近恒定，输入输出主要波形如图 6 - 31 所示。

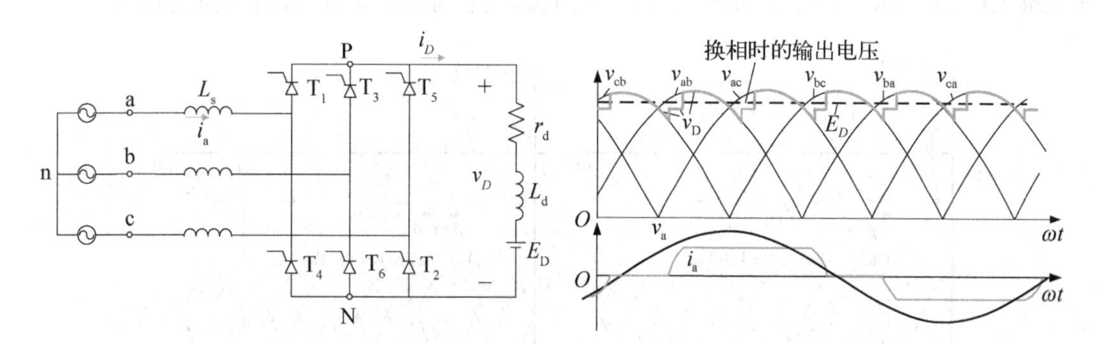

图 6 - 30　实际的三相晶闸管整流电路　　**图 6 - 31　三相晶闸管整流电路输入输出主要波形图**

与单相晶闸管整流电路一样，三相电路也存在断续模式。例如当 E_{D} 较大，且不满足 $\omega L_{\mathrm{D}} \gg r_{\mathrm{D}}$ 时，图 6 - 30 所示电路会进入断续模式，工作波形如图 6 - 32 所示。

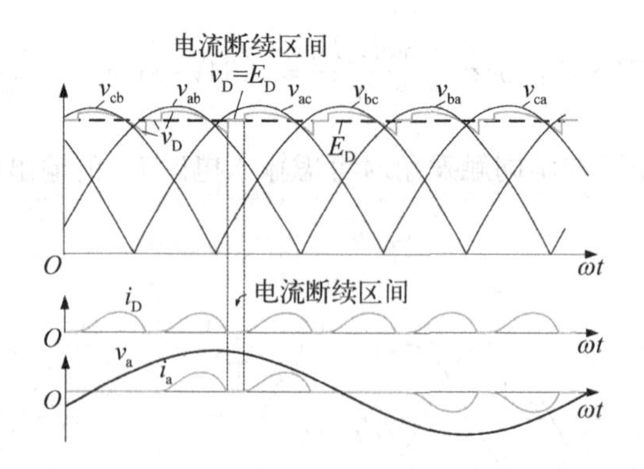

图 6 - 32　三相晶闸管整流电路断续模式工作波形图

与单相晶闸管整流电路相同，图 6 - 31 中认为 L_D 为无穷大，负载为恒流源，即 I_D 恒定，则导通区间 V_D 和 V_S 重合。但在图 6 - 32 中，L_D 为有限值，因此在 L_s 和电流纹波的共同作用下，V_D 和 V_S 之间有一个差值。

2. 三相晶闸管整流电路的逆变模式

对于图 6 - 33 中的实际三相晶闸管逆变电路，其运行状态由 E_D 和 α 决定，进入逆变的条件是 $\alpha > \pi/2$，使得 $V_D < 0$，同时 $|E_D| > |V_D|$ 以产生正向电流。

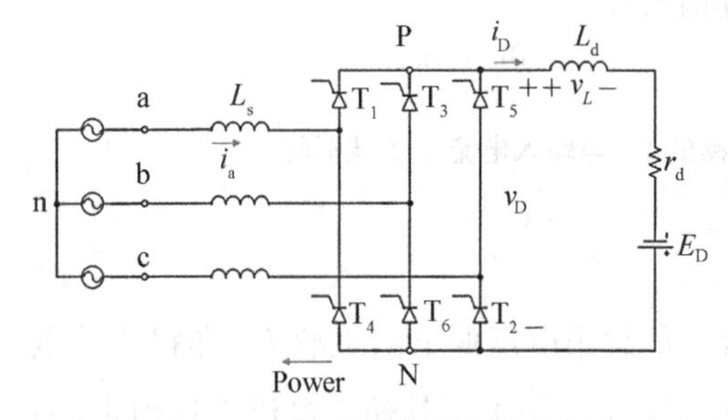

图 6 - 33　三相晶闸管逆变电路

与单相一样，为分析和计算方便起见，通常也把 $\alpha > \pi/2$ 时的控制角用 $\beta = \pi - \alpha$ 表示，但是注意三相电路的触发角 α 是以自然换相点作为起始点和终点的。图 6 - 34 给出了 $\beta = \pi/3$ 和 $\pi/6$ 时的输出电压波形。与单相类似，如果要启动类似于图 6 - 33 的逆变器，一开始需要将 α 调至足够大（比如 $11\pi/12$）使得 i_D 断续，以避免过流，然后再调节 α 到所需要的状态。

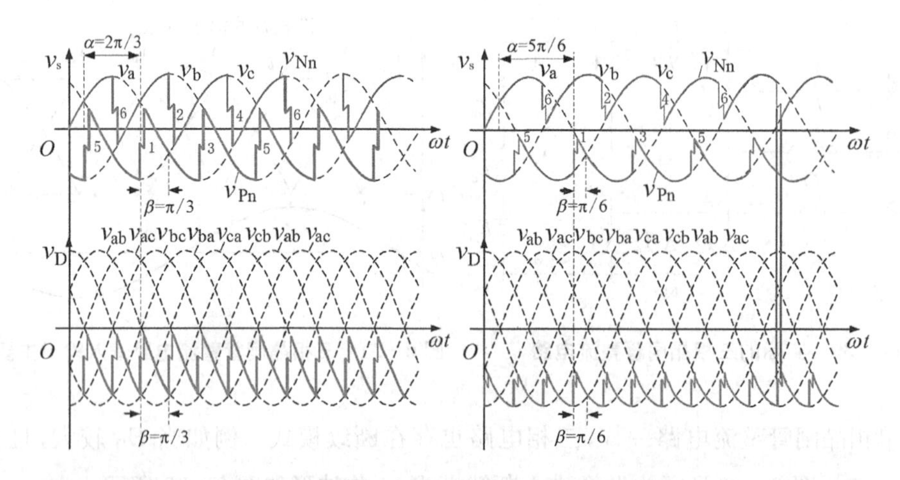

图 6 - 34　$\beta=\pi/3$ 和 $\pi/6$ 时三相桥式晶闸管整流电路工作于有源逆变时的电压波形

6.8.2　三相桥式全控整流及有源逆变电路实验

1. 实验目的

(1) 熟悉 DLDZ－33 组件。

(2) 熟悉三相桥式全控整流及有源逆变电路的接线及工作原理。

2. 实验内容

(1) 三相桥式全控整流电路。

(2) 三相桥式有源逆变电路。

(3) 观察整流或逆变状态下模拟电路故障现象时的波形。

3. 实验线路及原理

主电路由三相全控变流电路及三相不控整流桥组成。触发电路为集成电路,可输出经高频调制后的双窄脉冲链。

实验线路如图 6－35 所示。

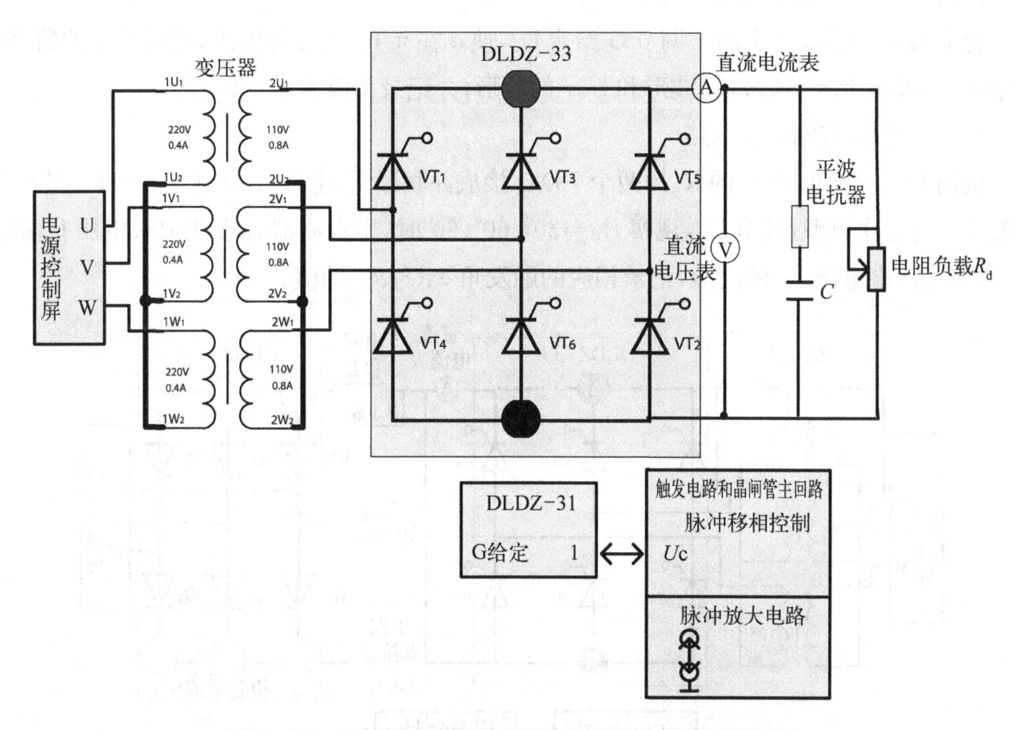

图 6－35　三相桥式全控整流及有源逆变电路实验线路图

4. 实验设备及仪器

(1) QS－DY05 交/直流电源。

(2) DLDZ－31 系统控制单元。

(3) DLDZ－33 三相触发及主电路。

(4) DLDZ－35 三相变压器。

(5) DLDZ－331 二极管及电抗器。

(6) DLDZ－03 电阻负载。

(7) 双踪示波器及万用表。

5. 实验方法

1) 未接通主电源之前，检查晶闸管的脉冲是否正常

(1) 用双踪示波器观察 DLDZ－33 的双脉冲观察孔，应有间隔均匀、相互间隔 $\pi/3$ 的幅度相等的双脉冲。

(2) 用双踪示波器观察每只晶闸管的控制极和阴极之间信号应有幅度为 1～2 V 的脉冲。

(3) 将 DLDZ－331 的给定器输出 U_n^* 接至 DLDZ－33 面板的 U_c 端，调节偏移电压 U_b，在 $U_{ct}=0$ 时，使 $\alpha=5\pi/6$。

2) 三相桥式全控整流电路

按图 6－33 接线，并将 R_d 调至最大。

合上 QS－DY05 主电源。调节 G 给定 U_c，使 α 在 $\pi/6$～$\pi/2$ 范围内，用双踪示波器观察记录 $\alpha=\pi/6,\pi/3,\pi/2$ 时，U_d 波形和 U_{VT} 的波形，并记录相应的 U_d 和 U_2。

3) 三相桥式有源逆变电路

按图 6－36 接线，图中的 R_d 用两个 780 Ω 接成并联形式，电感 L 选用 700 mH。将 R_d 调至最大。合上主电源，调节 U_c，观察 $R_d=30°$、60°、90°时，用示波器观察并记录电压 U_d 的波形，晶闸管两端电压 U_{vt} 的波形，记录相应的触发角 α、U_2、U_d 的值。

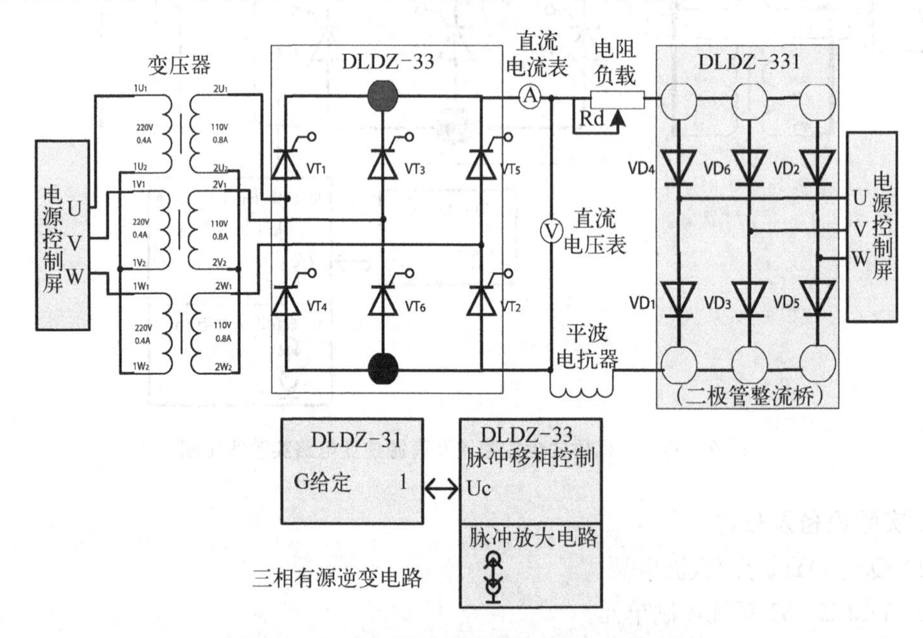

图 6－36　三相桥式有源逆变电路实验线路图

6. 实验报告

1. 绘出三相桥式全控整流电路角 $\alpha=30^{\circ}$，60°时输出电压 U_{d}的波形，晶闸管两端电压 U_{vt}的波形，并加以分析。

2. 绘出三相桥式全控有源逆变电路，$\beta=60^{\circ}$和 30°时的电压 U_{d}的波形，晶闸管两端电压 U_{vt}的波形，并加以分析。

第Ⅲ篇

分段线性电路仿真

第7章

分段线性电路仿真概述及使用方法

7.1 分段线性电路概述

7.1.1 分段线性电路简介

分段线性电路仿真(piecewise linear electrical circuit simulation, PLECS)是由瑞士Plexim GmbH公司开发的一个用于电路和控制结合的多功能系统级电力电子仿真软件,尤其适用于电力电子和传动系统。PLECS具有丰富的元件库,极快的仿真速度,友好的操作界面,功能丰富的示波器和波形分析工具,独特的热分析功能。

热仿真:PLECS热设计,其热函式库让使用者将热设计纳入电力电子的电路设计中,使用者可定义与温度相关的热传导和每个半导体元件的开关损耗能量分布;也可收集由半导体和电阻器损耗的能量,并使用热电阻和电容元件来模拟热行为。

理想开关:在PLECS中,电力电子器件、断路器等的模型,都基于理想开关。它们都具有理想的短路特性(短路电阻为零)和理想的开路特性(开路电阻为无穷大),开关动作也都是瞬时完成的。在建模中使用理想开关有3个主要的优点:易于使用、鲁棒性和快速高效。

(1) 易于使用:理想开关的常规参数无须设计者特别关注,例如导通电阻和吸收电容。在很多情况下,设计者并不知道这些参数的值,尤其是在并不需要关注寄生效应的系统仿真的情况下。当然,如果需要建立一个更精确的电力电子器件模型,使用者可以根据需要在器件上加入正向导通电压或电感。

(2) 鲁棒性:在其他仿真软件中所使用的吸收电路,极大地增加了模型的复杂程度和仿真难度。这样的模型通常需要采用固定步长的仿真或者更复杂的、耗时的解析算法。PLECS忽略了吸收电路,从而使得使用者可以选择Simulink提供的各种恒定步长和变步长的解析算法。

(3) 快速高效:在传统的电路仿真软件中,开关动作的瞬态过程都要求大量的计算时间。有限的斜率使得这些软件都需要用很小的步长来仿真,这会导致仿真时间过长。在PLECS中,这个问题不会出现,这是因为理想开关的开关动作都是瞬时完成的。每一个开关动作都只需要两个时间步长,这使得仿真速度极大提高。

7.1.2 PLECS版本概述

目前,PLECS拥有PLECS Blockset(嵌套版)(PLECS作为在MATLAB/Simulink运行环境下的一款高速电力电子仿真工具)和PLECS Standalone版本(独立版)两个版本。版本也由2002年的1.0.1升级至如今的4.8.3。

PLECS嵌套版是基于PLECS,以MATLAB/Simulink为运行环境,设计为Simulink的工具箱,和Simulink下的其他模块并列存在。熟悉Simulink的用户,可以很轻松地掌握PLECS工具箱的设计方法。PLECS是为电力电子系统的仿真而特别开发的,当仿真对象是既含有电路部分又含有复杂控制方案的系统时,它将会是一个非常有效实用的工具。利用PLECS,可以极大地提高Simulink的模拟仿真性能。

Simulink是运行在MATLAB环境中的,用来对动态系统进行建模、仿真和分析的软件包。对于建模,Simulink提供了一个图形化的用户界面。Simulink已广泛地用于控制系统的仿真,但不能接受用户以网络表或电路图形式输入的电路系统。PLECS工具箱扩充了Simulink功能,使我们可以在Simulink的环境中以网络表的形式建立电路部分的模型。建模后的电路模型将以子系统的形式呈现在Simulink中。系统中控制部分的建模可以通过调用Simulink中的各种工具箱来完成。在对仿真系统进行建模以后,电路部分可以接收来自控制部分的电压、电流信号和开关信号。而在仿真过程中,电路部分又将仿真的结果以电压量、电流量的形式传递给控制部分。通过两个部分的交互作用,可以完成较复杂电力系统的仿真任务,并且可以利用MATLAB强大的计算功能来分析仿真的结果。PLECS具备离散状态空间方法的模拟参数(Refine factor),在进行离散式电路模型仿真时,可使仿真步长的约束要求比单独使用Simulink模型时的低。该工具支持无刷直流电机、齐纳二极管(Zener diode)、3D查表(look-up table)等元件。

PLECS独立版于2010年开发,自此PLECS脱离MATLAB/Simulink,其控制部分由PLECS元件库独立实现。PLECS独立版包含控制元件库和电路元件库,采用优化的解析方法,仿真速度更快,比PLECS嵌套版快2.5倍。PLECS独立版降低了投资和维护成本。与传统的PLECS工具箱相比较,PLECS最新独立版的编辑器仍保持以往方便使用的人性化界面的简约风格。

全新的库浏览器使得拓展元件库更为容易。浏览器可通过库或名字快速搜索元件。除了标准元件如电压电流源、电压电流表以及无源器件以外,PLECS还提供了电力电子特殊元件。在库中可以找到各种电力半导体器件、开关和断路器,以及完整的电力电子变换器和三相变压器等。

本教材所用到的部分模型参考了PLECS软件所提供的demos。如感兴趣,可以找到PLECS/demos文件夹中的相关模型进行进一步学习。

本篇搭建的模型均基于教材中的相关内容,但也有所差异。由于仿真环境的设置,电容与电压源不得直接并联，电感不得与电流源直接串联，需要用适当的电阻来进行分压或分流。模型中的各电路参数不唯一。如感兴趣，可自行改变参数观察结果。相关报告主要以波形图为主，描述各模型的基础性质，并仅供参考。建议读者自行围绕模型做进一步观察。

7.2　PLECS 系统基本使用方法

7.2.1　PLECS 的安装

由于 PLECS 软件本身生成图像的特性，示波器所示图像均不显示单位，本书所有波形图所包含坐标轴的单位均为国际单位制，例如时间 T 的单位为秒(s)，电压 U 的单位为伏特(V)，电流 I 的单位为安培(A)。

本教材所用软件为 PLECS 独立版，与嵌套在 MATLAB/Simulink 中的版本相比更具优势。独立版软件可在官网进行下载(https://www.plexim.com/cn/download/standalone)并申请免费试用(https://www.plexim.com/cn/trial)。该版本可运行于 Microsoft Windows 32 位、Microsoft Windows 64 位、Mac/Intel 64 位和 Linux/Intel 64 位系统环境。本教材仿真内容以 Microsoft Windows 64 位操作系统为例。

在 Windows 操作系统下安装 PLECS 不需要具有系统管理员权限，步骤如下：

(1) 找到下载好的安装文件，双击安装程序可执行文件 plecs-standalone-4-6-6_win64.exe(4-6-6 为版本号，不同版本的文件名此处略有不同)，进入安装界面。

(2) 单击“Install”按钮，进入下一个界面，如图 7-1 所示。

(3) 勾选“I accept the terms in the License Agreement”复选框后，单击“Next”按钮，进入下一个界面，如图 7-2 所示。

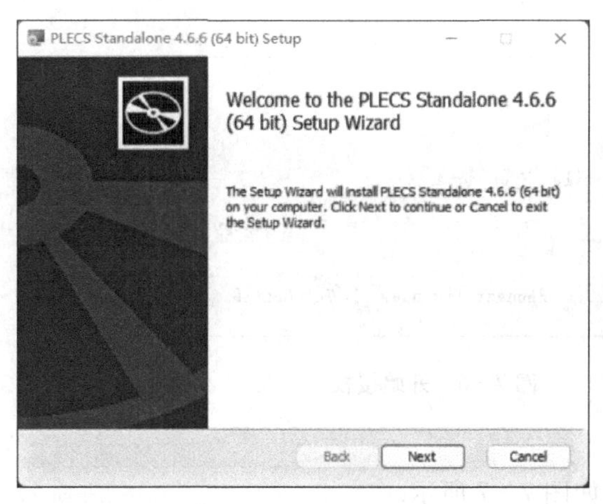

图 7-1　安装开始

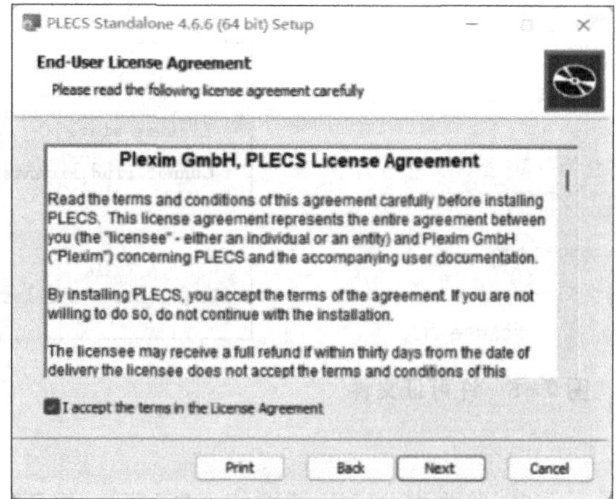

图 7-2　同意许可协议中的条款

(4) 默认软件安装位置，如果需要更改，可单击“Change...”按钮选择安装位置，然后单击“Next”按钮，进入安装过程，如图 7－3 所示。

(5) 单击“Finish”按钮，结束安装，如图 7－4 所示。

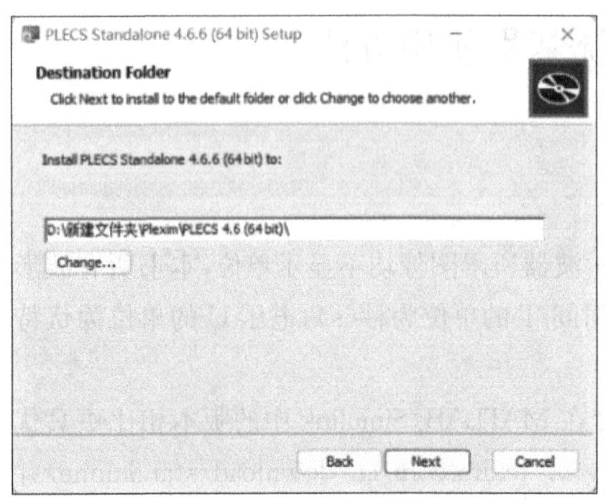

图 7－3 选择软件安装位置

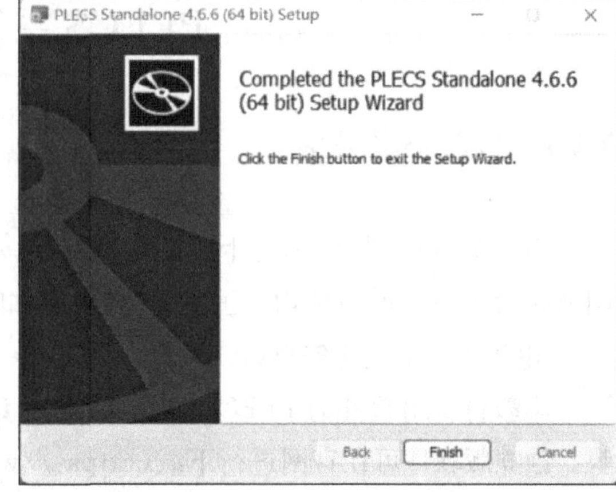

图 7－4 安装结束

7.2.2 PLECS 的授权

在 Windows 操作系统下进行软件授权，操作如下：

(1) 在申请免费试用后，会收到许可证文件，如图 7－5 所示。

(2) 启动 PLECS，从弹出的对话框中选择“Mange license files...”，进入下一个界面，如图 7－6 所示。

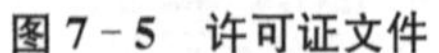
图 7－5 许可证文件

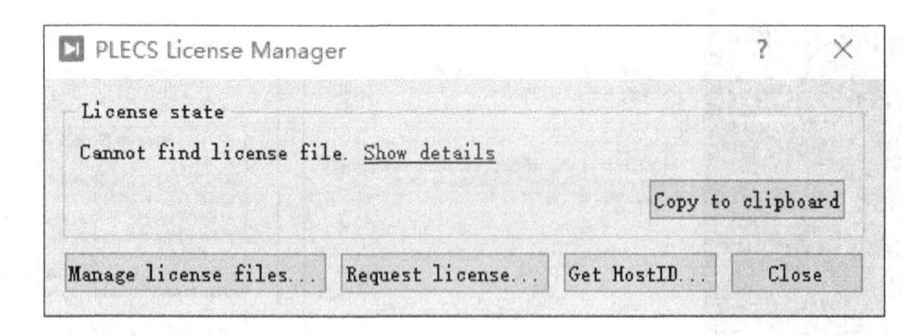

图 7－6 开始授权

(3) 单击“Install...”按钮，进入下一界面，如图 7－7 所示。

(4) 单击“OK”按钮，结束授权，如图 7－8 所示。

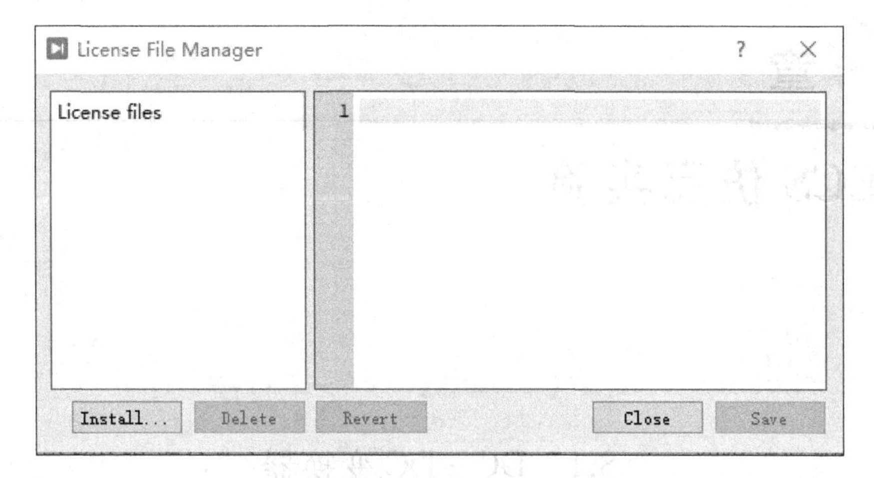

图 7-7　进行安装

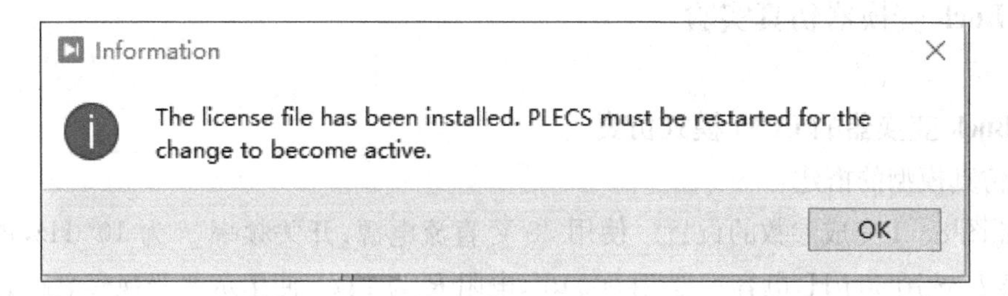

图 7-8　授权结束

第8章

PLECS 仿真实验

8.1 DC-DC 变换器

8.1.1 Buck 变换器仿真实验

1. Buck 变换器的 CCM 模式仿真

1）仿真模型的搭建

参照图 8-1 完成参数的设置。使用 30 V 直流电源，开关频率 f 为 10^5 Hz，占空比为 0.6，电感 L 选用 50 μH，电容 C 选用 500 μF，电阻 R 为 1 Ω。使用示波器观察电路 L 的电感电流(inductor current)和 L 的电感电压(inductor voltage)的波形。

2）仿真结果的分析

运行电路，得到的波形如图 8-2 所示。电感电流的最大值约为 18.7 A，最小值约为 17.3 A，周期为 10 μs；电感电压的最大值为 12 V，最小值为−18 V，周期为 10 μs。由图 8-2 可

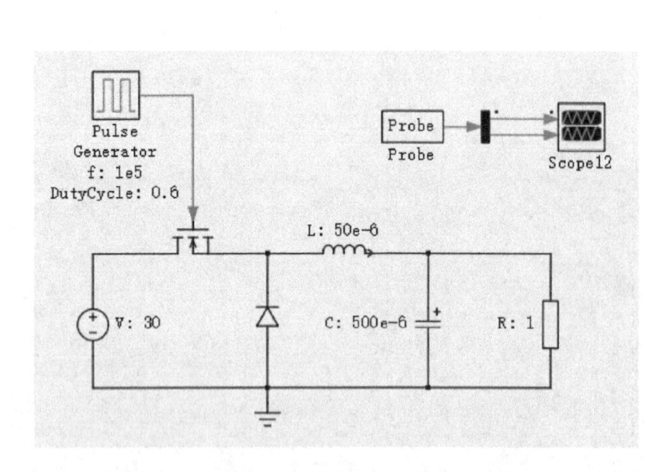

图 8-1　Buck 变换器的 CCM 模式仿真模型

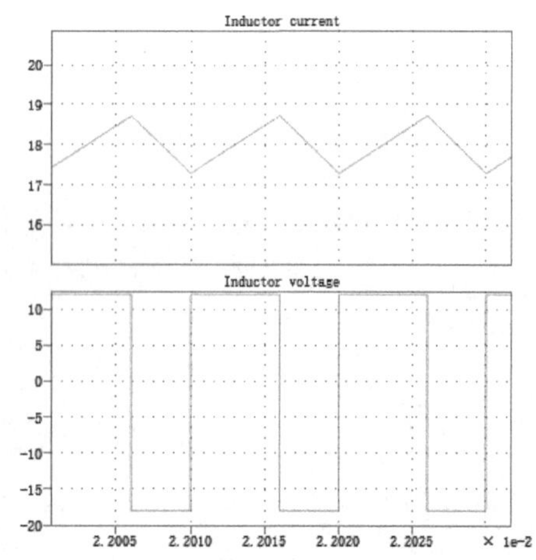

图 8-2　Buck 变换器的 CCM 模式仿真结果

见,电感电流变化为 $\Delta i_L = 1.44$ A,电路参数计算结果为 $\Delta i_L = \frac{V_D - V_O}{L}t = \frac{30-18}{50\times10^{-6}\times100\,000}\times 0.6 = 1.44$ A,两者相同。

2. Buck 变换器的临界模式仿真

1）仿真模型的搭建

参照图 8-3 完成参数的设置。使用 30 V 直流电源,开关频率 f 为 10^5 Hz,占空比为 0.6,电感 L 选用 50 μH,电容 C 选用 500 μF,电阻 R 为 25 Ω。使用示波器观察电路电感电流及电感电压的波形。

2）仿真结果的分析

运行电路,得到的波形如图 8-4 所示。电感电流的最大值约为 1.44 A,最小值为 0,周期为 10 μs;电感电压的最大值为 12 V,最小值为−18 V,周期为 10 μs。

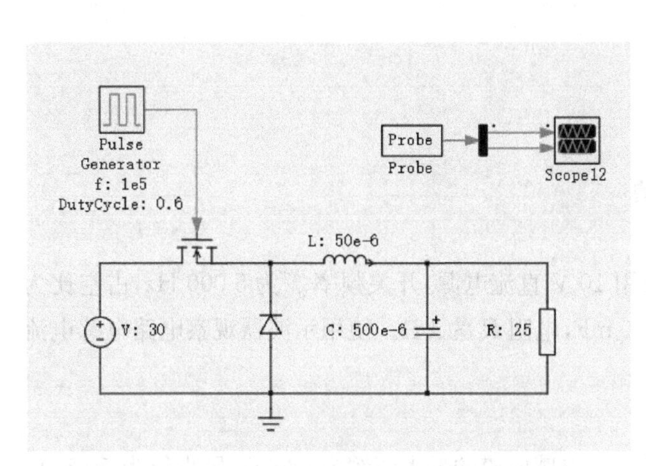

图 8-3　Buck 变换器的临界模式仿真模型图

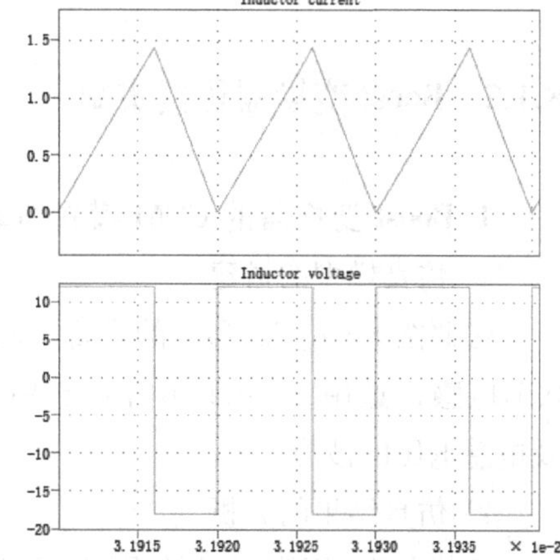

图 8-4　Buck 变换器的临界模式仿真结果

3. Buck 变换器的 DCM 模式仿真

1）仿真模型的搭建

参照图 8-5 完成参数的设置。使用 30 V 直流电源,开关频率 f 为 10^5 Hz,占空比为 0.6,电感 L 选用 50 μH,电容 C 选用 500 μF,电阻 R 为 40 Ω。使用示波器观察电路电感电流及电感电压的波形。

2）仿真结果的分析

运行电路,得到的波形如图 8-6 所示。电感电流的最大值约为 1.15 A,最小值为 0,周期为 10 μs;电感电压的最大值为 9.6 V,最小值为−20.4 V,周期为 10 μs。对比在 3 种模式下的输出电压,可以发现在 CCM 和临界模式下的输出电压均为 $V_O = D\times V_D = 18$ V,而在 DCM 模式下的输出电压略大,约为 20 V。这是因为在 DCM 模式下电压的增加不仅与占空比有关,还与负载大小有关。

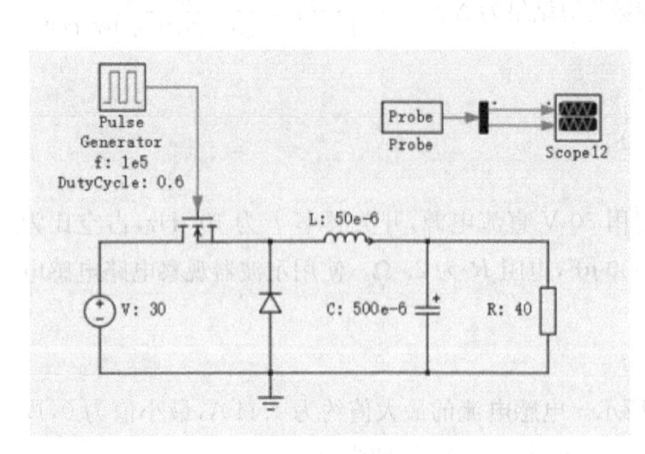

图 8－5 Buck 变换器的 DCM 模式仿真模型

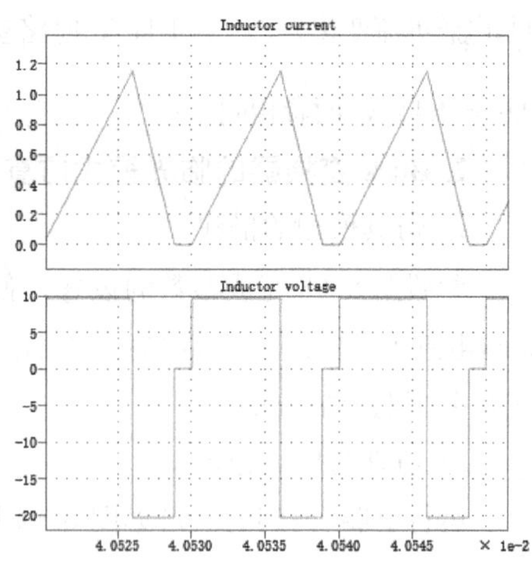

图 8－6 Buck 变换器的 DCM 模式仿真结果

8.1.2 Boost 变换器仿真实验

1. Boost 变换器的 CCM 模式仿真

1）仿真模型的搭建

参照图 8－7 完成参数的设置。使用 10 V 直流电源，开关频率 f 为 5 000 Hz，占空比为 0.6，电感 L 选用 100 μH，电容 C 选用 20 mF，电阻 R 为 1 Ω。使用示波器观察电路电感电流及电感电压的波形。

2）仿真结果的分析

运行电路，得到的波形如图 8－8 所示。电感电流的最大值约为 68.5 A，最小值为 56.5 A，周期为 200 μs；电感电压的最大值为 10 V，最小值为－15 V，周期为 200 μs。

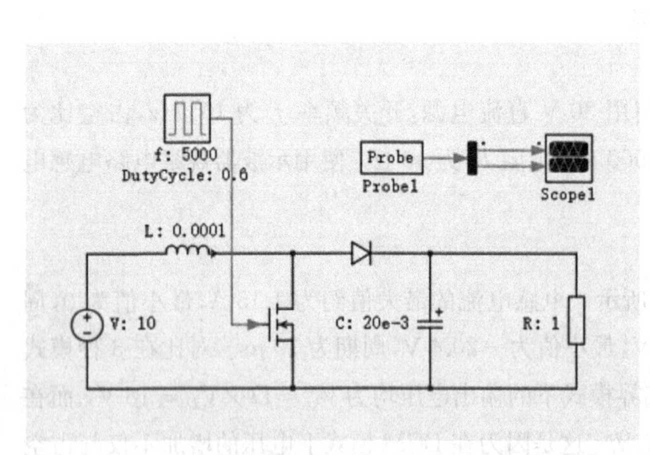

图 8－7 Boost 变换器的 CCM 模式仿真模型

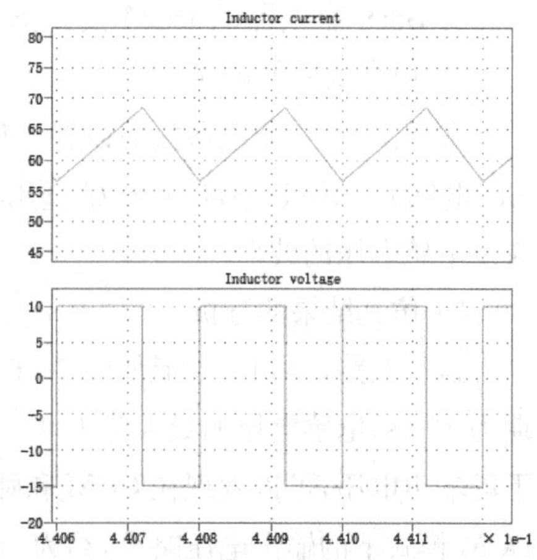

图 8－8 Boost 变换器的 CCM 模式仿真结果

由图 8－8 可见，电感电流变化为 $\Delta i_L = 12$ A，电路参数计算结果为 $\Delta i_L = \frac{V_D}{L}t = \frac{10}{0.0001 \times 5000} \times 0.6 = 12$ A，两者相同。

2. Boost 变换器的临界模式仿真

1）仿真模型的搭建

参照图 8－9 完成参数的设置。使用 10 V 直流电源，开关频率 f 为 5 000 Hz，占空比为 0.6，电感 L 选用 100 μH，电容 C 选用 20 mF，电阻 R 为 10.5 Ω。使用示波器观察电路电感电流及电感电压的波形。

2）仿真结果的分析

运行电路，得到的波形如图 8－10 所示。电感电流的最大值为 12 A，最小值为 0，周期为 200 μs；电感电压的最大值为 10 V，最小值为－15 V，周期为 200 μs。

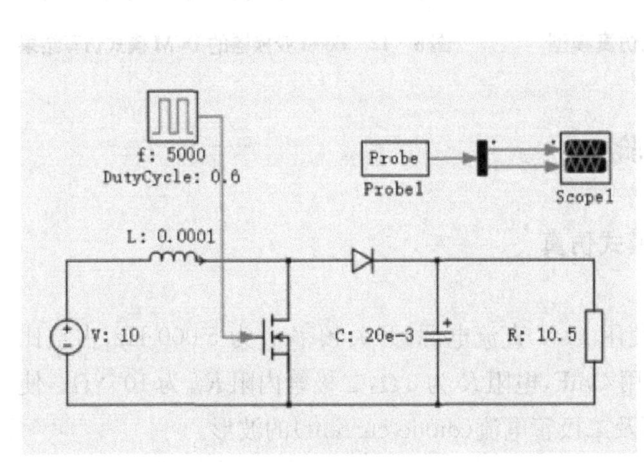

图 8－9　Boost 变换器的临界模式仿真模型

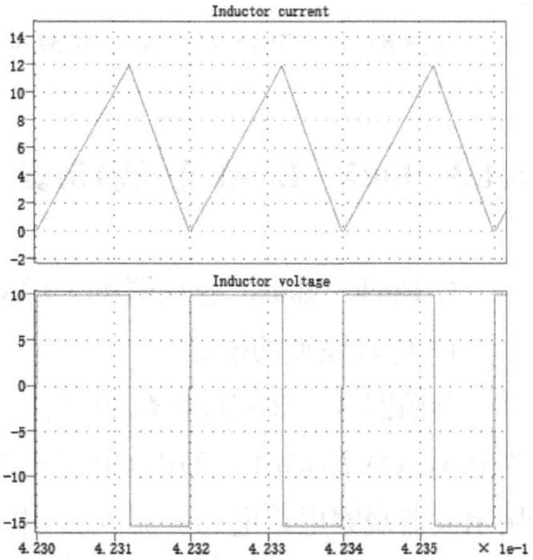

图 8－10　Boost 变换器的临界模式仿真结果

3. Boost 变换器的 DCM 模式仿真

1）仿真模型的搭建

参照图 8－11 完成参数的设置。使用 10 V 直流电源，开关频率 f 为 5 000 Hz，占空比为 0.6，电感 L 选用 100 μH，电容 C 选用 20 mF，电阻 R 为 30 Ω。使用示波器观察电路电感电流及电感电压的波形。

2）仿真结果的分析

运行电路，得到的波形如图 8－12 所示。电感电流的最大值为 12 A，最小值为 0，周期为 200 μs；电感电压的最大值为 10 V，最小值为－28 V，周期为 200 μs。

对比在 3 种模式下的输出电压，可以发现在 CCM 和临界模式下的输出电压均为 $V_O =$

$\frac{1}{1-D}V_D=25$ V，而在 DCM 模式下的输出电压略大，约为 40 V。这是因为在 DCM 模式下电压的增加不仅与占空比有关，还与负载大小有关。

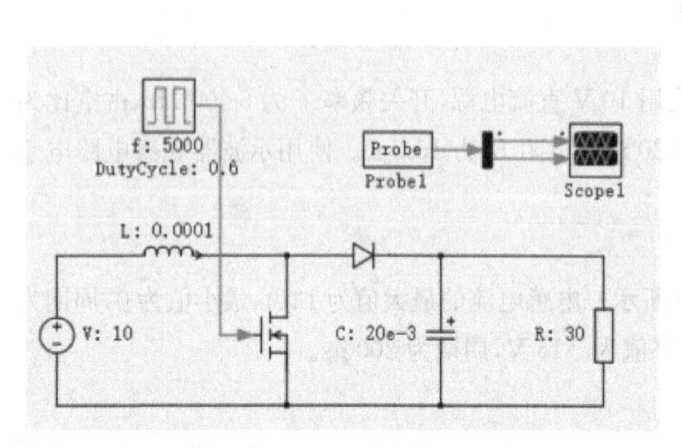

图 8-11　Boost 变换器的 DCM 模式仿真模型

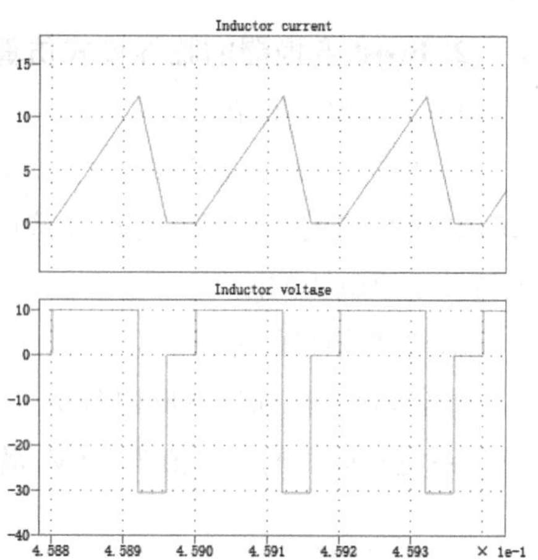

图 8-12　Boost 变换器的 DCM 模式仿真结果

8.1.3　Buck-Boost 变换器仿真实验

1. Buck-Boost 变换器的 CCM 模式仿真

1）仿真模型的搭建

参照图 8-13 完成参数的设置。使用 10 V 直流电源，开关频率 f 为 5 000 Hz，占空比为 0.6，电感 L 选用 200 μH，电容 C 选用 4 mF，电阻 R 为 3 Ω，二极管内阻 R_{on} 为 10^{-4} Ω。使用示波器观察电路电感电流、电感电压及二极管电流(diode current)的波形。

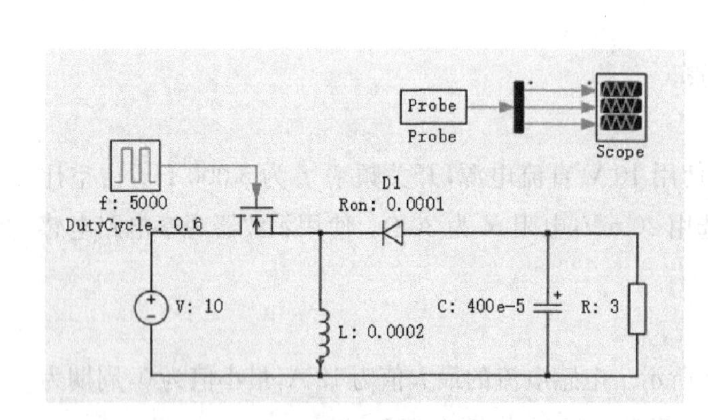

图 8-13　Buck-Boost 变换器的 CCM 模式仿真模型

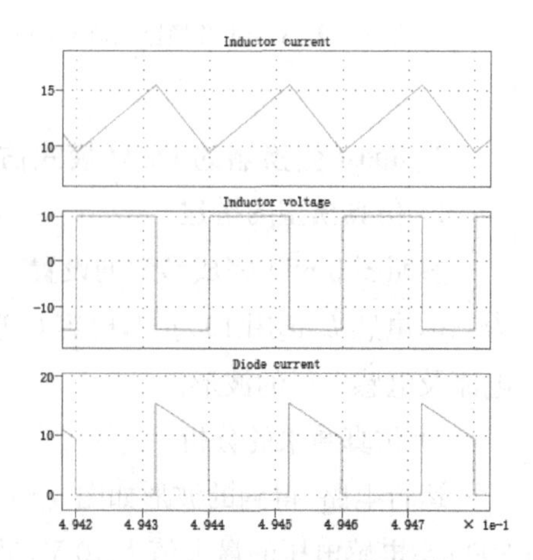

图 8-14　Buck-Boost 变换器的 CCM 模式仿真结果

2）仿真结果的分析

运行电路，得到的波形如图 8－14 所示。电感电流的最大值为 15.5 A，最小值为 9.5 A，周期为 200 μs；电感电压的最大值为 10 V，最小值为－15 V，周期为 200 μs；二极管电流的最大值为 15.5 A，最小值为 0，周期为 200 μs。

由图 8－14 可见，电感电流变化为 $\Delta i_L = 6$ A，电路参数计算结果为 $\Delta i_L = \frac{V_D}{L}t = \frac{10}{0.0002 \times 5000} \times 0.6 = 6$ A，两者相同。

2. Buck－Boost 变换器的临界模式仿真

1）仿真模型的搭建

参照图 8－15 完成参数的设置。使用 10 V 直流电源，开关频率 f 为 5 000 Hz，占空比为 0.6，电感 L 选用 200 μH，电容 C 选用 4 mF，电阻 R 为 12.5 Ω，二极管内阻 R_{on} 为 10^{-4} Ω。使用示波器观察电路电感电流、电感电压及二极管电流的波形。

2）仿真结果的分析

运行电路，得到的波形如图 8－16 所示。电感电流的最大值为 6 A，最小值为 0，周期为 200 μs；电感电压的最大值为 10 V，最小值为－15 V，周期为 200 μs；二极管电流的最大值为 6 V，最小值为 0，周期为 200 μs。

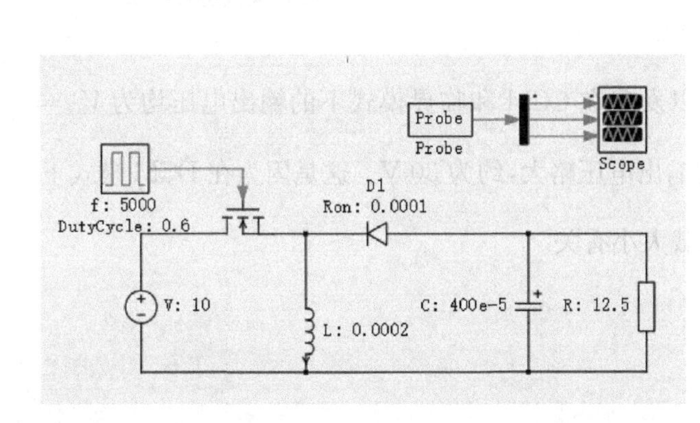

图 8－15　Buck－Boost 变换器的临界模式仿真模型

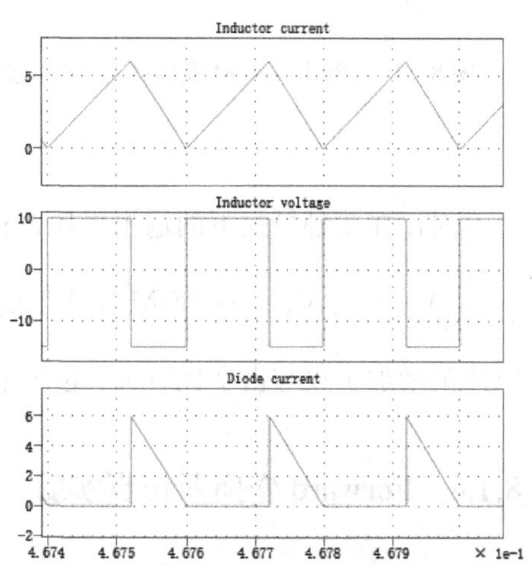

图 8－16　Buck－Boost 变换器的临界模式仿真结果

3. Buck－Boost 变换器的 DCM 模式仿真

1）仿真模型的搭建

参照图 8－17 完成参数的设置。使用 10 V 直流电源，开关频率 f 为 5 000 Hz，占空比为 0.6，电感 L 选用 200 μH，电容 C 选用 4 mF，电阻 R 为 50 Ω，二极管内阻 R_{on} 为 10^{-4} Ω。使用示波器观察电路电感电流、电感电压及二极管电压(diode voltage)的波形。

2) 仿真结果的分析

运行电路，得到的波形如图 8-18 所示。电感电流的最大值为 6 A，最小值为 0，周期为 200 μs；电感电压的最大值为 10 V，最小值为−30 V，周期为 200 μs；二极管电压的最大值为 6 V，最小值为 0，周期为 200 μs。

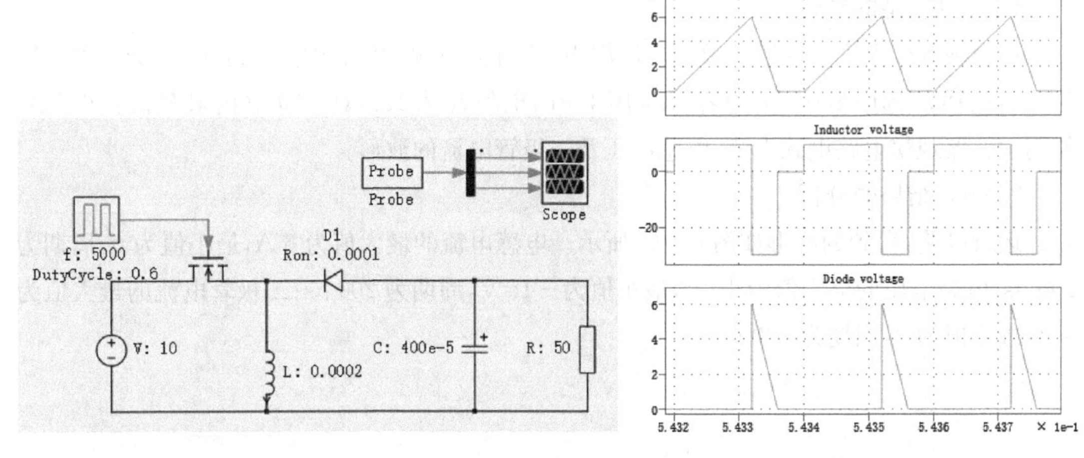

图 8-17 Buck-Boost 变换器的 DCM 模式仿真模型

图 8-18 Buck-Boost 变换器的 DCM 模式仿真结果

对比在 3 种模式下的输出电压，可以发现在 CCM 和临界模式下的输出电压均为 $V_O = \frac{D}{1-D}V_D = 15$ V，而在 DCM 模式下的输出电压略大，约为 30 V。这是因为在 DCM 模式下电压的增加不仅与占空比有关，还与负载大小有关。

8.1.4 Forward 变换器仿真实验

1. Forward 变换器的 CCM 模式仿真

1) 仿真模型的搭建

参照图 8-19 完成参数的设置。使用 20 V 直流电源，开关频率 f 为 5 000 Hz，占空比为 0.4，变压器绕组比 n 为[20 −30 10]，电感 L 选用 50 μH，励磁电感 L_m 选用 100 μH，电容 C 选用 800 μF，电阻 R 为 0.1 Ω。使用示波器观察电路开关电流 i_1 和左侧二极管电流 i_3、电感电压 v_L 和电感电流 i_L 及励磁电流 i_m 的波形。

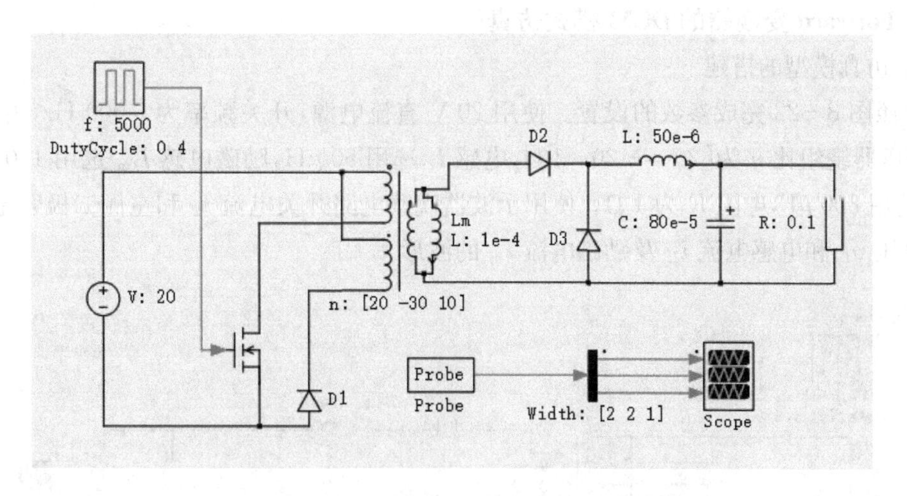

图 8 - 19　Forward 变换器的 CCM 模式仿真模型

2）仿真结果的分析

运行电路，得到的波形如图 8 - 20 所示。电路开关电流最大值约为 26.4 A，最小值为 0，周期为 200 μs；左侧二极管电流最大值约为 2.7 A，最小值为 0，周期为 200 μs；电感电压最大值约为 6 V，最小值约为－4 V，周期为 200 μs；电感电流最大值约为 45 A，最小值为 35 A，周期为 200 μs；励磁电流最大值约为 8 A，最小值为 0，周期为 200 μs。测量电阻两端电压，得到输出电压波形如图 8 - 21 所示。

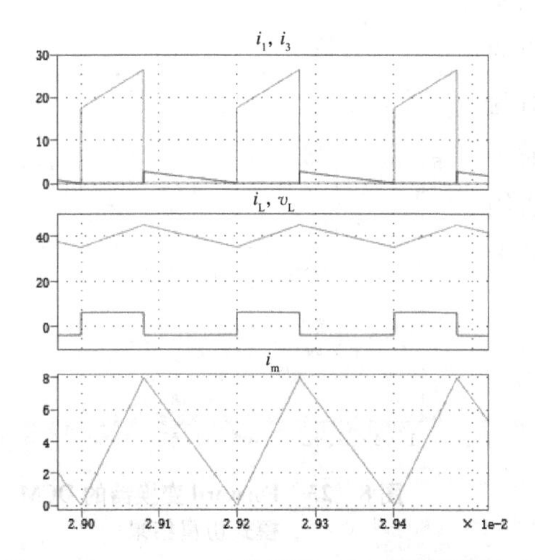

图 8 - 20　Forward 变换器的 CCM 模式仿真结果

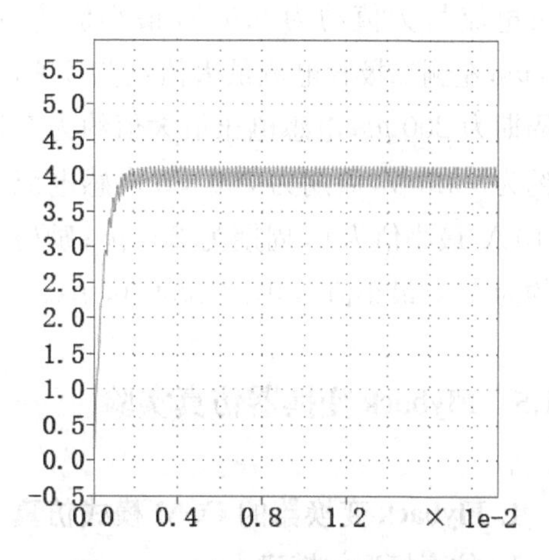

图 8 - 21　电阻两端输出电压波形

由电压增益公式得 $V_O = V_D \dfrac{N_2}{N_1} D = 20 \times \dfrac{10}{20} \times 0.4 = 4\ \text{V}$。稳定时，输出电压约为 4 V。

2. Forward 变换器的 DCM 模式仿真

1）仿真模型的搭建

参照图 8－22 完成参数的设置。使用 20 V 直流电源，开关频率为 5 000 Hz，占空比为 0.4，变压器绕组比 n 为[20　−20　10]，电感 L 选用 50 μH，励磁电感 L_m 选用 100 μH，电容 C 选用 800 μF，电阻 R 为 1 Ω。使用示波器观察电路开关电流 i_1 和左侧二极管电流 i_3、电感电压 v_L 和电感电流 i_L 及励磁电流 i_m 的波形。

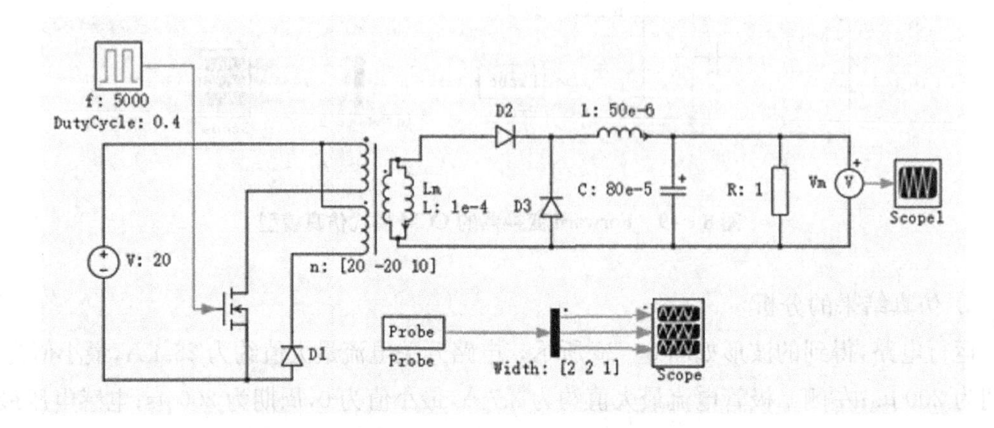

图 8－22　Forward 变换器的 DCM 模式仿真模型

2）仿真结果的分析

运行电路，得到的波形如图 8－23 所示。电路开关电流最大值约为 8.6 A，最小值为 0，周期为 200 μs；左侧二极管电流最大值约为 4 A，最小值为 0，周期为 200 μs；电感电压最大值约为 5.7 V，最小值约为−4.3 V，周期为 200 μs；电感电流最大值约为 10 A，最小值为 0，周期为 200 μs；励磁电流最大值约为 8 A，最小值为 0，周期为 200 μs。

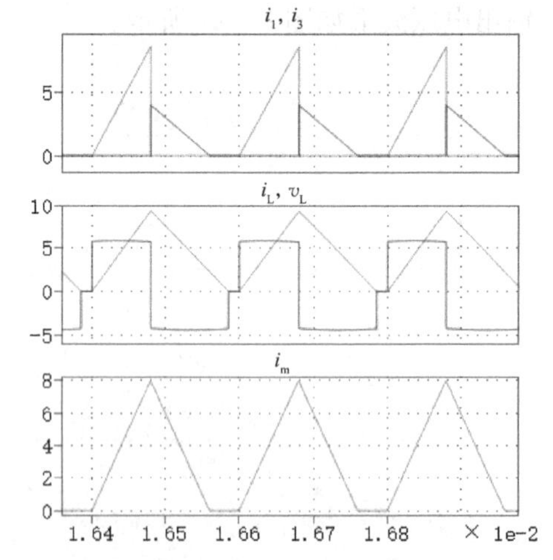

图 8－23　Forward 变换器的 DCM 模式仿真结果

8.1.5　Flyback 变换器仿真实验

1. Flyback 变换器的 CCM 模式仿真

1）仿真模型的搭建

参照图 8－24 完成参数的设置。使用 12 V 直流电源，开关频率 f 为 1 MHz，占空比为 0.5，变压器绕组比 n 为[12　−5]，电感 L 选用 10 μH，电容 C 选用 500 μF，电阻 R 为 10 Ω。使用示波器观察电路一次侧电压 V_{N1}、开关电流 i_S、二极管电流 i_{SW} 及励磁电流 i_m 的波形。

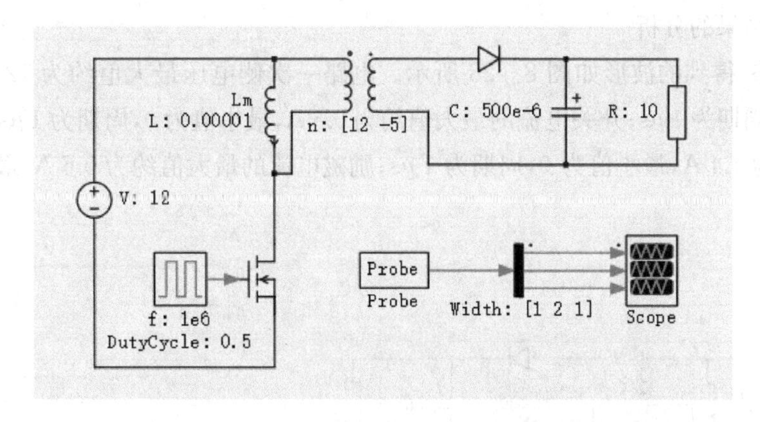

图 8-24　Flyback 变换器的 CCM 模式仿真模型

2）仿真结果的分析

运行电路，得到的波形如图 8-25 所示。电路一次侧电压最大值约为 12 V，最小值约为−12 V，周期为 1 μs；开关电流的最大值约为 0.7 A，最小值为 0，周期为 1 μs；二极管电流的最大值约为 1.7 A，最小值为 0，周期为 1 μs；励磁电流的最大值约为 0.7 A，最小值为 0，周期为 1 μs。测量电阻两端电压，得到输出电压波形如图 8-26 所示。

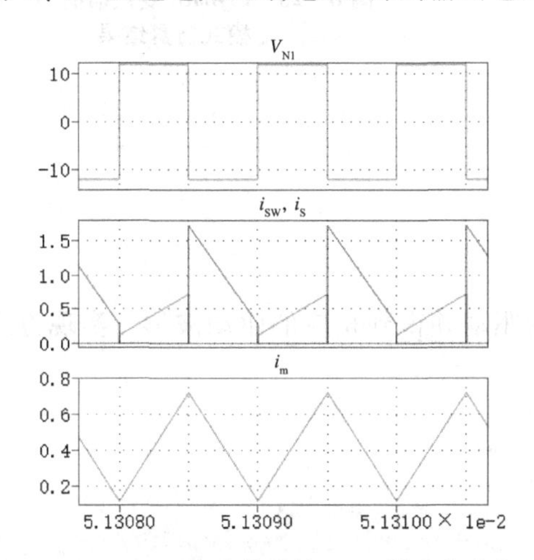

图 8-25　Flyback 变换器的 CCM 模式仿真结果

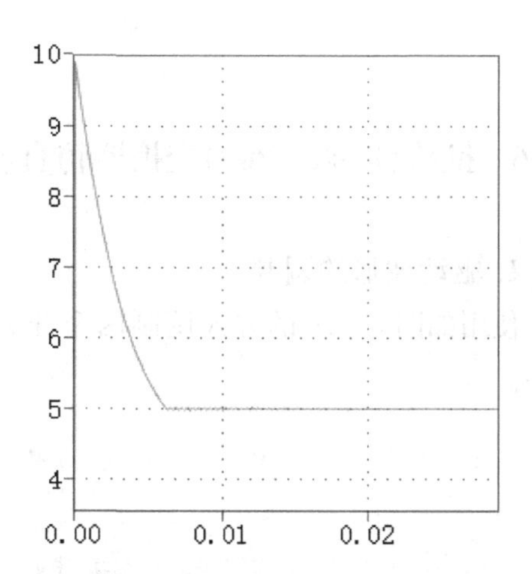

图 8-26　电阻两端输出电压波形

由电压增益公式得 $V_O = V_D \dfrac{N_2}{N_1}\dfrac{D}{1-D} = 12 \times \dfrac{5}{12} \times \dfrac{0.5}{1-0.5} = 5\ \text{V}$。

2. Flyback 变换器的 DCM 模式仿真

1）仿真模型的搭建

参照图 8-27 完成参数的设置。使用 12 V 直流电源，开关频率 f 为 1 MHz，占空比为 0.5，变压器绕组比 n 为[12　−5]，电感 L 选用 10 μH，电容 C 选用 500 μF，电阻 R 为 20 Ω。使用示波器观察电路一次侧电压 v_{N1}、开关电流 i_S、二极管电流 i_{SW} 及励磁电流 i_m 的波形。

2）仿真结果的分析

运行电路，得到的波形如图 8－28 所示。电路一次侧电压最大值约为 12 V，最小值约为－14.4 V，周期为 1 μs；开关电流的最大值约为 0.6 A，最小值为 0，周期为 1 μs；二极管电流的最大值约为 1.4 A，最小值为 0，周期为 1 μs；励磁电流的最大值约为 0.6 A，最小值为 0，周期为 1 μs。

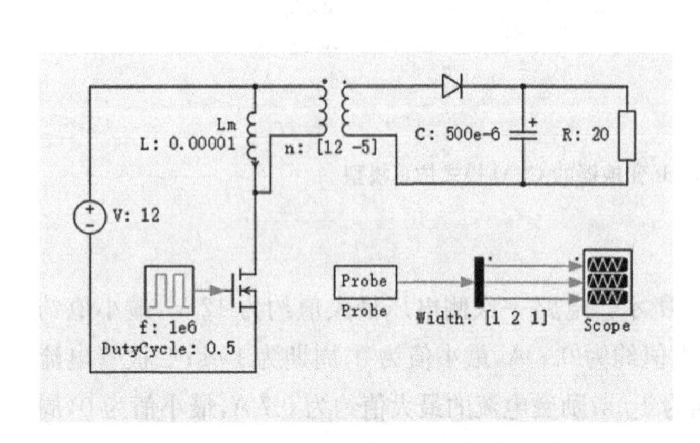

图 8－27　Flyback 变换器的 DCM 模式仿真模型

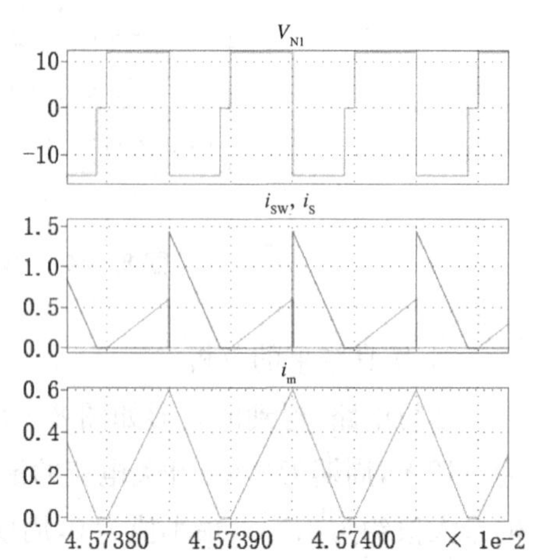

图 8－28　Flyback 变换器的 DCM 模式仿真结果

8.1.6　推挽(Push－Pull)变换器仿真实验

1. 驱动波形的调制

使用如图 8－29 的方式调制两个开关管的驱动并得到相应的驱动波形。实现方式不唯一。

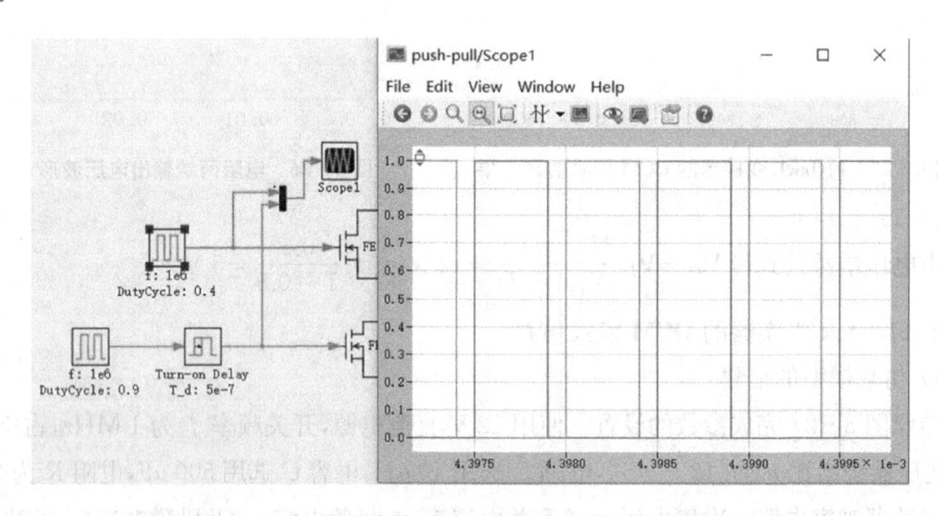

图 8－29　Push－Pull 变换器的开关管的驱动及其对应驱动波形

2. 仿真模型的搭建

参照图8-30完成参数的设置。使用12 V直流电源，开关频率 f 为1 MHz，FET1驱动信号的占空比为0.4，FET2驱动信号的占空比为0.9，输入延迟 T_d 为0.5 μs，变压器绕组比 n 为[−12　5]，电感 L 选用5 μH，电容 C 选用5 μF，电阻 R 为20 Ω。使用示波器观察电路电感电流、3个不同二极管(D3、D4、D5)的电流 i_{DR1}、i_{DR2}、i_{DFW} 的波形。

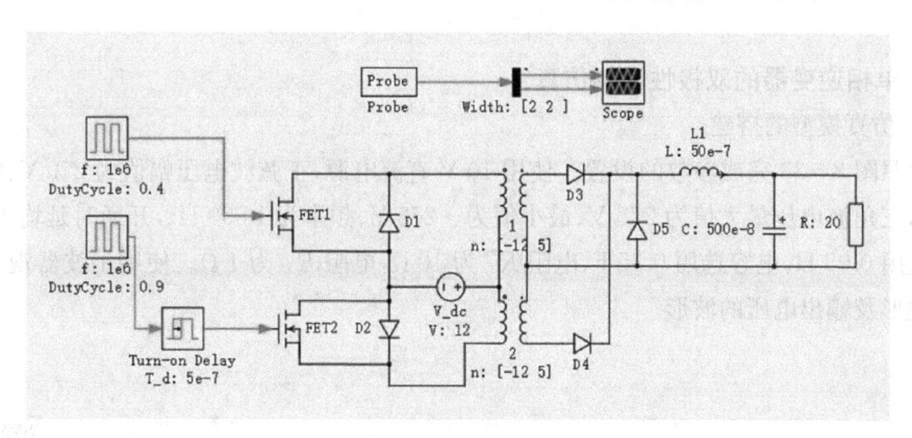

图8-30　Push-Pull变换器电路的仿真模型

3. 仿真结果的分析

运行电路，得到的波形如图8-31所示。电路电感电流的最大值约为0.24 A，最小值约为0.16 A，周期为0.5 μs；二极管D5的电流幅值约为0.24 A，周期为0.5 μs；二极管D3、D4的电流幅值均为0.24 A，周期均为1 μs，且相位相差π。

测量电阻两端电压，得到输出电压波形如图8-32所示。

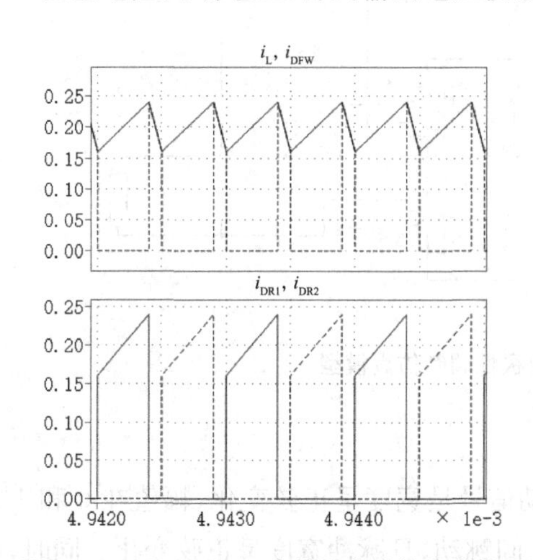

图8-31　Push-Pull变换器电路的仿真结果

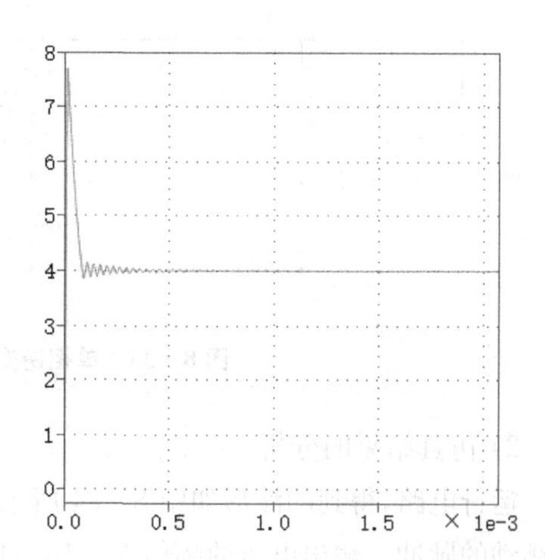

图8-32　电阻两端输出电压波形

由电压增益公式得 $V_O = V_D \times 2 \times \dfrac{N_2}{N_1} \times \dfrac{t_{on}}{T} = 12 \times 2 \times \dfrac{5}{12} \times 0.4 = 4$ V。

8.2 DC - AC 变换器

8.2.1 单相逆变器仿真实验

1. 单相逆变器的双极性调制仿真

1) 仿真模型的搭建

参照图 8 - 33 完成参数的设置。使用 10 V 直流电源，正弦波电压幅值为 220 V、频率为 50 Hz，三角波电压最大值为 275 V、最小值为 −275 V、频率为 1 050 Hz，开通时延均为 1 μs，电感选用 0.05 H，电容选用 0.35 F，电阻 R_1 为 10 Ω，电阻 R_2 为 1 Ω。使用示波器观察电路调制波形及输出电压的波形。

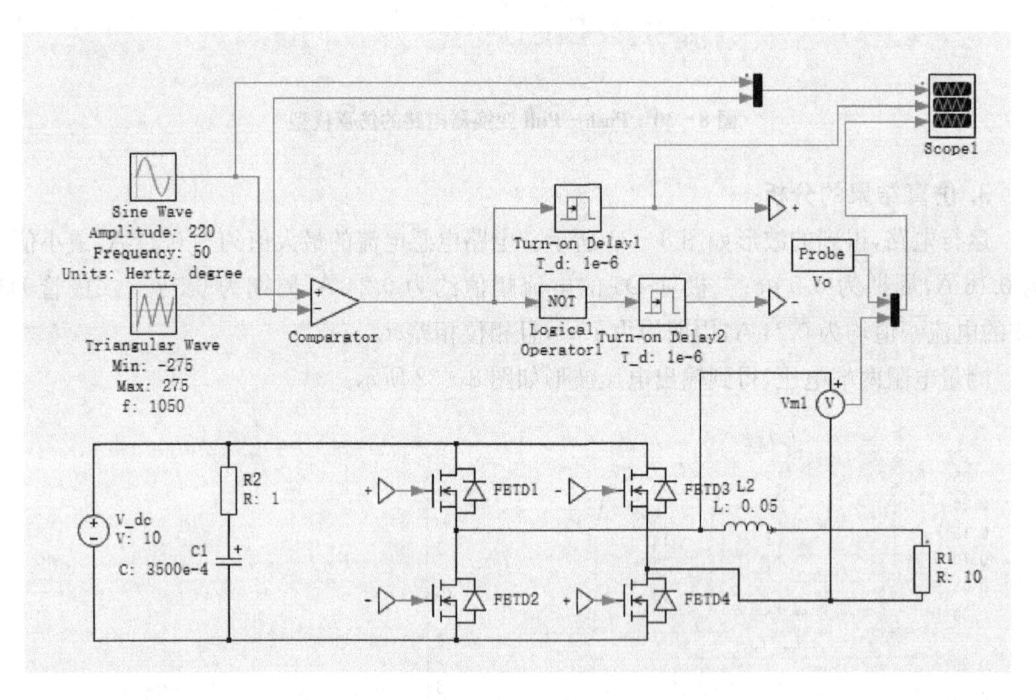

图 8 - 33 单相逆变器的双极性调制仿真模型

2) 仿真结果的分析

运行电路，得到的波形如图 8 - 34 所示。驱动信号是宽度呈正弦变化、幅值在 0 和 1 之间跳动的脉冲。输出电压的幅值在 −10～10 V 之间跳动，且脉冲宽度呈正弦变化。同时，在一个开关周期内，输出电压有正负两种极性。使用示波器中的傅里叶分析按钮，根据所测频率基波设置频率（f：50 Hz）。对输出电压波形进行傅里叶分析，可以得到图 8 - 35 所示结果。

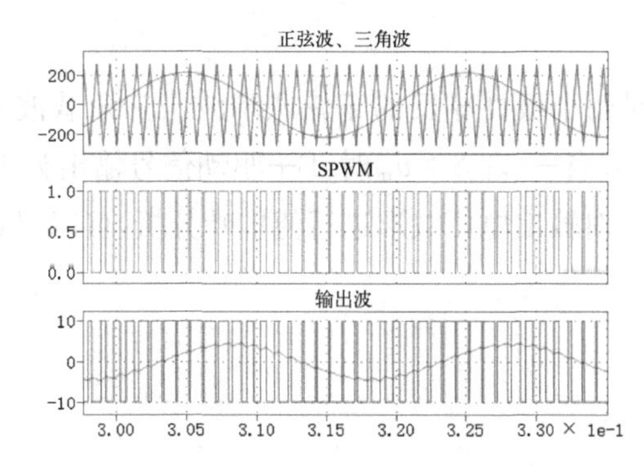

图 8－34　单相逆变器的双极性调制仿真结果

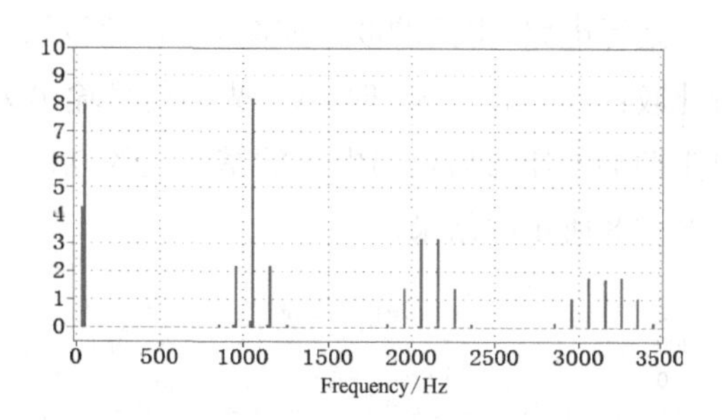

图 8－35　单相逆变器的双极性调制仿真输出电压波形的傅里叶分析

由图 8－35 可见，双极性调制谐波主要为 m_f 倍即 1 050 Hz，且只含有奇次谐波。

2. 单相逆变器的单极性倍频调制仿真

1）仿真模型的搭建

参照图 8－36 完成参数的设置。使用 10 V 直流电源，正弦波电压幅值为 220 V、频率为 50 Hz，三角波信号发生器电压最大值为 275 V、最小值为－275 V、频率为 1 050 Hz，开通时延均为 1 μs，电感选用 0.05 H，电容选用 0.35 F，电阻 R_1 为 10 Ω，电阻 R_2 为 1 Ω。使用示波器观察电路调制波形及输出电压(resistor voltage)的波形。

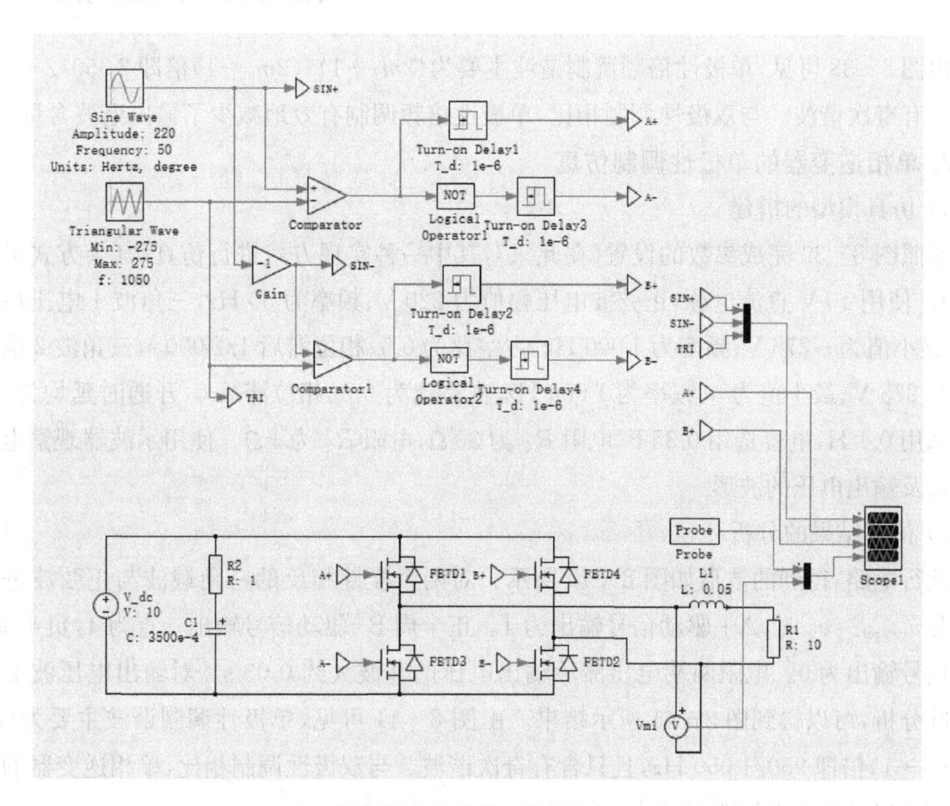

图 8－36　单相逆变器的单极性倍频调制仿真模型

2) 仿真结果的分析

运行电路,得到的波形如图 8-37 所示。对两个极性相反的正弦调制波与三角载波进行比较:当 $v_{control}>v_{tri}$时,A+驱动信号输出为 1;当$-v_{control}>v_{tri}$时,B+驱动信号输出为 1。电阻两端电压滞后输出电压的基波大约 0.03 s。对输出电压波形进行傅里叶分析,可以得到图 8-38 所示的结果。

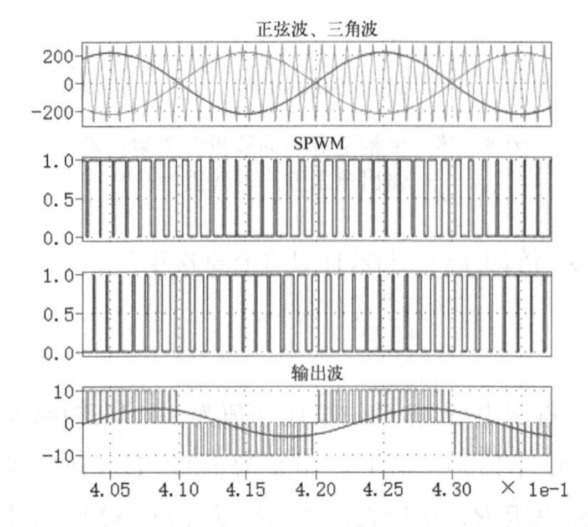

图 8-37 单相逆变器的单极性倍频调制仿真结果

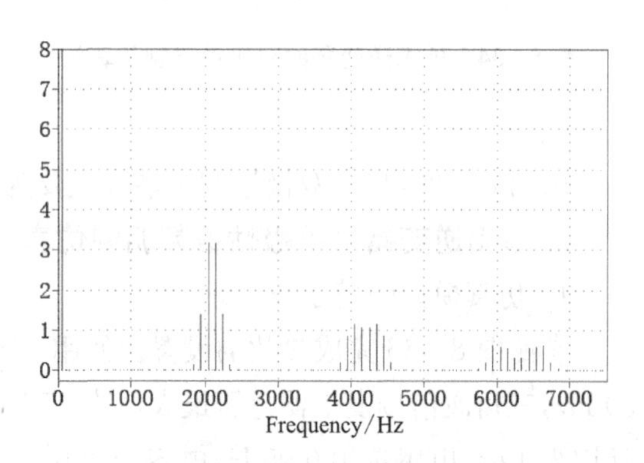

图 8-38 单相逆变器的单极性倍频调制仿真输出电压波形的傅里叶分析

由图 8-38 可见,单极性倍频调制谐波主要为$(2m_f+1)/(2m_f-1)$倍即 2 050/2 150 Hz,且只含有奇次谐波。与双极性调制相比,单极性倍频调制有效地减少了输出谐波含量。

3. 单相逆变器的单极性调制仿真

1) 仿真模型的搭建

参照图 8-39 完成参数的设置(在此只对其中一种实现方式进行仿真,其余方式可自行尝试)。使用 10 V 直流电源,正弦波电压幅值为 220 V、频率为 50 Hz,三角波 1 电压最大值为 0、最小值为-275 V、频率为 1 000 Hz、占空比为 0.5、相位滞后 1/2 000 s,三角波 2 电压最大值为 275 V、最小值为 0、频率为 1 000 Hz、占空比为 0.5、相位滞后 0,开通时延均为 1 μs,电感选用 0.1 H,电容选用 0.35 F,电阻 R_1 为 30 Ω,电阻 R_2 为 1 Ω。使用示波器观察电路调制波形及输出电压的波形。

2) 仿真结果的分析

运行电路,得到的波形如图 8-40 所示。对两个极性相反的三角载波与正弦波进行比较:当 $v_{control}>v_{tri}$时,A+驱动信号输出为 1。正半周 B-驱动信号输出一直为 1,负半周 B-驱动信号输出为 0。电阻两端电压滞后输出电压的基波大约 0.03 s。对输出电压波形进行傅里叶分析,可以得到图 8-41 所示结果。由图 8-41 可见,单极性调制谐波主要为$(m_f+1)/(m_f-1)$倍即 950/1 050 Hz,且只含有奇次谐波。与双极性调制相比,单相逆变器的单极性调制输出的高次谐波明显减小。

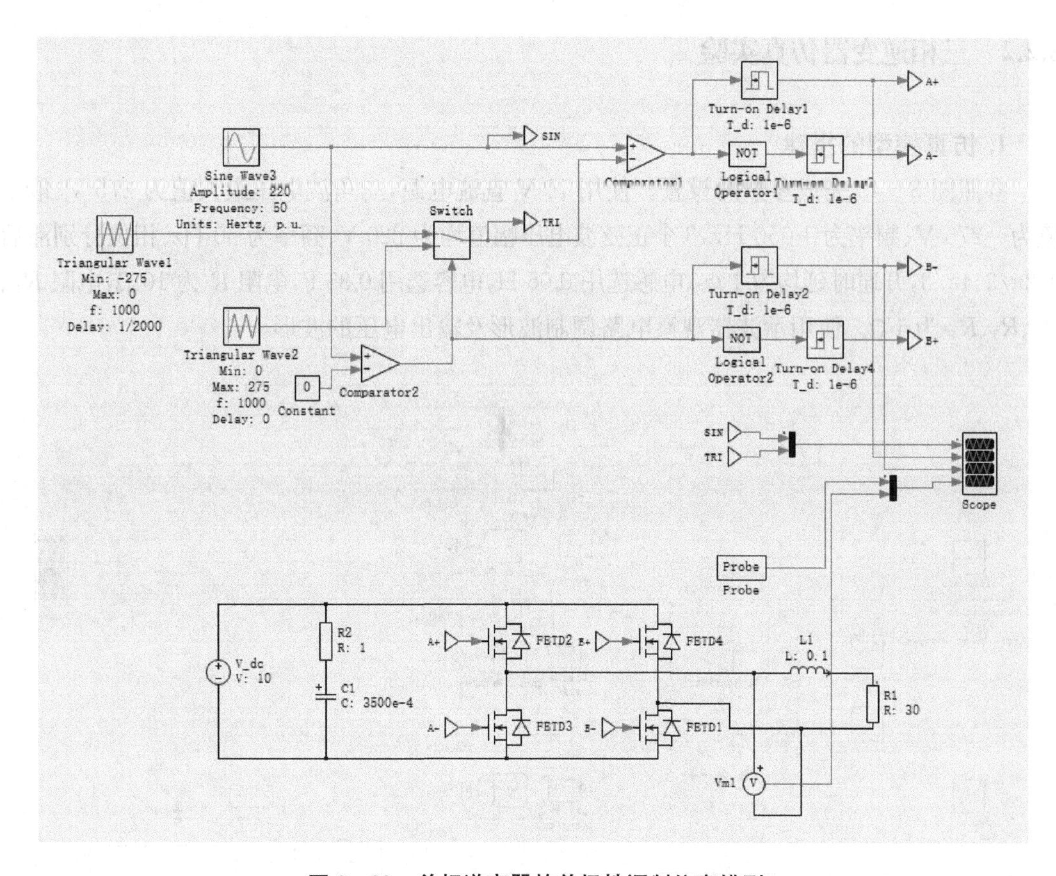

图 8-39 单相逆变器的单极性调制仿真模型

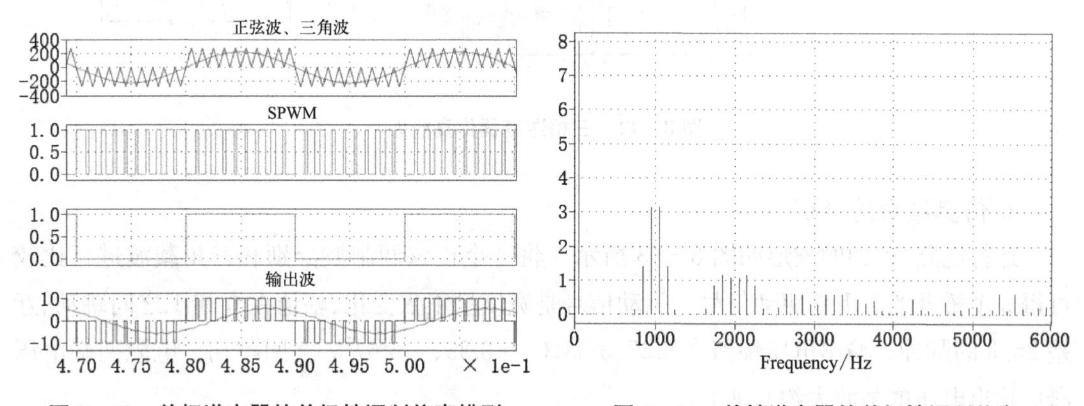

图 8-40 单相逆变器的单极性调制仿真模型

图 8-41 单性逆变器的单极性调制仿真输出电压波形的傅里叶分析

需注意以上各方式中输出波形的正弦波均为电阻两端电压，而非输出波形的基波。因此与输出波形有一定相移，相移角度的大小与滤波电路有关。

8.2.2 三相逆变器仿真实验

1. 仿真模型的搭建

参照图 8－42 完成参数的设置。使用 10 V 直流电源，三角波电压最大值为 275 V、最小值为－275 V、频率为 1 050 Hz，3 个正弦波电压幅值均为 220 V、频率为 50 Hz、相位分别滞后 0、2π/3、4π/3，开通时延均为 1 μs，电感选用 0.05 H，电容选用 0.35 F，电阻 R 为 10 Ω，电阻 R_1、R_2、R_3、R_4 为 1 Ω。使用示波器观察电路调制波形及输出电压的波形。

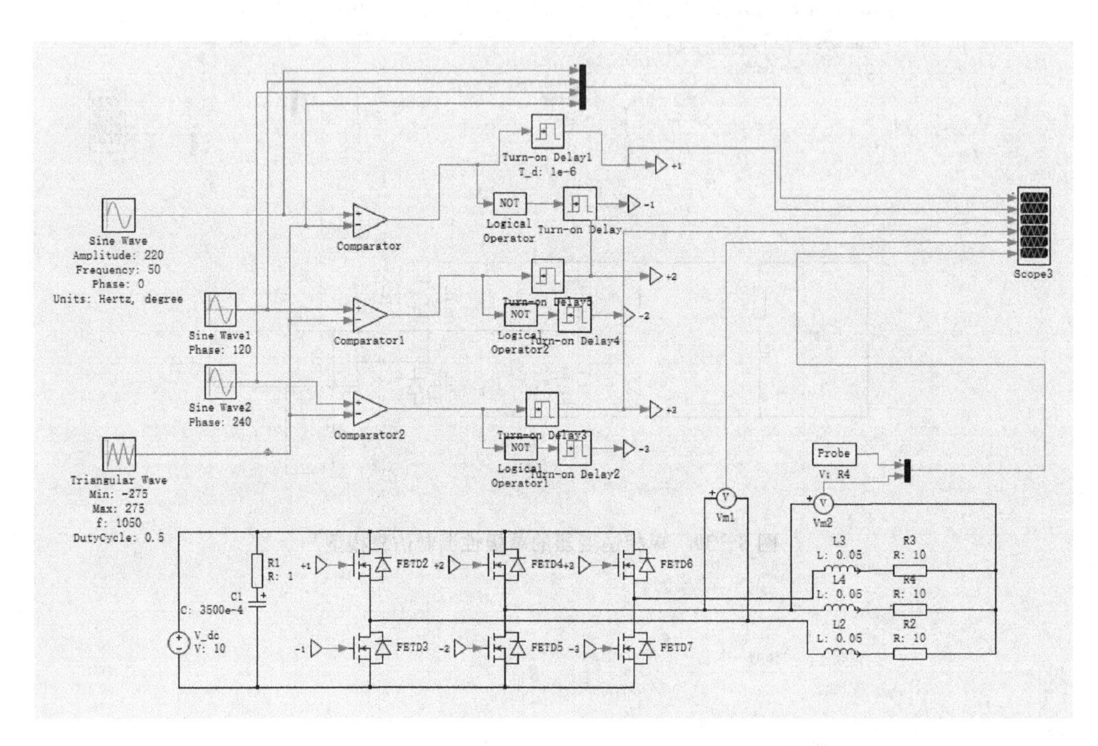

图 8－42 三相逆变器仿真模型

2. 仿真结果的分析

运行电路，得到的波形如图 8－43 所示。将 3 个正弦调制波分别和三角载波进行比较可得 3 个桥臂的上下管驱动信号。驱动信号是宽度呈正弦变化、幅值在 0 和 1 之间跳动、互差 2π/3 的脉冲。输出电压幅值在 6.67、3.33、0、－3.33、－6.67 V 之间跳动。电阻两端电压滞后输出电压的基波大约 0.004 s。

与单相逆变器相似，三相逆变器输出相电压的基波波形无法测得，但与负载电阻电压波形类似，只相差一个相位角。对输出线电压波形进行傅里叶分析，可以得到图 8－44 所示结果。由图 8－44 可见，由于 $m_f=21$ 为奇数且为 3 的倍数，输出谐波只含有奇次谐波且不含 3 的倍数次谐波。

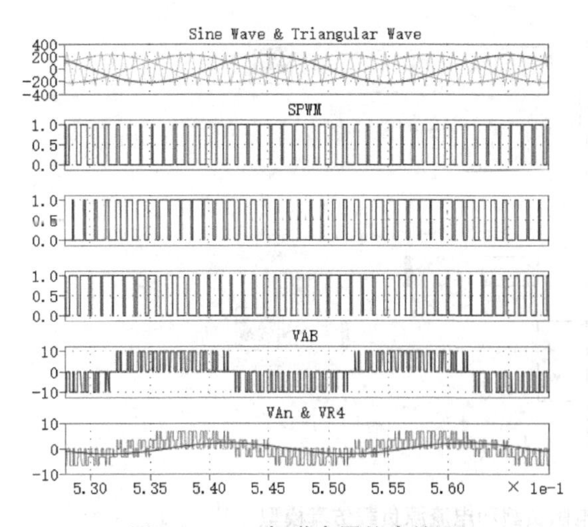

图 8-43　三相逆变器仿真结果

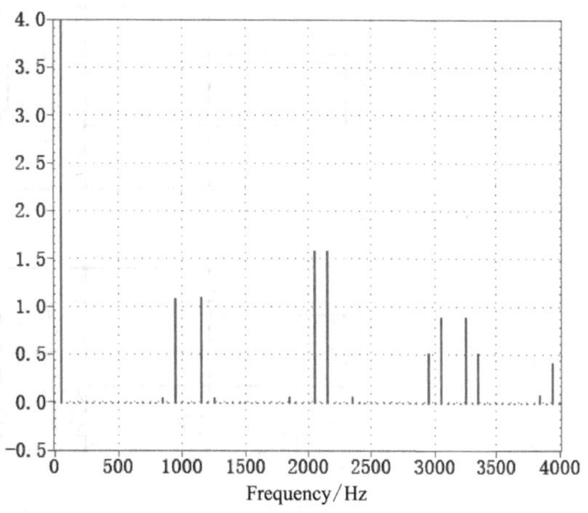

图 8-44　三相逆变器仿真输出线电压波形的傅里叶分析

8.3　AC-DC 变换器

8.3.1　单相桥式二极管整流电路仿真实验

1. 输入电感为 0 的电阻负载和电流源负载仿真实验

1）仿真模型的搭建

参照图 8-45 完成参数的设置。电阻负载仿真使用幅值为 1 V、频率为 100π(rad/s)的交流电源，电阻为 2 Ω；电流源负载仿真使用幅值为 2 V、频率为 100π(rad/s)的交流电源，电流源为 1 A。使用示波器观察输入电压(sourse voltage)、输入电流(sourse current)、输出电压、输出电流的波形。

2）仿真结果的分析

运行电路，得到的波形如图 8-46 和图 8-47 所示。在电阻负载时，输入电压波形是幅值为 1 V、周期为 0.02 s 的正弦波，输入电流波形是幅值为 0.5 A、周期为 0.02 s 的正弦波。在交流输入电压的正半周内，输出波形与输入波形极性相同；在交流输入电压的负半周内，输出波形与输入波形极性相反。在电流源负载时，输入电压波形是幅值为 2 V、周期为0.02 s 的正弦波，输入电流波形是幅值为 1 A、周期为 0.02 s 的方波；正半周波形重合，负半周波形相反。在交流输入电压的正半周内，输出波形与输入波形极性相同；在交流输入电压的负半周内，输出波形与输入波形极性相反。对电流源负载的输入电流波形进行傅里叶分析，可以得到图 8-48 所示结果。由图 8-48 可见，输入电流中只含有奇次谐波。

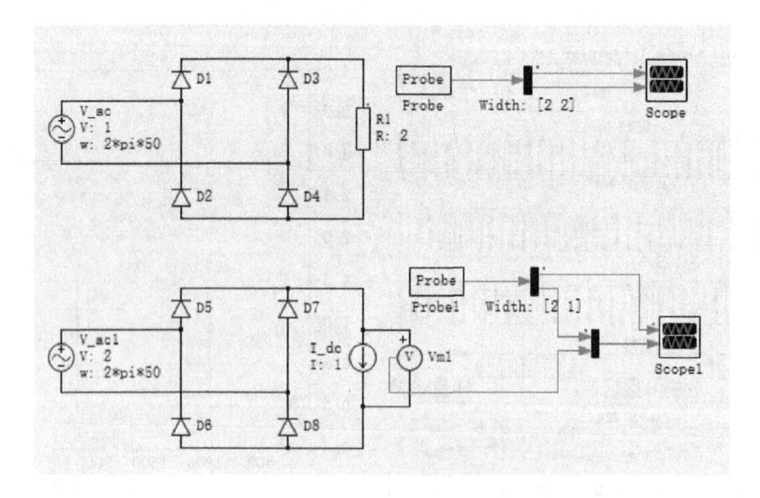

图 8-45　输入电感为 0 的电阻负载和电流源负载仿真模型

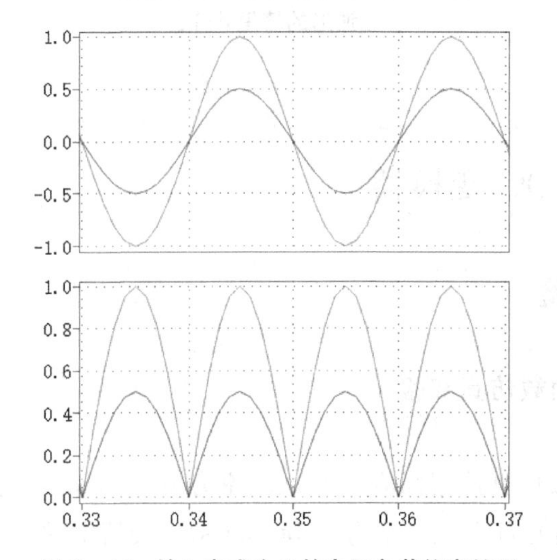

图 8-46　输入电感为 0 的电阻负载仿真结果

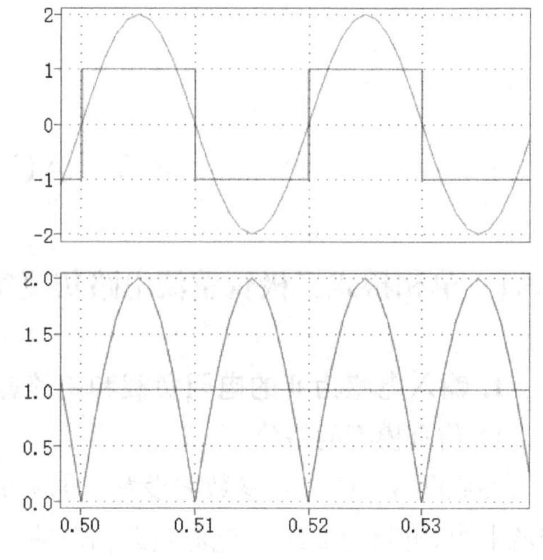

图 8-47　输入电感为 0 的电流源负载仿真结果

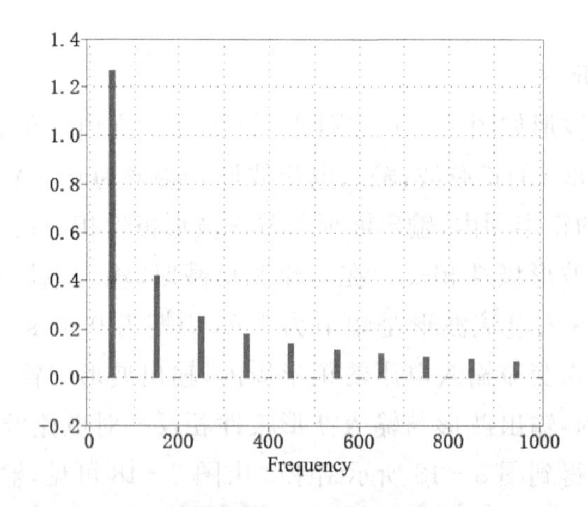

图 8-48　电流源负载的输入电流波形的傅里叶分析

2. 输入电感不为 0 的电流源负载仿真实验

1）仿真模型的搭建

参照图 8－49 完成参数的设置。使用幅值为 220 V、频率为 100π(rad/s)的交流电源，电感选用 0.01H，电阻为 100 Ω，电流源为 20 A。在电流源旁并联一电阻是为了防止电感与电流源直接串联。使用示波器观察输出电压 V_D、电感电压 V_L、输入电流 i_s、二极管电流 i_{D1} 和 i_{D3} 的波形。

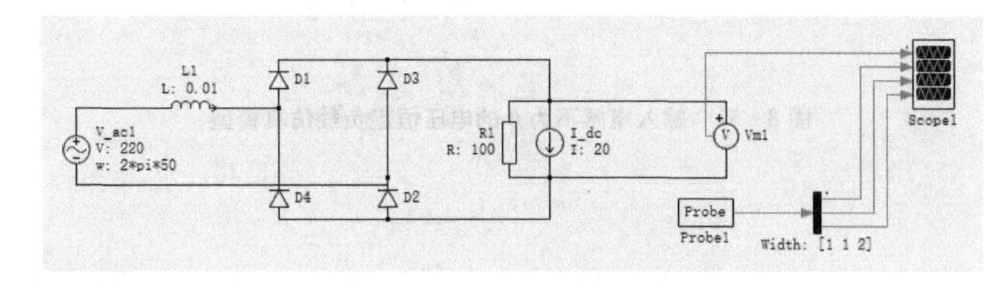

图 8－49　输入电感不为 0 的电流源负载仿真模型

2）仿真结果的分析

运行电路，得到的波形如图 8－50 所示。输出电压幅值约为 220 V，周期为 0.01 s，换流时间约为 0.004 s；电感电压幅值约为 200 V，周期为 0.02 s；输入电流幅值约为 26 A，周期为 0.02 s；二极管电流波形幅值约为 22 A，周期为 0.02 s，且 D1 和 D3 的电压波形极性相反。

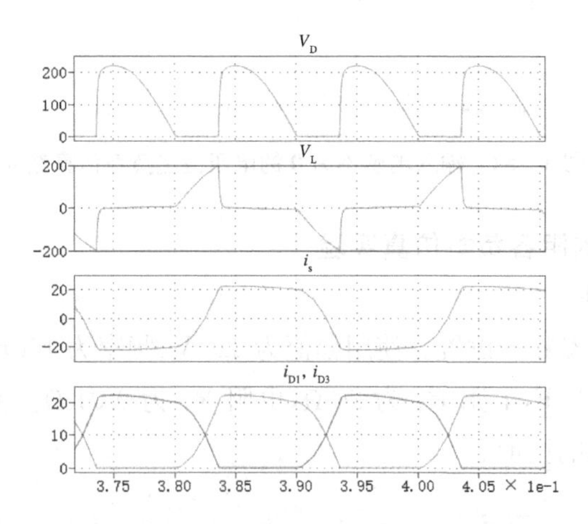

图 8－50　输入电感不为 0 的电流源负载仿真结果

3. 输入电感不为 0 的电压恒定负载仿真实验

1）仿真模型的搭建

参照图 8－51 完成参数的设置。使用幅值为 220 V、频率为 100π(rad/s)的交流电源，电感选用 0.001 H，电压源选用 190 V。使用示波器观察输入电压、输出电流、电感电压的波形。

2）仿真结果的分析

运行电路，得到的波形如图 8－52 所示。输入电压幅值约为 220 V，周期为 0.01 s；输出电流幅值约为 65 A，周期为 0.01 s；电感电压幅值约为 105 V，周期为 0.02 s。

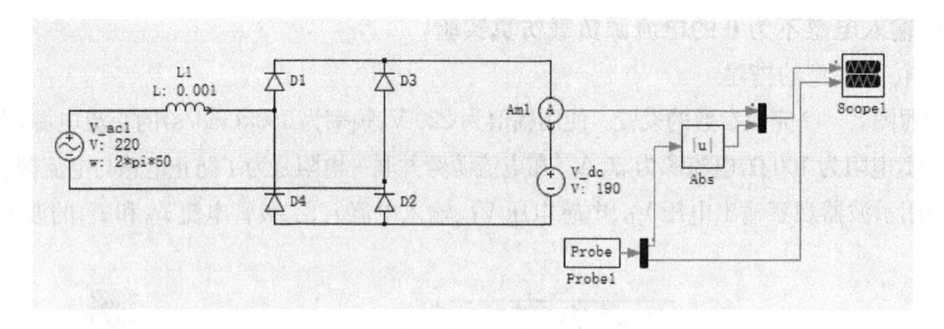

图 8－51　输入电感不为 0 的电压恒定负载仿真模型

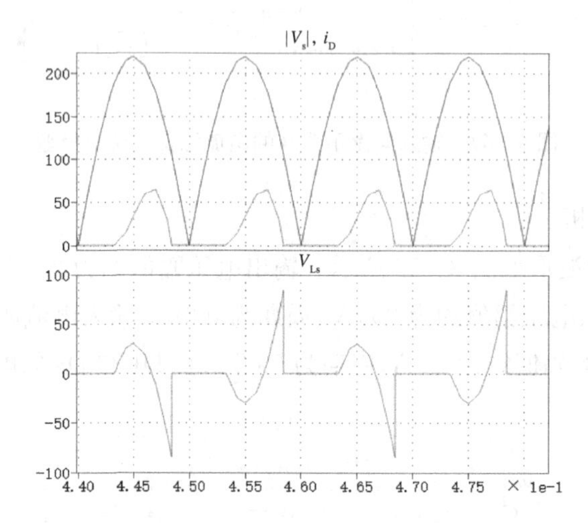

图 8－52　输入电感不为 0 的电压恒定负载仿真结果

4. 输入电感为 0 的阻容负载仿真实验

1）仿真模型的搭建

参照图 8－53 完成参数的设置。使用幅值为 220 V、频率为 100π(rad/s)的交流电源，电感选用 0，电容选用 0.005 F，电阻 R_1 为 20 Ω，电阻 R_2 为 0.01 Ω。使用示波器观察输出电压、输入电流、输入电压的波形。

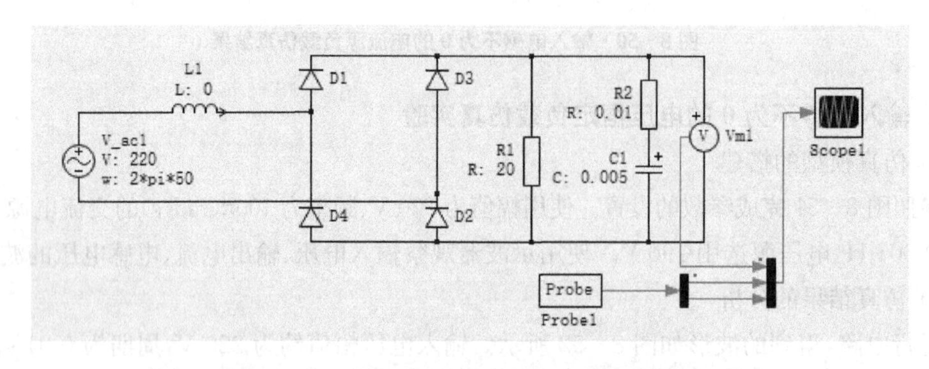

图 8－53　输入电感为 0 的阻容负载仿真模型

2）仿真结果的分析

运行电路，得到的波形如图 8－54 所示。输入电压幅值约为 220 V，周期为 0.02 s；输入电流幅值约为 128 A，周期为 0.02 s；输出电压最大值约为 220 V，最小值约为 201 V，周期为 0.01 s。

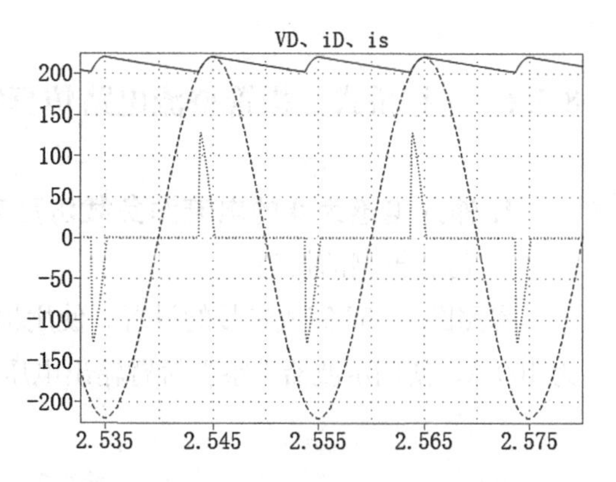

图 8－54　输入电感为 0 的阻容负载仿真结果

5. 输入电感不为 0 的阻容负载仿真实验

1）仿真模型的搭建

参照图 8－55 完成参数的设置。使用幅值为 220 V、频率为 100π(rad/s)的交流电源，电感选用 0.01 H，电容选用 0.005 F，电阻 R_1 为 20 Ω，电阻 R_2 为 0.01 Ω。使用示波器观察输出电压、输入电流、输入电压的波形。

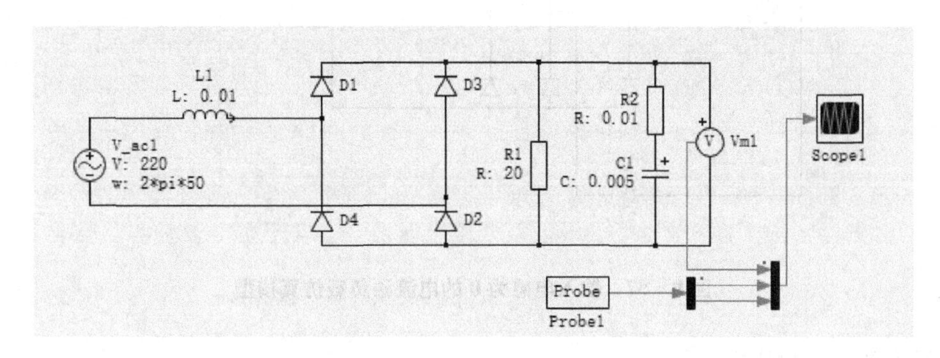

图 8－55　输入电感不为 0 的阻容负载仿真模型

2）仿真结果的分析

运行电路，得到的波形如图 8－56 所示。输入电压幅值约为 220 V，周期为 0.02 s；输入电流幅值约为 20 A，周期为 0.02 s；输出电压最大值约为 165 V，最小值约为 158 V，周期为 0.01 s。

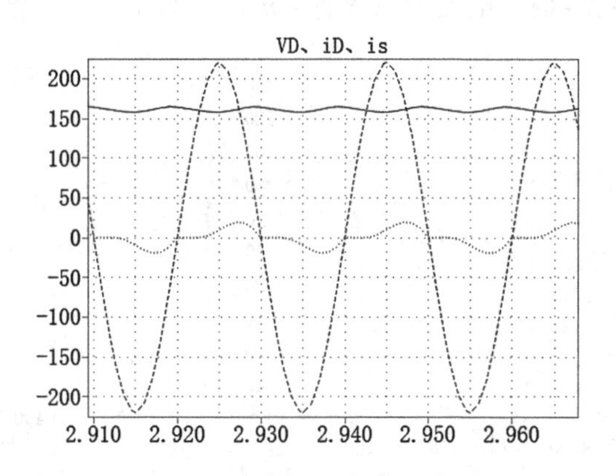

图 8－56　输入电感不为 0 的阻容负载仿真结果

8.3.2 三相桥式二极管整流电路仿真实验

1. 输入电感为 0 的电流源负载仿真实验

1）仿真模型的搭建

参照图 8-57 完成参数的设置。使用幅值为 220 V、频率为 50 Hz 的三相交流电源，电流源为 100 A。使用示波器观察上桥臂输出电压、直流侧输出电压、输入电压、输入电流的波形。

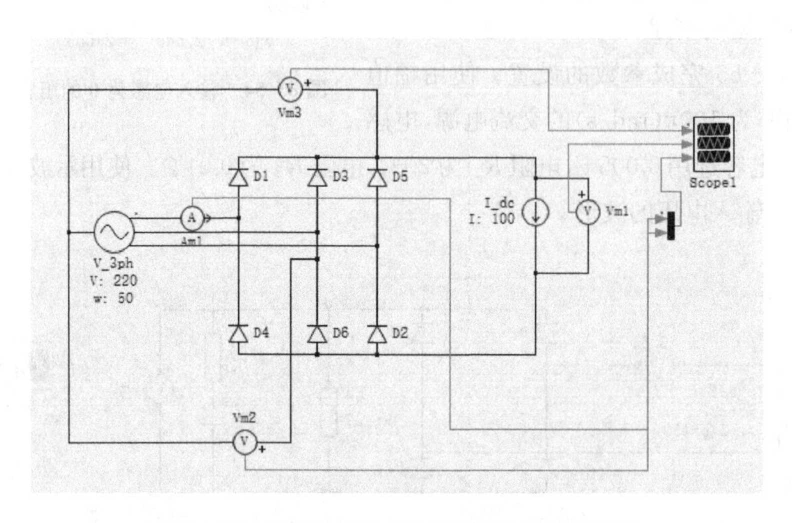

图 8-57 输入电感为 0 的电流源负载仿真模型

2）仿真结果的分析

运行电路，得到的波形如图 8-58 所示。三相桥式整流电路的上桥臂输出电压最大值约为 220 V，最小值约为 110 V，周期约为 0.006 7 s；直流侧输出电压最大值约为 380 V，最小值约为 330 V，周期为 0.003 3 s；输入电压幅值为 220 V，周期为 0.02 s；输入电流幅值为 100 A，周期为 0.02 s。对电流源负载的输入电流波形进行傅里叶分析，可以得到图 8-59 所示结果。由图 8-59 可见，输入电流中只含有(6*n*+1)/(6*n*−1)次谐波，其中 *n* 为正整数。

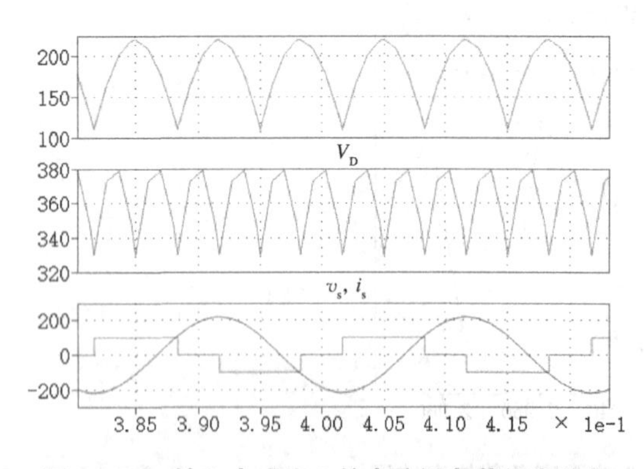

图 8-58 输入电感为 0 的电流源负载仿真结果

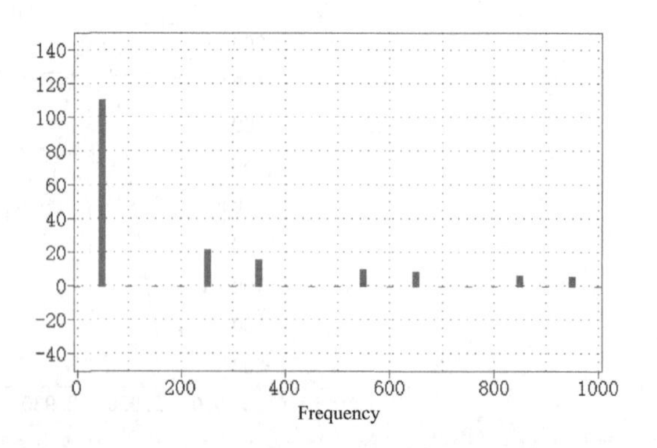

图 8-59 电流源负载输入电流波形的傅里叶分析

2. 输入电感不为 0 的电流源负载仿真实验

1）仿真模型的搭建

参照图 8－60 完成参数的设置。使用幅值为 220 V、频率为 50 Hz 的三相交流电源，电感均选用 0.001 H，电流源为 20 A，电阻为 38 Ω。使用示波器观察上桥臂输出电压、直流侧输出电压、输入电流的波形。

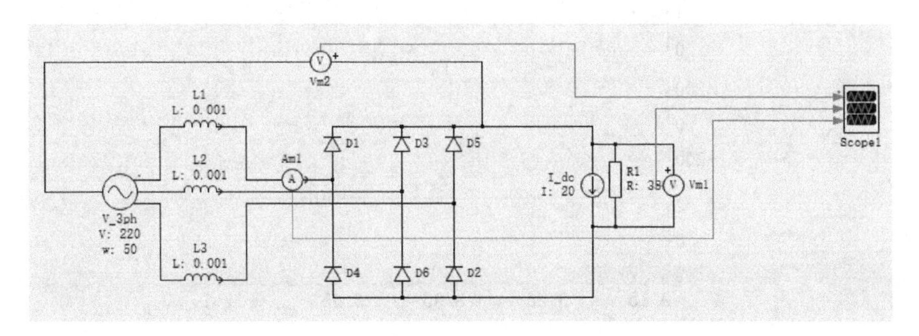

图 8－60　输入电感不为 0 的电流源负载仿真模型

2）仿真结果的分析

运行电路，得到的波形如图 8－61 所示。三相桥式整流电路的上桥臂输出电压最大值约为 220 V，最小值约为 105 V，周期约为 0.006 7 s；直流侧输出电压最大值约为 380 V，最小值约为 316 V，周期为 0.003 3 s；输入电流幅值为 30 A，周期为 0.02 s。

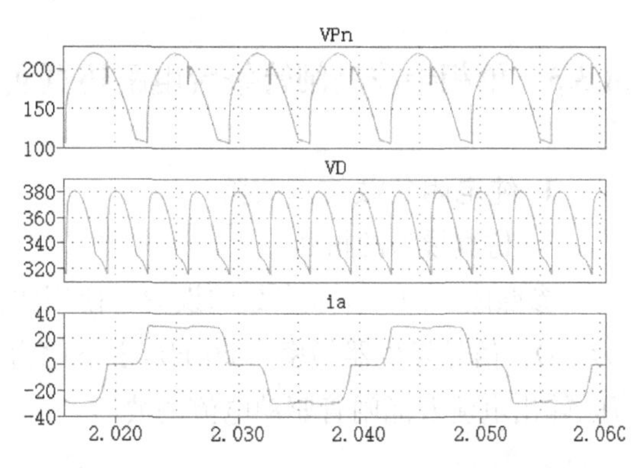

图 8－61　输入电感不为 0 的电流源负载仿真结果

3. 输入电感不为 0 的电压恒定负载仿真实验

1）仿真模型的搭建

参照图 8－62 完成参数的设置。使用幅值为 220 V、频率为 50 Hz 的三相交流电源，电感均选用 1 H，电压源为 375 V。使用示波器观察直流侧电流、输入电压、输入电流的波形。

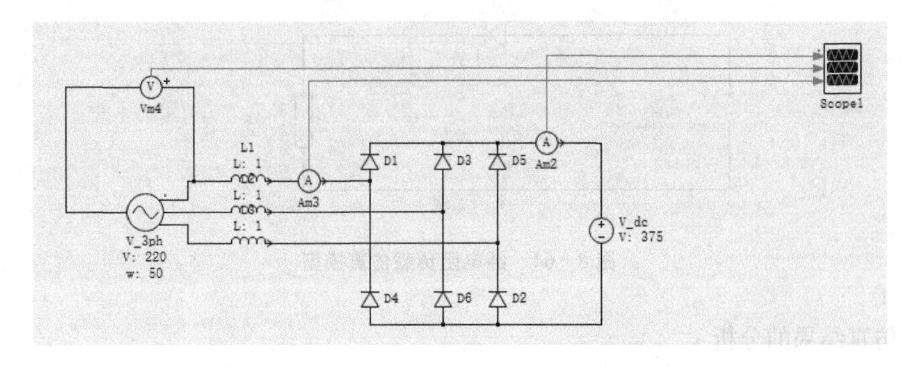

图 8－62　输入电感不为 0 的电压恒定负载仿真模型

2）仿真结果的分析

运行电路，得到的波形如图 8-63 所示。直流侧电流幅值约为 0.002 2 A，周期约为 0.003 3 s；输入电压幅值为 220 V，周期为 0.02 s；输入电流幅值为 0.002 2 A，周期为 0.02 s。

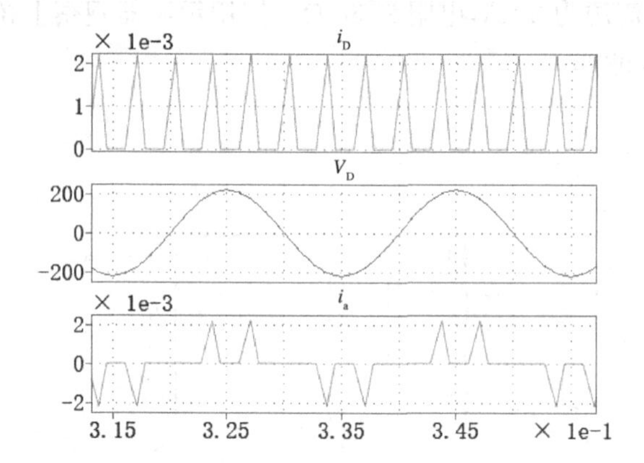

图 8-63　输入电感不为 0 的电压恒定负载仿真结果

8.3.3　单相半波晶闸管整流电路仿真实验

1. 纯电阻负载仿真实验

1）仿真模型的搭建

参照图 8-64 完成参数的设置。使用幅值为 1 V、频率为 100π(rad/s)的交流电源，电阻为 2 Ω。信号发生器频率为 50 Hz，占空比为 0.05，延时为 0.002 s。使用示波器观察输出电压、输出电流及晶闸管驱动电流的波形。

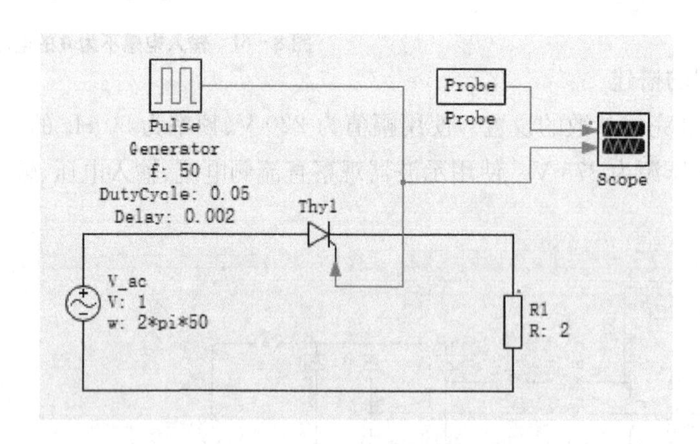

图 8-64　纯电阻负载仿真模型

2）仿真结果的分析

运行电路，得到的波形如图 8-65 所示。输出电压的幅值为 1 V，周期为 0.02 s；输出电流的幅值为 0.5 A，周期为 0.02 s；晶闸管驱动电流的波形是幅值为 1 A、周期为 0.02 s、脉冲宽度为 0.001 s 的脉冲。

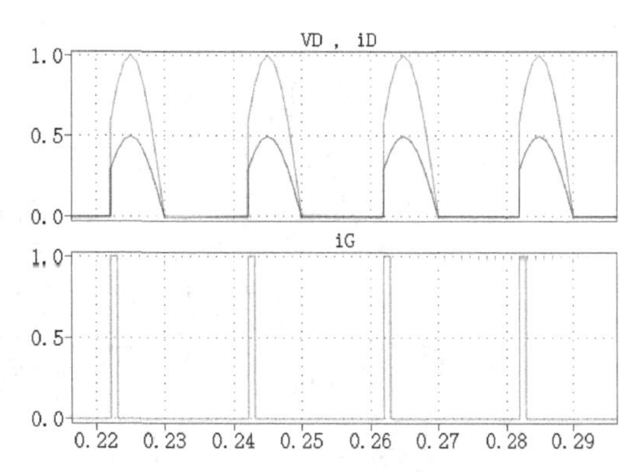

图 8－65　纯电阻负载仿真结果

2. 阻感负载仿真实验

1）仿真模型的搭建

参照图 8－66 完成参数的设置。使用幅值为 1 V、频率为 100π(rad/s) 的交流电源，电阻为 2 Ω，电感选用 0.01 H。信号发生器频率为 50 Hz，占空比为 0.05，延时为 0.002 s。使用示波器观察晶闸管驱动电流、输出电压、电感电压、电阻电压的波形。

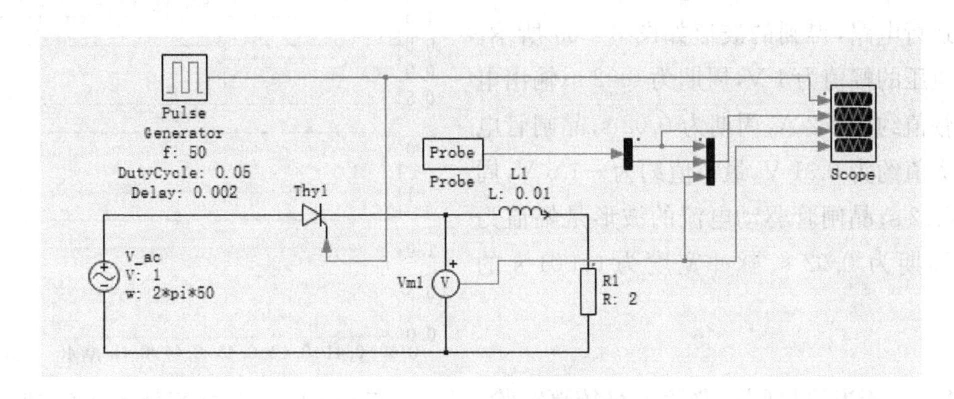

图 8－66　阻感负载仿真模型

2）仿真结果的分析

运行电路，得到的波形如图 8－67 所示。晶闸管驱动电流的波形是幅值为 1 A、周期为 0.02 s、脉冲宽度为 0.001 s 的脉冲；电感电压幅值约为 0.68 V，周期为 0.02 s；电阻电压幅值约为 0.6 V，周期为 0.02 s；输出电压的幅值为 1 V，周期为 0.02 s。

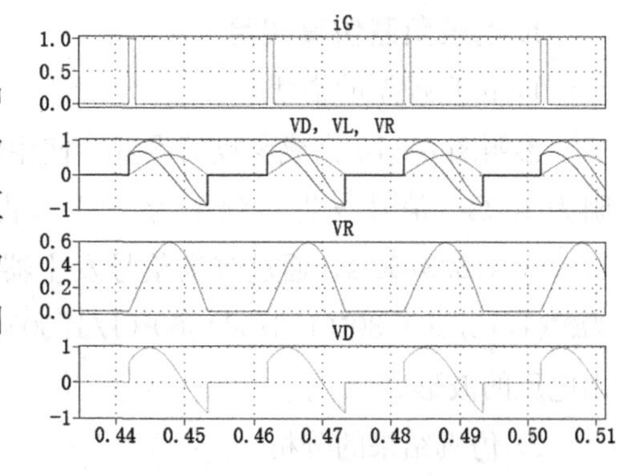

图 8－67　阻感负载仿真结果

3. 电感-电压源负载仿真实验

1）仿真模型的搭建

参照图 8－68 完成参数的设置。使用幅值为 1 V、频率为 100π(rad/s) 的交流电源，电压源选用 0.5 V，电感选用 0.01 H。信号发生器频率为 50 Hz，占空比为 0.05，延时为 0.003 s。使用示波器观察输出电流、输出电压、晶闸管电压(thyristor voltage)、晶闸管驱动电流的波形。

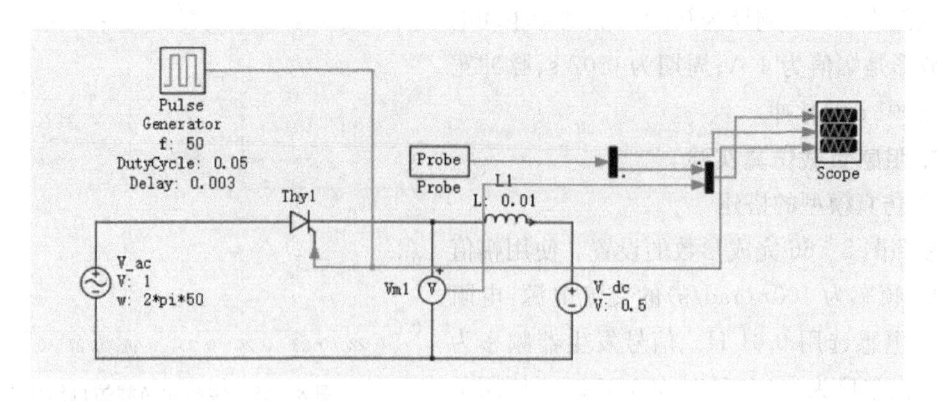

图 8-68 电感-电压源负载仿真模型

2) 仿真结果的分析

运行电路,得到的波形如图 8-69 所示。输出电压的幅值为 1 V,周期为 0.02 s;输出电流的幅值约为 0.2 A,周期为 0.02 s;晶闸管电压最大值约为 0.31 V,最小值约为−1.5 V,周期为0.02 s;晶闸管驱动电流的波形是幅值为 1 A、周期为 0.02 s、脉冲宽度为 0.001 s 的脉冲。

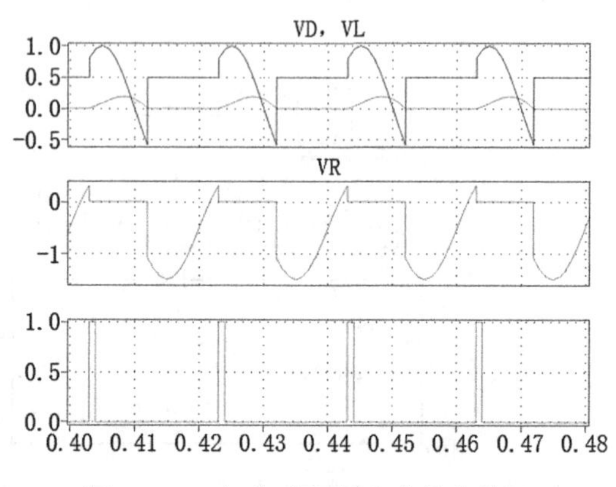

图 8-69 电感-电压源负载仿真结果

8.3.4 三相半波晶闸管整流电路仿真实验

1. 电阻负载仿真实验

1) 仿真模型的搭建

参照图 8-70 完成参数的设置。使用幅值为 220 V、频率为 50 Hz 的三相交流电源,电阻为 40 Ω。信号发生器频率为 50 Hz,占空比为 0.05,b、c 相脉冲延时时间分别设置为 1/3/50 s、2/3/50 s。通过改变信号发生器的延时时间可改变晶闸管触发角,分别取触发角为0°(1/12/50)、30°(1/6/50)、60°(1/4/50)并使用示波器观察输入电压、晶闸管驱动电流、输出电压的波形。

2) 仿真结果的分析

运行电路,得到的波形如图 8-71～图 8-73 所示。

(1) 当 $\alpha=0$ 时,电阻负载仿真结果如图 8-71 所示。输入电压是幅值为 220 V、周期为 0.02 s 的正弦波,且三相电压相位差为 $2\pi/3$;晶闸管驱动电流的波形是幅值为 1 A、周期为 0.02 s、脉冲宽度为 0.001 s 的脉冲,且三相电流相位差为 $2\pi/3$;输出电压最大值为 220 V,最小值为 110 V,周期为 0.006 7 s。

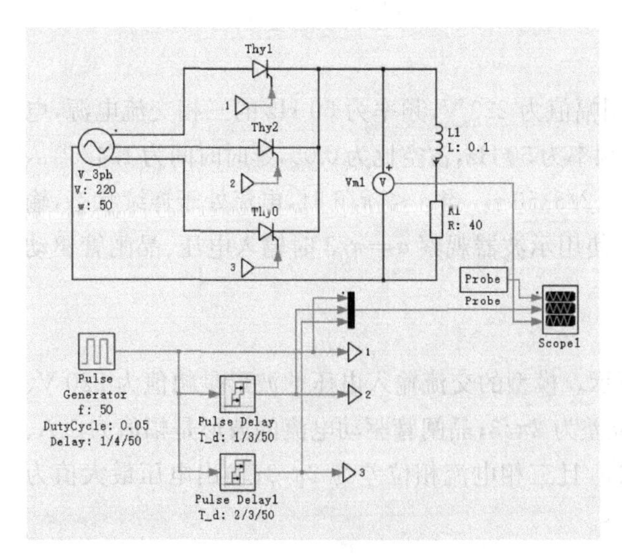

图 8－70　电阻负载仿真模型

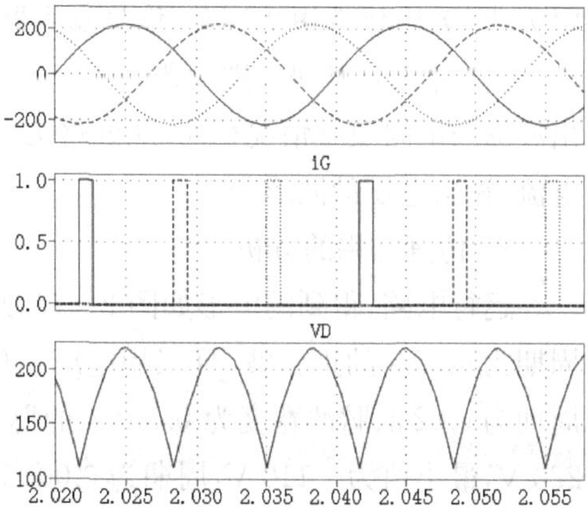

图 8－71　电阻负载仿真结果($\alpha=0$)

(2) 当 $\alpha=\pi/6$ 时，电阻负载仿真结果如图 8－72 所示。输入电压是幅值为 220 V、周期为 0.02 s 的正弦波，且三相电压相位差为 $2\pi/3$；晶闸管驱动电流的波形是幅值为 1 A、周期为 0.02 s、脉冲宽度为 0.001 s 的脉冲，且三相电流相位差为 $2\pi/3$；输出电压幅值为 220 V，周期为 0.006 7 s。

(3) 当 $\alpha=\pi/3$ 时，电阻负载仿真结果如图 8－73 所示。输入电压是幅值为 220 V、周期为 0.02 s 的正弦波，且三相电压相位差为 $2\pi/3$；晶闸管驱动电流的波形是幅值为 1 A、周期为 0.02 s、脉冲宽度为 0.001 s 的脉冲，且三相电流相位差为 $2\pi/3$；输出电压幅值为 220 V，周期为 0.006 7 s。

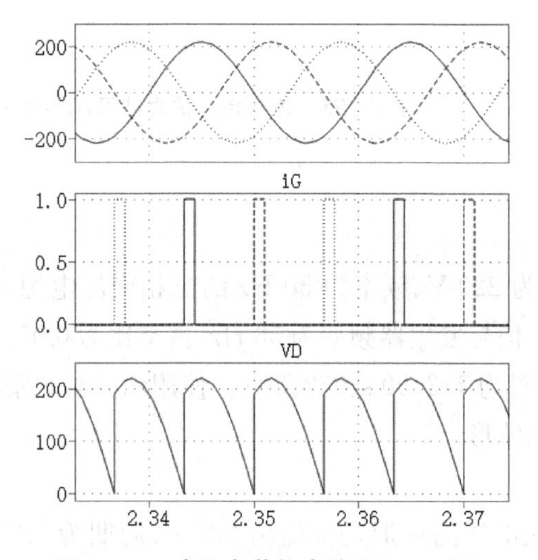

图 8－72　电阻负载仿真结果($\alpha=\pi/6$)

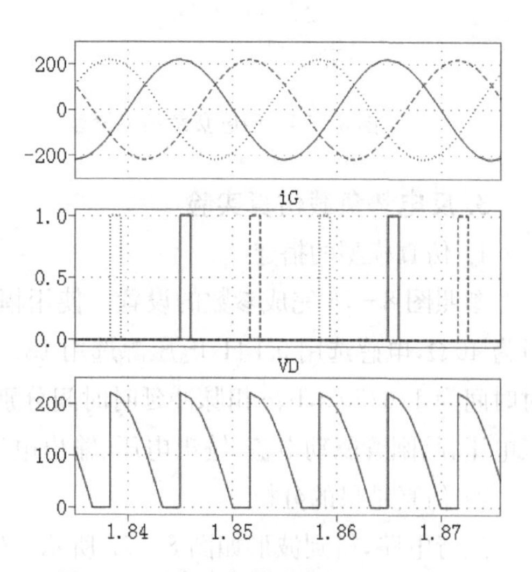

图 8－73　电阻负载仿真结果($\alpha=\pi/3$)

2. 阻感负载仿真实验

1) 仿真模型的搭建

参照图 8-74 完成参数的设置。使用幅值为 220 V、频率为 50 Hz 的三相交流电源，电阻为 40 Ω，电感选用 0.1 H。信号发生器频率为 50 Hz，占空比为 0.05，延时时间为 1/4/50 s，b、c 相脉冲延时时间分别设置为 1/3/50 s、2/3/50 s。当 $\alpha \leqslant \pi/6$ 时，电流处于连续状态，输出波形与电阻负载情况相同，此处略去。使用示波器观察 $\alpha=\pi/3$ 时输入电压、晶闸管驱动电流、输出电压的波形。

2) 仿真结果的分析

运行电路，得到的波形如图 8-75 所示。模型的交流输入电压的波形是幅值为 220 V、周期为 0.02 s 的正弦波，且三相电压相位差为 $2\pi/3$；晶闸管驱动电流的波形是幅值为 1 A、周期为 0.02 s、脉冲宽度为 0.001 s 的脉冲，且三相电流相位差为 $2\pi/3$；输出电压最大值为 220 V，最小值为 −110 V，周期为 0.006 7 s。

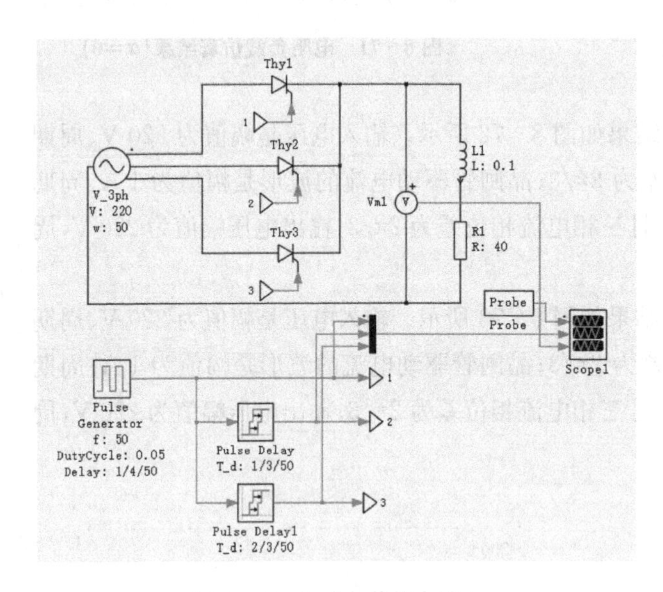

图 8-74　阻感负载仿真模型

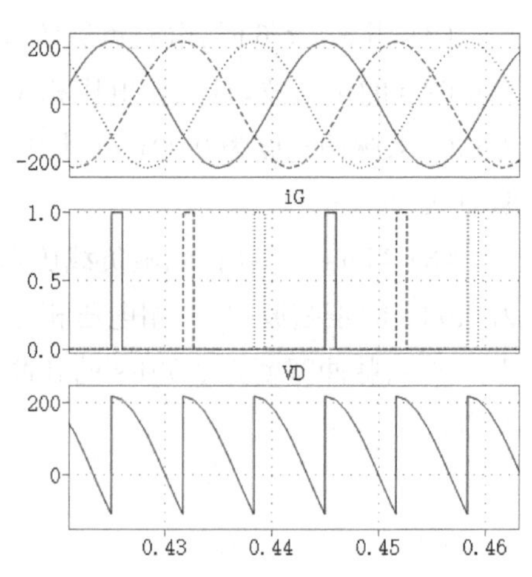

图 8-75　阻感负载仿真结果($\alpha=\pi/3$)

3. 反电势负载仿真实验

1) 仿真模型的搭建

参照图 8-76 完成参数的设置。使用幅值为 220 V、频率为 50 Hz 的三相交流电源，电阻为 40 Ω，电感选用 0.1 H，电压源选用 180 V。信号发生器频率为 50 Hz，占空比为 0.05，延时时间为 1/6/50 s，b、c 相脉冲延时时间分别设置为 1/3/50 s、2/3/50 s。使用示波器观察输入电压、晶闸管驱动电流、输出电压、输出电流的波形。

2) 仿真结果的分析

运行电路，得到波形如图 8-77 所示。输入电压的波形是幅值为 220 V、周期为 0.02 s 的正弦波，且三相电压相位差为 $2\pi/3$；晶闸管驱动电流的波形是幅值为 1 A、周期为 0.02 s、脉冲宽度为 0.001 s 的脉冲，且三相电流相位差为 $2\pi/3$；输出电压最大值为 220 V，最小值约为 120 V，周期为 0.006 7 s；电阻电流幅值约为 0.56 A，周期为 0.006 7 s。

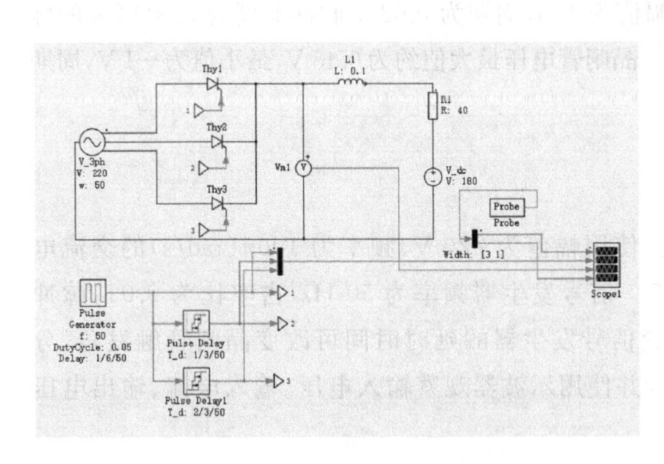

图 8－76　反电势负载仿真模型

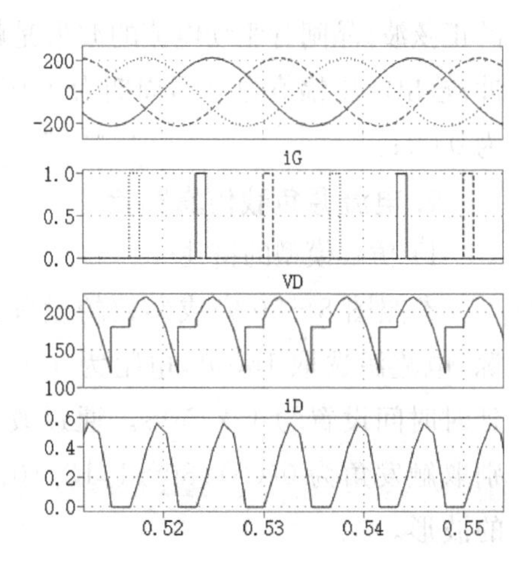

图 8－77　反电势负载仿真结果

8.3.5　单相桥式晶闸管整流电路仿真实验

1. 纯电阻负载仿真实验

1）仿真模型的搭建

参照图 8－78 完成参数的设置。使用幅值为 1 V、频率为 100π(rad/s)的交流电源，电阻为 2 Ω。信号发生器频率为 50 Hz，占空比为 0.01，延时时间为 1/6/50 s，脉冲延时时间设置为 1/2/50 s。使用示波器观察输入电压、晶闸管驱动电流、输出电压、晶闸管电压的波形。

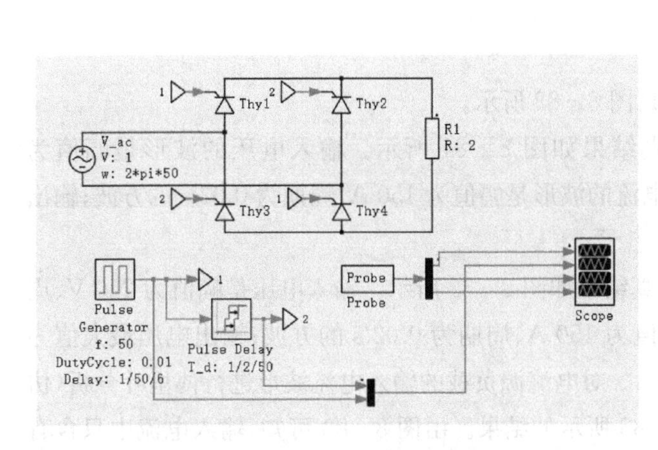

图 8－78　纯电阻负载仿真模型

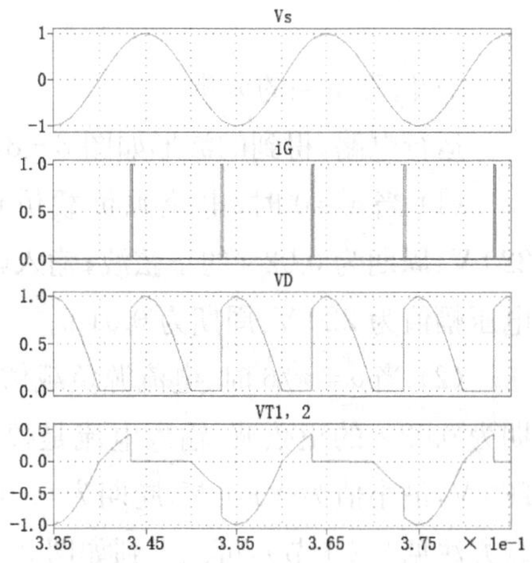

图 8－79　纯电阻负载仿真结果

2）仿真结果的分析

运行电路，得到的波形如图 8－79 所示。输入电压的波形是幅值为 1 V、周期为 0.02 s 的正弦波；晶闸管驱动电流的波形是幅值为 1 A、周期为 0.02 s、脉冲宽度为 0.000 2 s 的脉冲；输出电压幅值为 1 V，周期为 0.01 s；晶闸管电压最大值约为 0.43 V，最小值为－1 V，周期为 0.02 s。

2. 电流源负载仿真实验

1）仿真模型的搭建

参照图 8－80 完成参数的设置。使用幅值为 220 V、频率为 100π(rad/s)的交流电源，电流源选取 150 A，电阻为 100 Ω。信号发生器频率为 50 Hz，占空比为 0.01，脉冲延时时间设置为 1/2/50 s。通过改变信号发生器的延时时间可改变晶闸管触发角，分别取触发角为 0°(0)、30°(1/12/50)，并使用示波器观察输入电压、输入电流、输出电压的波形。

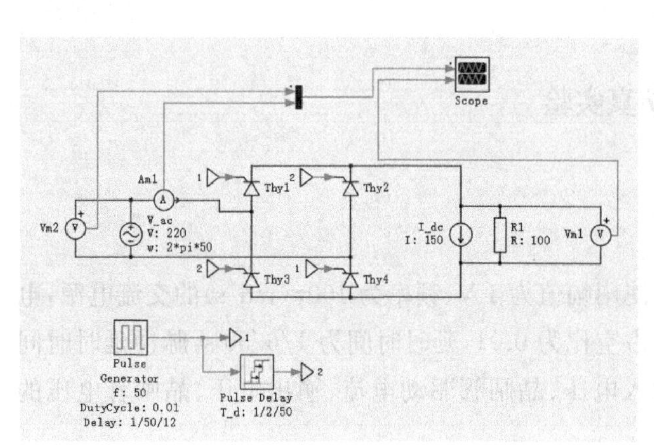

图 8－80　电流源负载仿真模型

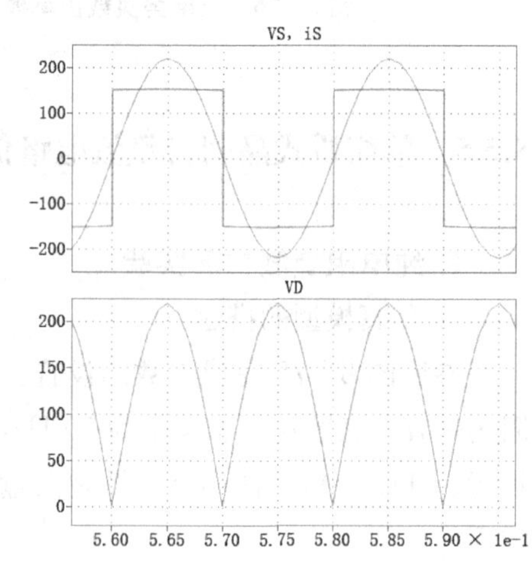

图 8－81　电流源负载仿真结果($\alpha=0$)

2）仿真结果的分析

运行电路，得到的波形如图 8－81、图 8－82 所示。

(1) 当 $\alpha=0$ 时，电流源负载仿真结果如图 8－81 所示。输入电压的波形是幅值为 220 V、周期为 0.02 s 的正弦波；输入电流的波形是幅值为 150 A、周期为 0.02 s 的方波；输出电压幅值为 220 V，周期为 0.01 s。

(2) 当 $\alpha=\pi/6$ 时，电流源负载仿真结果如图 8－82 所示。输入电压是幅值为 220 V、周期为 0.02 s 的正弦波；输入电流是幅值为 150 A、周期为 0.02 s 的方波；输出电压最大值为 220 V，最小值为－110 V，周期为 0.01 s。对电流源负载的输入电流波形进行傅里叶分析(仿真方法见 8.2.1 节)，可以得到如图 8－83 所示的结果。由图 8－83 可知，输入电流中只含有 $(2n+1)/(2n-1)$次谐波。

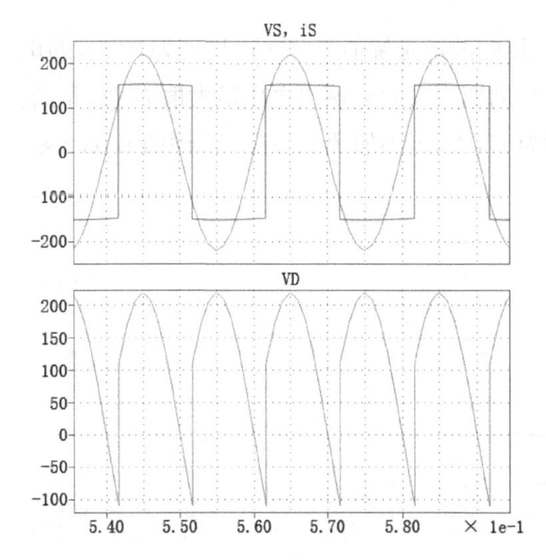

图 8-82　电流源负载仿真结果($\alpha=\pi/6$)

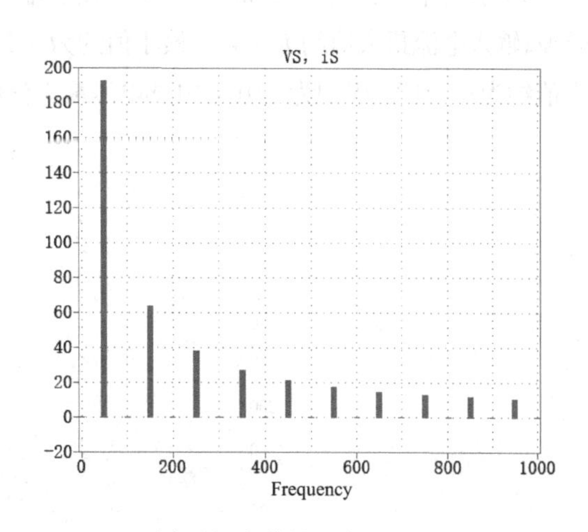

图 8-83　对电流源负载输入电流波形的傅里叶分析

3. 电感-电压源负载仿真实验

1）仿真模型的搭建

参照图 8-84 完成参数的设置。使用幅值为 220 V、频率为 100π(rad/s)的交流电源，电流源选取 2 A，电阻为 500 Ω，电感选用 0.05 H。信号发生器频率为 50 Hz，占空比为 0.01，延时时间为 1/50/12 s，脉冲延时时间设置为 1/2/50 s。使用示波器观察输入电流、输入电压、输出电压、电感电压的波形。

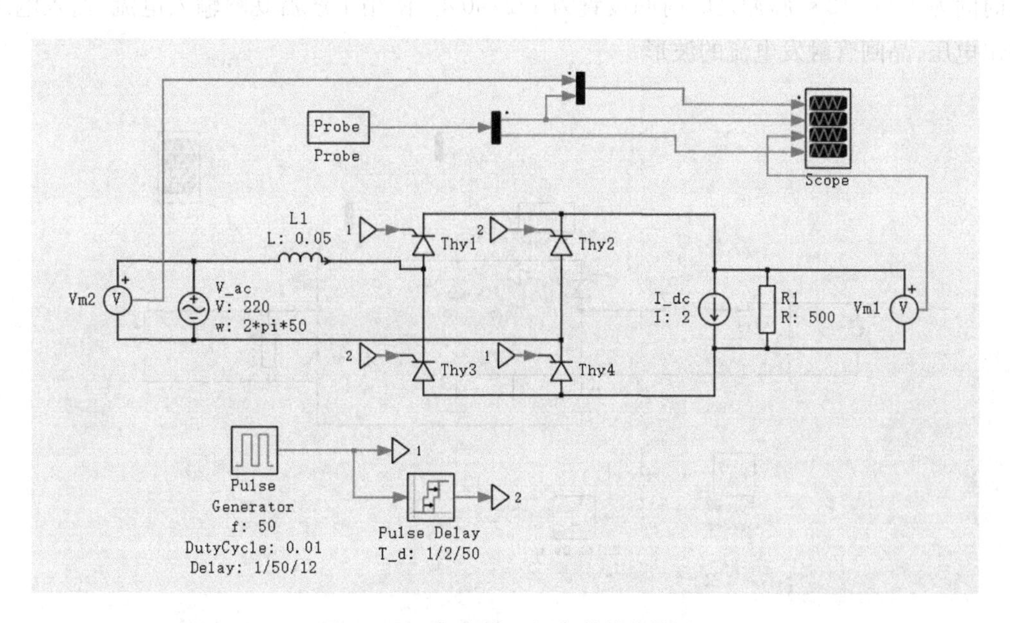

图 8-84　电感-电压源负载仿真模型

2）仿真结果的分析

运行电路，得到的波形如图 8－85 所示。输入电压的波形是幅值为 220 V、周期为 0.02 s 的正弦波；输入电流最大值约为 2.4 A，最小值约为－2.4 A，周期为 0.02 s；输出电压最大值为 220 V，最小值约为－104 V，周期为 0.01 s；电感电压最大值约为 177 V，最小值约为－177 V，周期为 0.02 s。

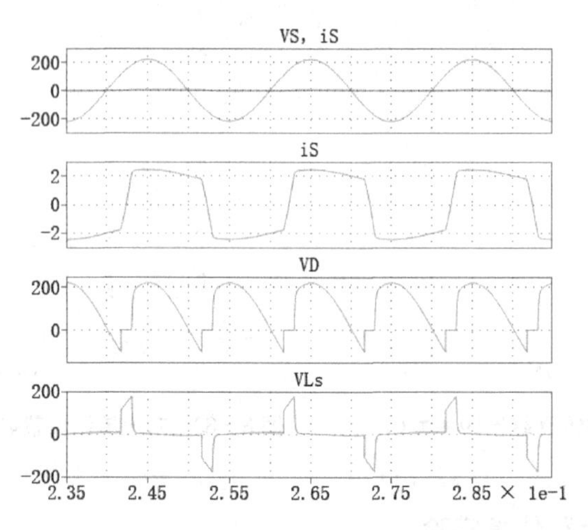

图 8－85　电感-电压源负载仿真结果

4. 逆变模式仿真实验

1）仿真模型的搭建

参照图 8－86 完成参数的设置。使用幅值为 220 V、频率为 100π(rad/s)的交流电源，电流源选取 3 A，电阻为 300 Ω，电感选用 0.01 H。信号发生器频率为 50 Hz，占空比为 0.01，延时时间为 5/50/12 s，脉冲延时时间设置为 1/2/50 s。使用示波器观察输入电流、输入电压、输出电压、晶闸管触发电流的波形。

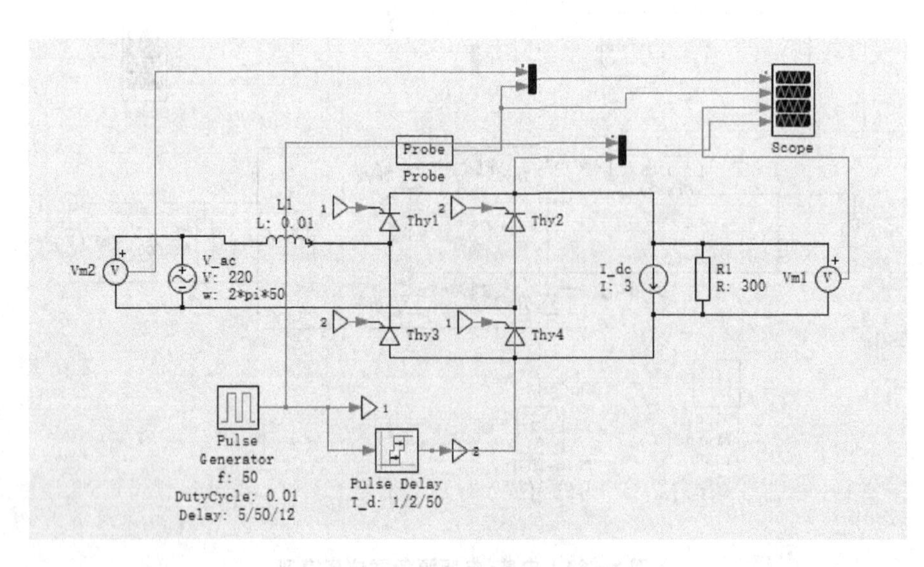

图 8－86　逆变模式仿真模型

2）仿真结果的分析

运行电路，得到的波形如图 8－87 所示。输入电压的波形是幅值为 220 V、周期为 0.02 s 的正弦波；输入电流最大值约为 3.2 A，最小值约为－3.2 A，周期为 0.02 s；输出电压最大值约为 62 V，最小值为－220 V，周期为 0.01 s；晶闸管触发电流的波形是幅值为 1 A、周期为 0.02 s、脉冲宽度为 0.000 2 s 的脉冲。

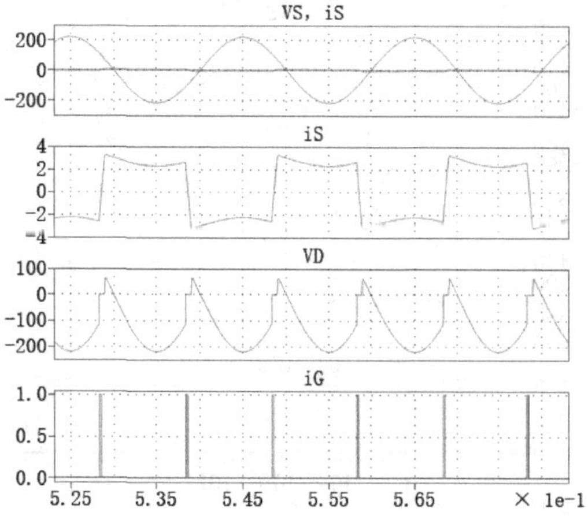

图 8－87　逆变模式仿真结果

8.3.6　三相桥式晶闸管整流电路仿真实验

1. 纯电阻负载仿真实验

1）仿真模型的搭建

参照图 8－88 完成参数的设置。使用幅值为 220 V、频率为 50 Hz 的三相交流电源，电阻为 1 Ω。信号发生器频率为 50 Hz，占空比为 0.2，b、c 相脉冲延时时间分别设置为1/3/50 s、2/3/50 s，上下桥臂脉冲延时时间设置为 1/6/50 s。通过改变信号发生器的延时时间（1/50/12 s，1/50/6 s，1/50/4 s）可改变晶闸管触发角，分别取触发角为 0、π/6、π/3，并使用示波器观察输入电压、输出电压、a 相电流、晶闸管驱动电流的波形。

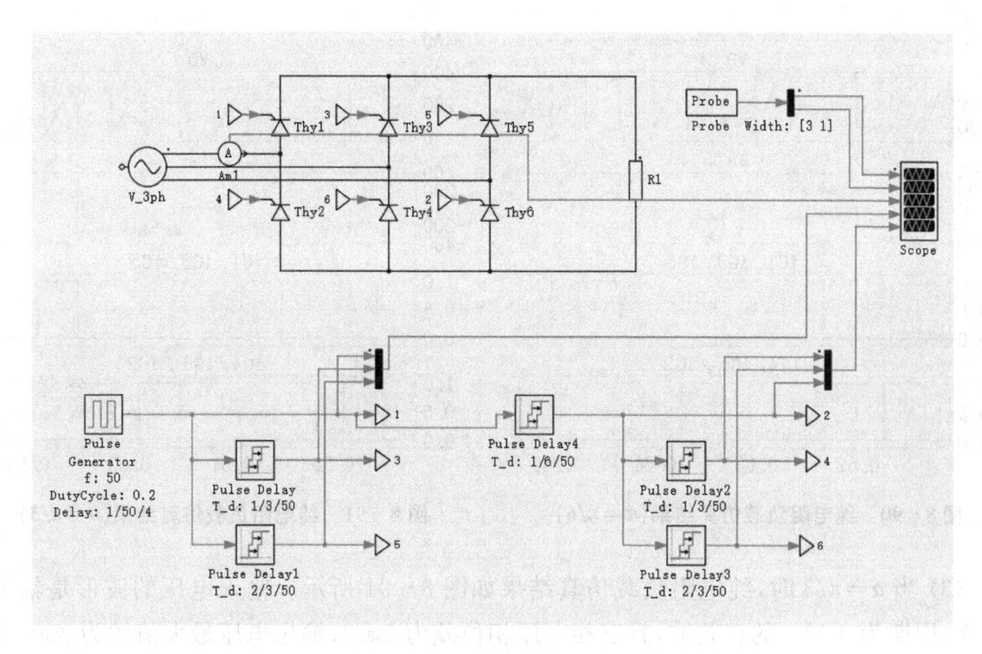

图 8－88　纯电阻负载仿真模型

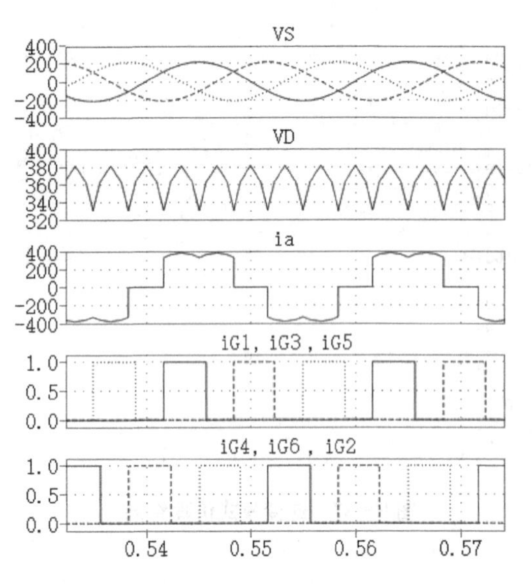

图 8-89　纯电阻负载仿真结果($\alpha=0°$)

2) 仿真结果的分析

运行电路，得到的波形如图 8-89～图 8-91 所示。

(1) 当 $\alpha=0$ 时，纯电阻负载仿真结果如图 8-89 所示。输入电压的波形是幅值为 220 V、周期为 0.02 s 的正弦波，且三相电压相位差为 $2\pi/3$；输出电压最大值约为 380 V，最小值约为 330 V，周期约为 0.003 3 s；a 相电流最大值约为 380 A，最小值约为－380 A，周期为 0.02 s；晶闸管驱动电流的波形是幅值为 1 A、周期为 0.02 s、脉冲宽度为 0.004 s 的脉冲，且三相电流相位差为 $2\pi/3$。

(2) 当 $\alpha=\pi/6$ 时，纯电阻负载仿真结果如图 8-90 所示。输入电压的波形是幅值为 220 V、周期为 0.02 s 的正弦波，且三相电压相位差为 $2\pi/3$；输出电压最大值约为 380 V，最小值约为 190 V，周期约为 0.003 3 s；a 相电流最大值约为 380 A，最小值约为－380 A，周期为 0.02 s；晶闸管驱动电流的波形是幅值为 1 A、周期为 0.02 s、脉冲宽度为 0.004 s 的脉冲，且三相电流相位差为 $2\pi/3$。

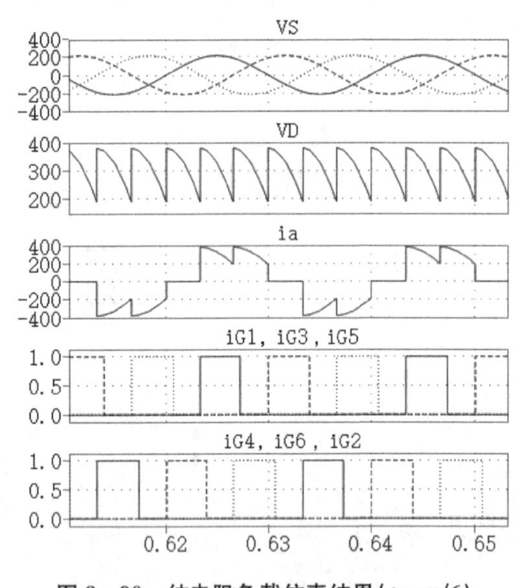

图 8-90　纯电阻负载仿真结果($\alpha=\pi/6$)

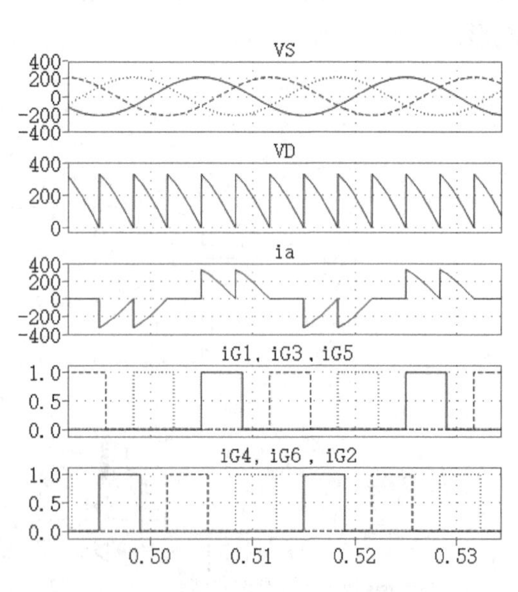

图 8-91　纯电阻负载仿真结果($\alpha=\pi/3$)

(3) 当 $\alpha=\pi/3$ 时，纯电阻负载仿真结果如图 8-91 所示。输入电压的波形是幅值为 220 V、周期为 0.02 s 的正弦波，且三相电压相位差为 $2\pi/3$；输出电压最大值约为 330 V，最小值为 0，周期约为 0.003 3 s；a 相电流最大值约为 330 A，最小值约为－330 A，周期为

0.02 s；晶闸管驱动电流的波形是幅值为1 A、周期为0.02 s、脉冲宽度为0.004 s的脉冲，且三相电流相位差为2π/3。

2. 电流源负载仿真实验

1）仿真模型的搭建

参照图8-92完成参数的设置。使用幅值为220 V、频率为50 Hz的三相交流电源，电阻为50 Ω，电流源选用220 A。信号发生器频率为50 Hz，占空比为0.2，延时时间为4/50/12 s，b、c相脉冲延时时间分别设置为1/3/50 s、2/3/50 s，上下桥臂脉冲延时时间设置为1/6/50 s。

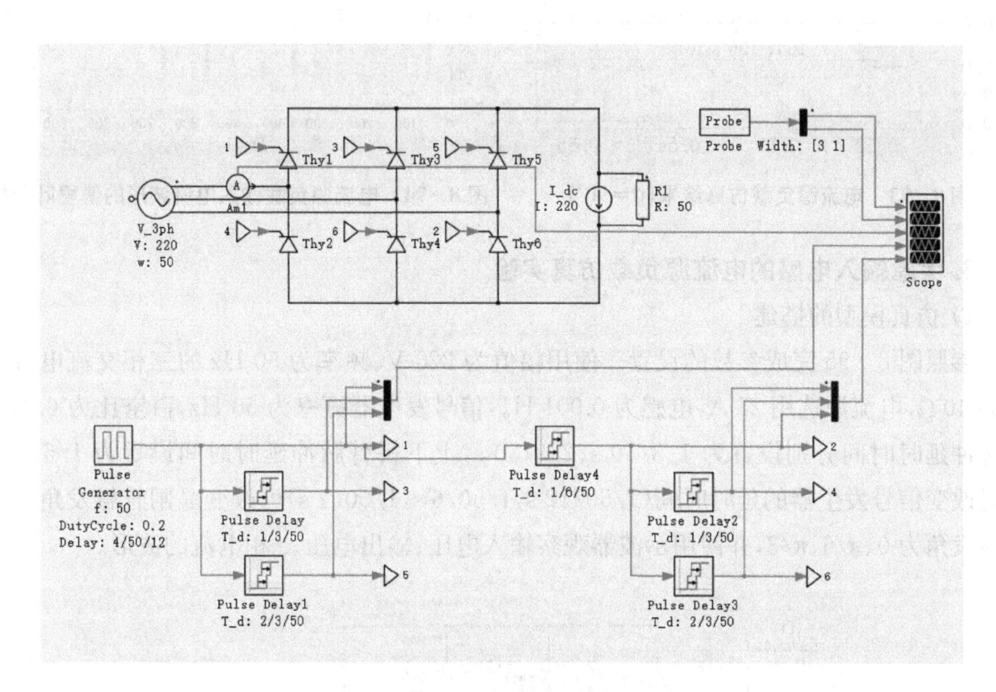

图8-92 电流源负载仿真模型

当$\alpha \leqslant \pi/3$时，电流处于连续状态，输出电压波形与电阻负载情况相同，此处略去。使用示波器观察$\alpha=\pi/2$（延时时间为1/50/3 s）时输入电压、输出电压、a相电流、晶闸管驱动电流的波形。

2）仿真结果的分析

运行电路，得到的波形如图8-93所示。输入电压的波形是幅值为220 V、周期为0.02 s的正弦波，且三相电压相位差为2π/3；输出电压最大值约为190 V，最小值约为−190 V，周期约为0.003 3 s；a相电流最大值约为190 A，最小值约为−190 A，周期为0.02 s；晶闸管驱动电流是幅值为1 A、周期为0.02 s、脉冲宽度为0.004 s的脉冲，且三相电流相位差为2π/3。对电流源负载的输入电流波形进行傅里叶分析，可以得到如图8-94所示的结果。由图8-94可知，输入电流中只含有$(6n+1)/(6n-1)$次谐波。

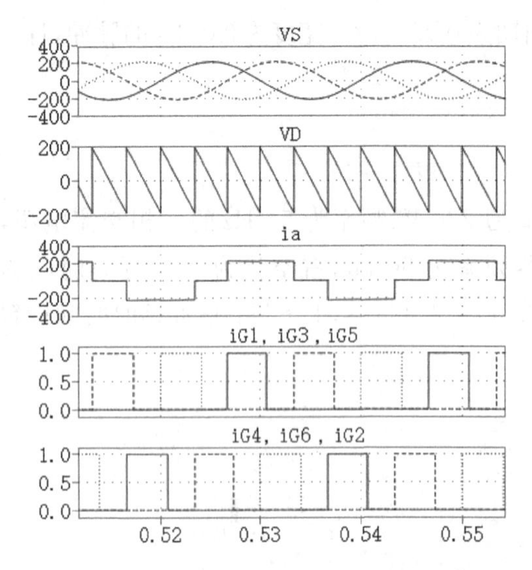

图 8-93　电流源负载仿真结果($\alpha=90°$)

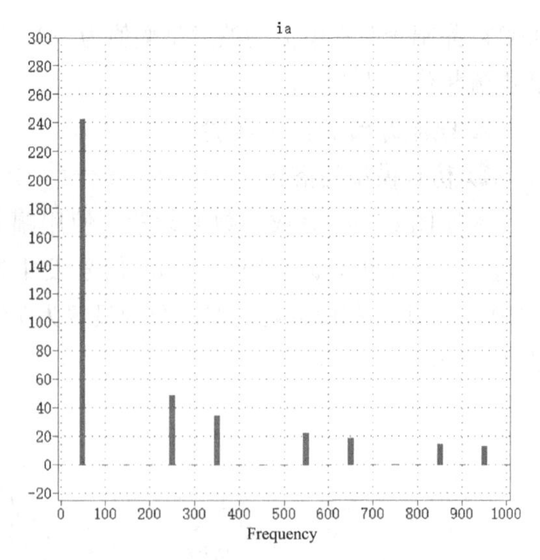

图 8-94　电流源负载输入电流波形的傅里叶分析

3. 考虑输入电感的电流源负载仿真实验

1) 仿真模型的搭建

参照图 8-95 完成参数的设置。使用幅值为 220 V、频率为 50 Hz 的三相交流电源，电阻为 40 Ω，电流源选用 25 A，电感为 0.001 H。信号发生器频率为 50 Hz，占空比为 0.2，b、c 相脉冲延时时间分别设置为 1/3/50 s、2/3/50 s，上下桥臂脉冲延时时间设置为 1/6/50 s。通过改变信号发生器的延时时间(1/50/12 s，1/50/6 s，1/50/4 s)可改变晶闸管触发角，分别取触发角为 0、π/6、π/3，并使用示波器观察输入电压、输出电压、a 相电流的波形。

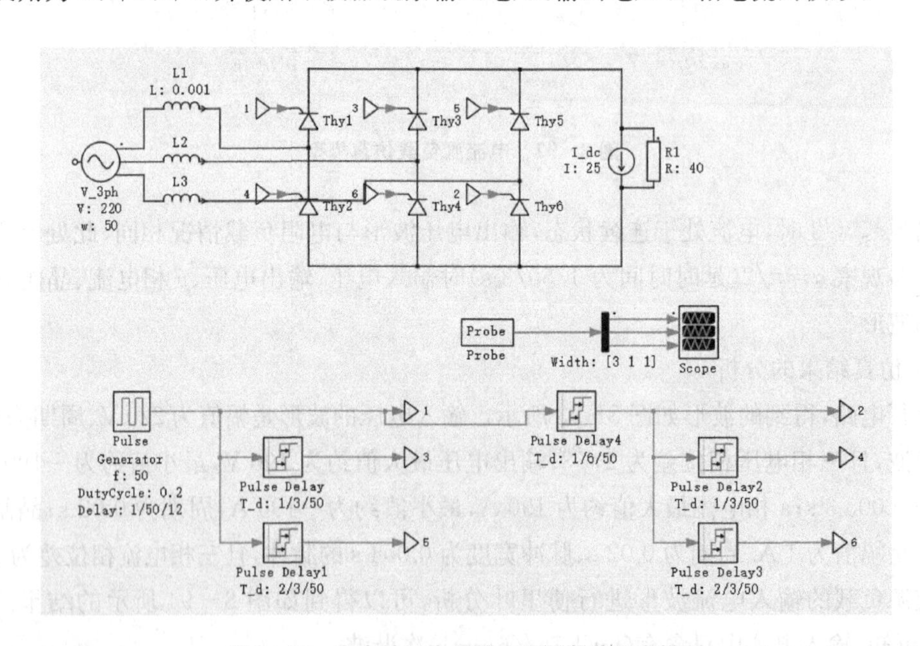

图 8-95　考虑输入电感的电流源负载仿真模型

2）仿真结果的分析

运行电路，得到的波形如图 8-96～图 8-98 所示。

（1）当 $\alpha=0$ 时，考虑输入电感的电流源负载仿真结果如图 8-96 所示。输入电压的波形是幅值为 220 V、周期为 0.02 s 的正弦波，且三相电压相位差为 $2\pi/3$；输出电压最大值约为 380 V，最小值约为 313 V，周期约为 0.003 3 s；a 相电流最大值约为 35 A，最小值约为 −35 A，周期为 0.02 s。

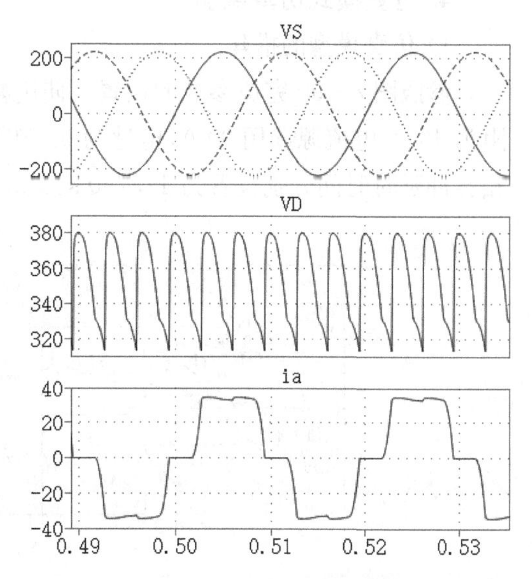

图 8-96　考虑输入电感的电流源负载仿真结果（$\alpha=0$）

（2）当 $\alpha=\pi/6$ 时，考虑输入电感的电流源负载仿真结果如图 8-97 所示。输入电压的波形是幅值为 220 V、周期为 0.02 s 的正弦波，且三相电压相位差为 $2\pi/3$；输出电压最大值约为 375 V，最小值约为 195 V，周期约为0.003 3 s；a 相电流最大值约为 34 A，最小值约为 −34 A，周期为 0.02 s。

（3）当 $\alpha=\pi/3$ 时，考虑输入电感的电流源负载仿真结果如图 8-98 所示。输入电压的波形是幅值为 220 V、周期为 0.02 s 的正弦波，且三相电压相位差为 $2\pi/3$；输出电压最大值约为 306 V，最小值约为 6 V，周期约为 0.003 3 s；a 相电流最大值约为 33 A，最小值约为 −33 A，周期为 0.02 s。

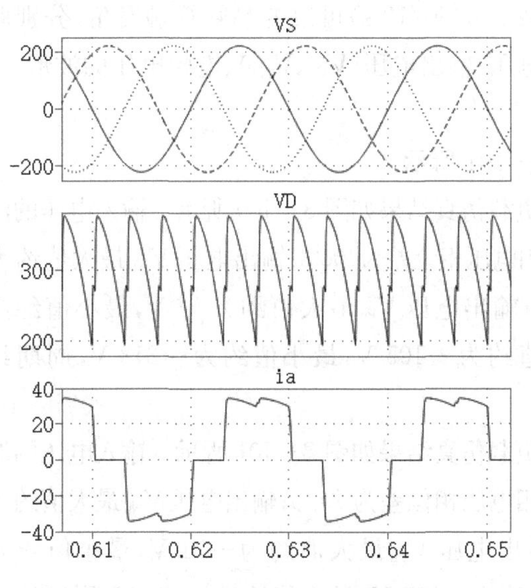

图 8-97　考虑输入电感的电流源负载仿真结果（$\alpha=\pi/6$）

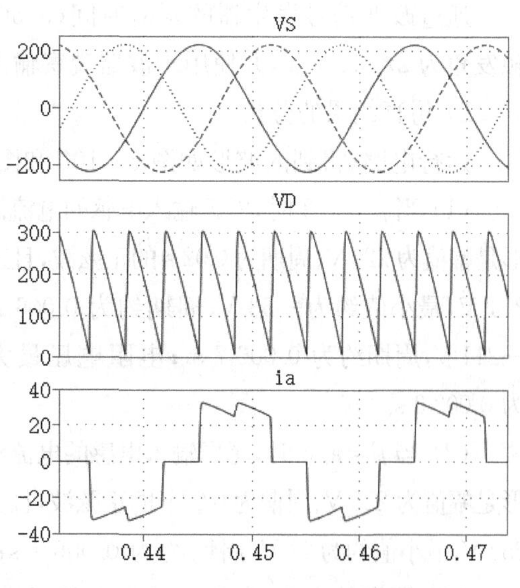

图 8-98　考虑输入电感的电流源负载仿真结果（$\alpha=\pi/3$）

4. 逆变模式仿真实验

1）仿真模型的搭建

参照图 8－99 完成参数的设置。使用幅值为 220 V、频率为 50 Hz 的三相交流电源，电阻为 40 Ω，电流源选用 20 A，电感为 0.001 H。信号发生器频率为 50 Hz，占空比为 0.2，b、c 相脉冲延时时间分别设置为 1/3/50 s、2/3/50 s，上下桥臂脉冲延时时间设置为 1/6/50 s。

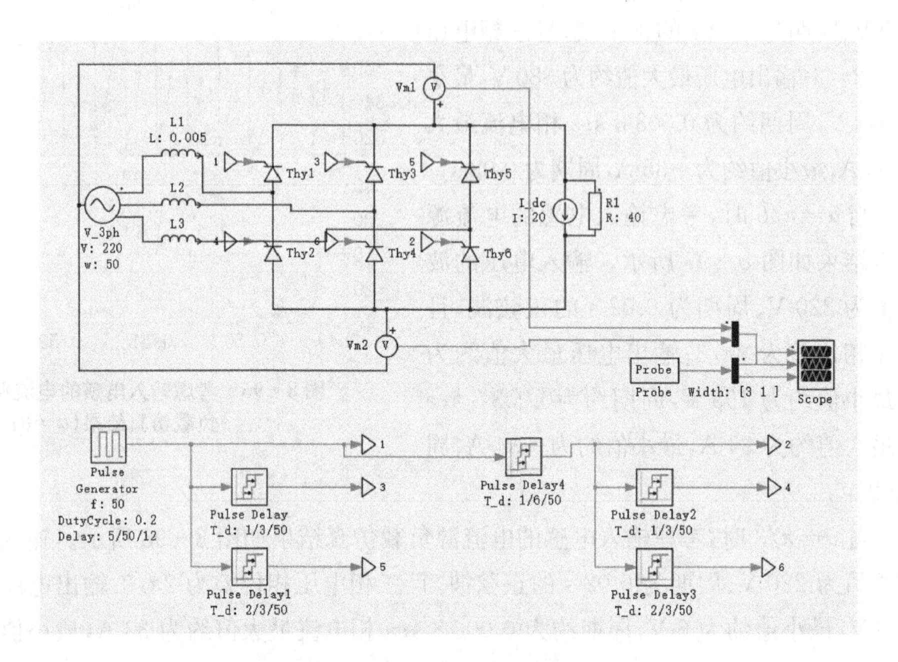

图 8－99　逆变模式仿真模型

通过改变信号发生器的延时时间（5/50/12 s，6/50/12 s）可改变晶闸管触发角，分别取触发角为 $2\pi/3$、$5\pi/6$，并使用示波器观察输入电压、输出电压（V_{Pn}、V_{Nn}）、电阻电压的波形。

2）仿真结果的分析

运行电路，得到的波形如图 8－100 和图 8－101 所示。

（1）当 $\beta=\pi/3$ 时，考虑输入电感的电流源负载仿真结果如图 8－100 所示。输入电压的波形是幅值为 220 V、周期为 0.02 s 的正弦波，且三相电压相位差为 $2\pi/3$；输出电压 V_{Nn} 最大值约为 211 V，最小值约为－53 V，周期约为 0.006 7 s；输出电压 V_{Pn} 最大值约为 53 V，最小值约为－211 V，周期约为 0.006 7 s；电阻电压最大值约为－105 V，最小值约为－313 V，周期约为 0.003 3 s。

（2）当 $\beta=\pi/6$ 时，考虑输入电感的电流源负载仿真结果如图 8－101 所示。输入电压的波形是幅值为 220 V、周期为 0.02 s 的正弦波，且三相电压相位差为 $2\pi/3$；输出电压 V_{Nn} 最大值约为 252 V，最小值约为 71 V，周期约为 0.006 7 s；输出电压 V_{Pn} 最大值约为－71 V，最小值约为－252 V，周期约为 0.006 7 s；电阻电压最大值约为－288 V，最小值约为－379 V，周期约为 0.003 3 s。其中，V_{Pn} 及 V_{Nn} 的波形在晶闸管换流过程中存在一定扰动。

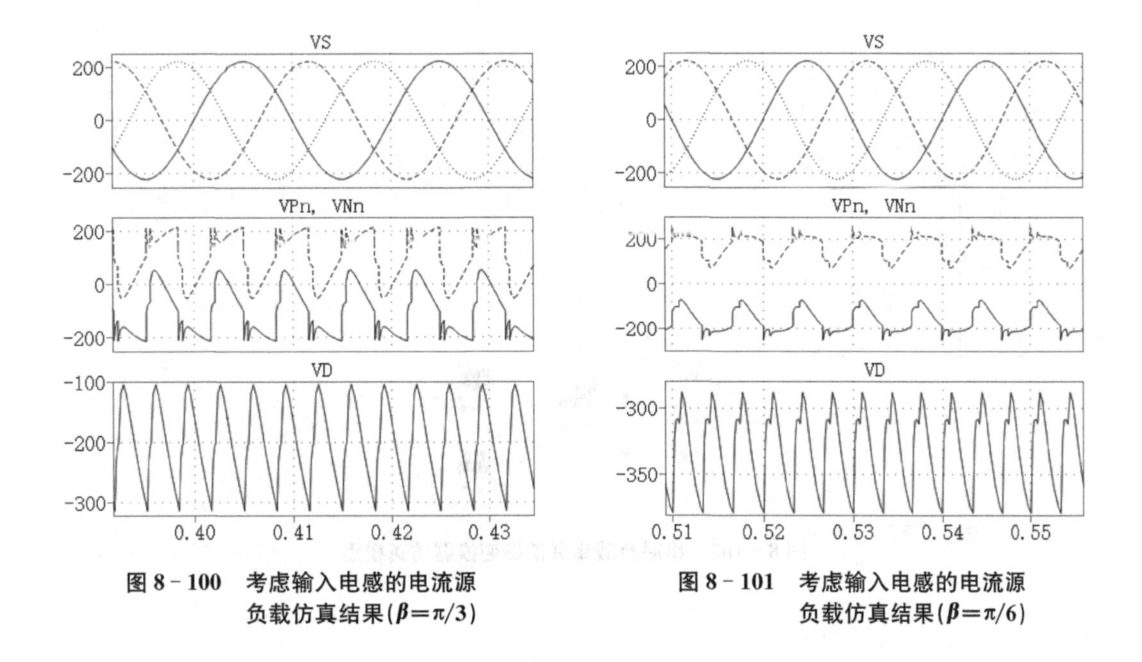

图 8-100 考虑输入电感的电流源负载仿真结果($\beta=\pi/3$)

图 8-101 考虑输入电感的电流源负载仿真结果($\beta=\pi/6$)

8.4 软开关变换器

软开关变换器的基本概念、原理及分类,可参考王勇主编的《电力电子技术》一书,在此不进行介绍。本节通过几个典型仿真实例,介绍软开关变换器实验。所介绍的软开关变换器包括串联负载串联谐振变换器、零电压开关(ZVS)准谐振软开关变换器、零电流开关(ZCS)准谐振软开关变换器、ZVS-PWM变换器、ZCS-PWM变换器、零电压转换PWM(ZVT-PWM)变换器、零电流转换PWM(ZCT-PWM)变换器、移相控制ZVS-PWM全桥变换器。

8.4.1 串联负载串联谐振变换器的仿真

1. 仿真模型的搭建

如图8-102所示,当电源侧直接与电容$C1$、$C2$连接运行时系统会报错,电容电压(状态变量)和源电压(输入变量)之间产生直接依赖关系,因此各添加一个小电阻与电容串联。

2. 仿真结果分析

1) 低于谐振频率工作,$\omega_s<\frac{1}{2}\omega_0$,断续模式

如图8-103所示,输出电压经过调节后稳定在$V_O=3.4$ V,谐振回路呈电容性,端口电压v_{AB}落后于电流i_{L_r},电感电流先过零。谐振电流降至零时电容电压达到最大值$V_I=12$ V,电感电流反向续流后再次降为零,电容电压为$2V_O=6.8$ V。电流断续,开关实现零电流开通,但不是零电压开通,同时开关实现零电压、零电流关断,二极管实现自然开通、关断。

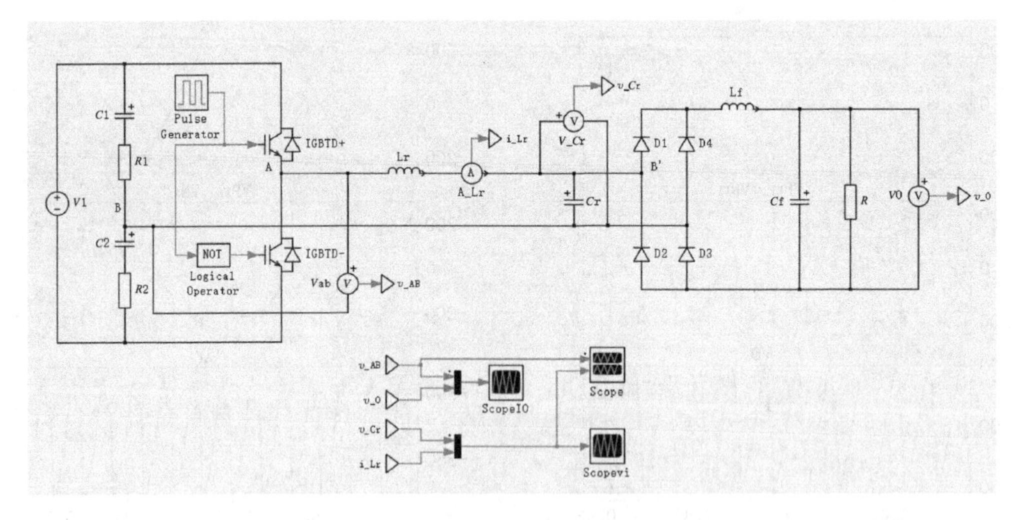

图 8－102　串联负载串联谐振变换器仿真模型

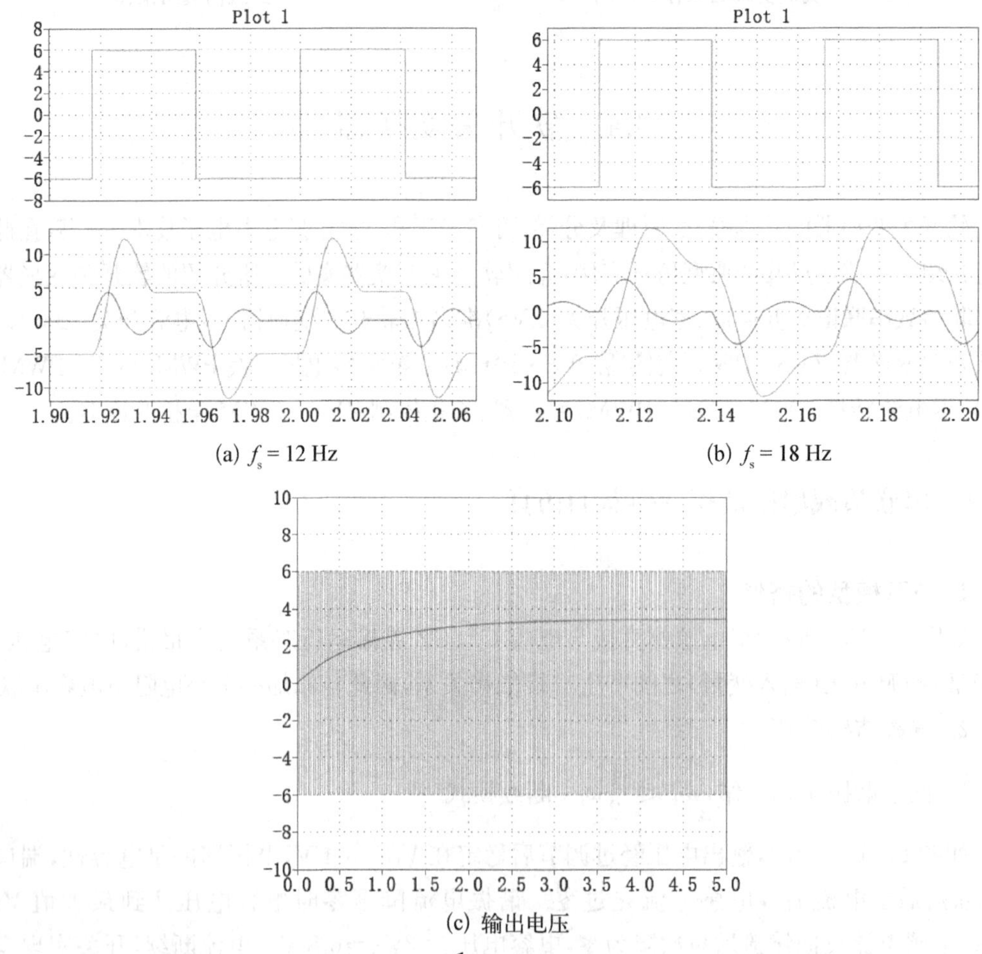

(a) $f_s = 12$ Hz

(b) $f_s = 18$ Hz

(c) 输出电压

图 8－103　$\omega_s < \frac{1}{2}\omega_0$ 时断续模式仿真结果

2）低于谐振频率工作，$\frac{1}{2}\omega_0 < \omega_s < \omega_0$，连续模式

如图 8－104 所示，谐振回路仍呈电容性，端口电压 v_{AB} 落后于电流 i_{L_r}，电感电流先过零。电流连续，开关实现零电压、零电流关断但是非零电流、零电压开通，二极管实现自然开通，但二极管关断时存在反向恢复电流。

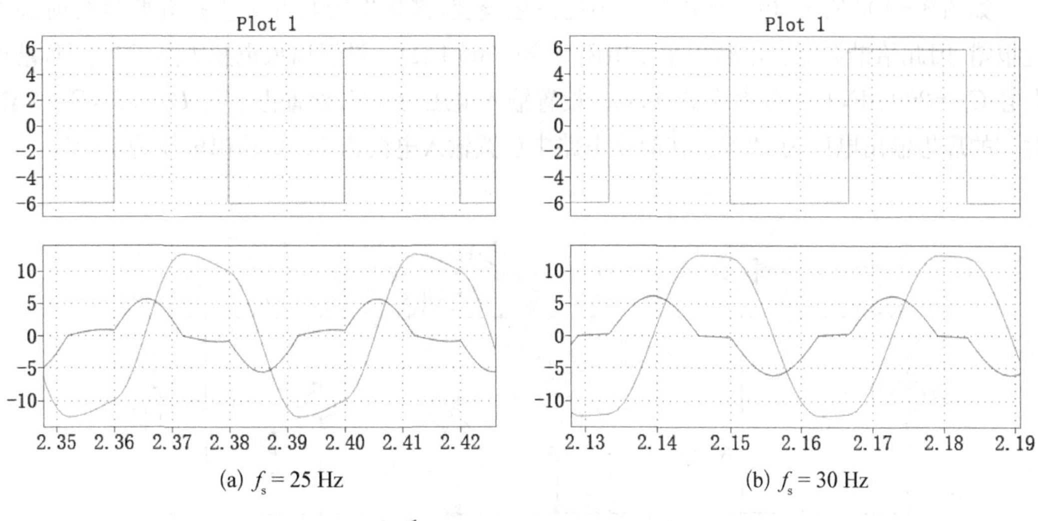

(a) $f_s = 25$ Hz　　(b) $f_s = 30$ Hz

图 8－104　$\frac{1}{2}\omega_0 < \omega_s < \omega_0$ 时连续模式仿真结果

3）高于谐振频率工作，$\omega_s > \omega_0$，连续模式

如图 8－105 所示，谐振回路呈电感性，端口电压 v_{AB} 领先电流 i_{L_r}，端口电压 v_{AB} 先过零。电流连续，开关实现零电流、零电压开通，二极管实现自然开通，开关管是硬关断条件。

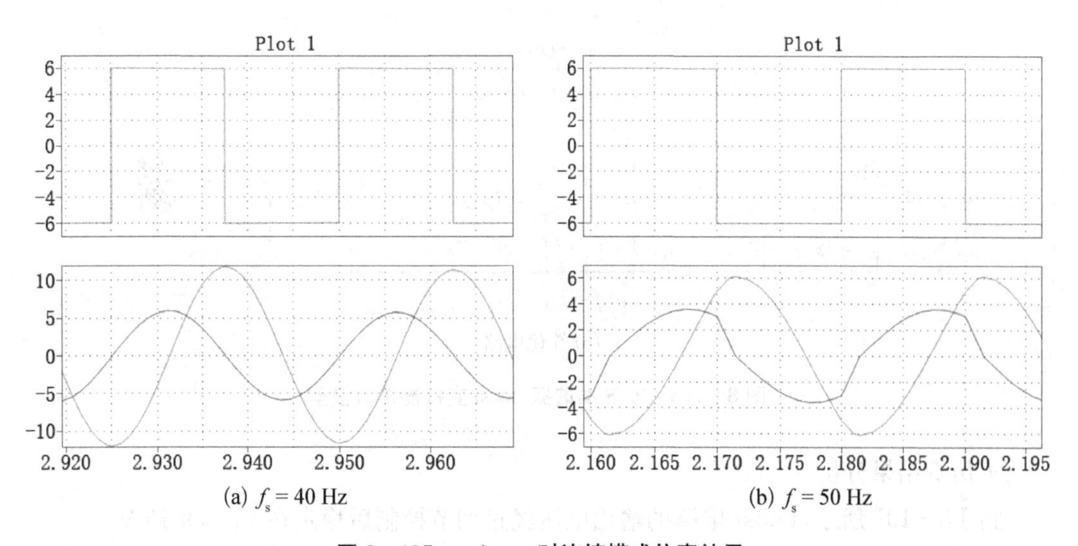

(a) $f_s = 40$ Hz　　(b) $f_s = 50$ Hz

图 8－105　$\omega_s > \omega_0$ 时连续模式仿真结果

8.4.2 ZVS 准谐振软开关变换器的仿真

1. ZVS 准谐振 Boost 变换器的仿真

1）仿真模型的搭建

如图 8-106 所示，电容两端电压不能发生突变，谐振电容与开关直接并联运行时会发生报错，因此给谐振电容串联一个小电阻($r=0.000\ 1\ \Omega$)。设置谐振电感 $L_r=800\ \mu\text{H}$，谐振电容 $C_r=200\ \mu\text{F}$，开关频率为 240 Hz。设置输入电压为 6 V，设置占空比 $D=0.5$，$R=2\ \Omega$，对应的理想输出电压为 12 V。在简化电路中设置输入电流为 12 A，输出电压为 12 V。

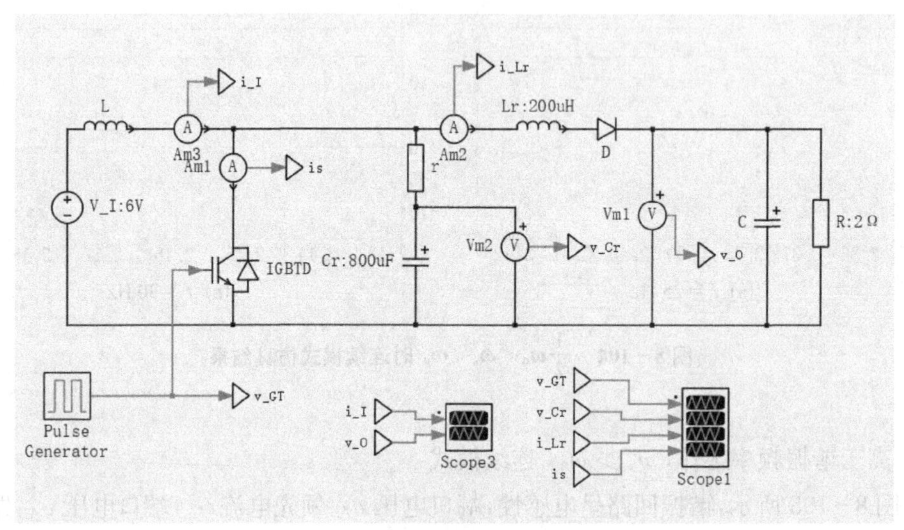

(a) 原始电路

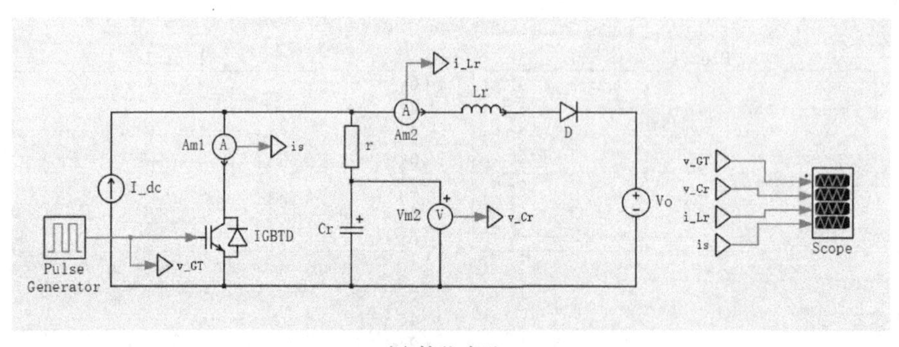

(b) 简化电路

图 8-106 ZVS 准谐振 Boost 变换器仿真模型

2）仿真结果分析

如图 8-107 所示，Boost 电路的输出电压经过调节控制后稳定在 $V_O=9.13$ V。

(1) $t_0 \sim t_1$ 为电容充电阶段：t_0 时刻，开关管 T_s 关断，谐振电容 C_r 充电，C_r 上的电压

线性上升；t_1 时刻，v_{C_r} 达到 V_O，约为 9.13 V，二极管 D 导通。

（2）$t_1 \sim t_4$ 为谐振阶段：t_1 时刻，二极管 D 导通，I_I 一部分流入 V_O，一部分给电容充电；t_2 时刻，i_{L_r} 达到 I_I，约为 6.95 A，v_{C_r} 达到峰值 V_{max}，约为 23 V；随后谐振电容开始放电，当电容电压 v_{C_r} 降到 V_O，约为 9.13 V 时，i_{L_r} 达到峰值 I_{max}，为 $2I_I$，约为 13.90 A；随后 i_{L_r} 开始减小，直到 t_4 时刻，v_{C_r} 降到零。

（3）$t_4 \sim t_6$ 为电感放电阶段：谐振电感电流 i_{L_r} 线性下降，i_s 线性增大。$t_4 \sim t_5$ 期间，电感电流经 D_s 续流，将 T_s 两端电压钳位成零电压，实现零电压开通；t_5 时刻，i_{L_r} 下降到 I_I，T_s 实际导通，给 I_I 提供续流通路；t_6 时刻，i_{L_r} 下降到零，i_s 达到 I_I，约为 6.95 A。

（4）$t_6 \sim t_0$ 为自然续流（电感充磁）阶段：T_s 继续导通，流过 T_s 的电流保持 $I_I \approx$ 6.95 A 不变，负载由输出滤波电容提供能量，直到 t_0 时，T_s 关断，完成了一个周期。

简化电路：与实际电路仿真结果的变化规律相似，$V_O=12$ V，$I_I=12$ A，与预设值相符，v_{C_r} 的峰值 $V_{max} \approx 36$ V，i_{L_r} 的峰值 $I_{max}=2I_I=24$ A。

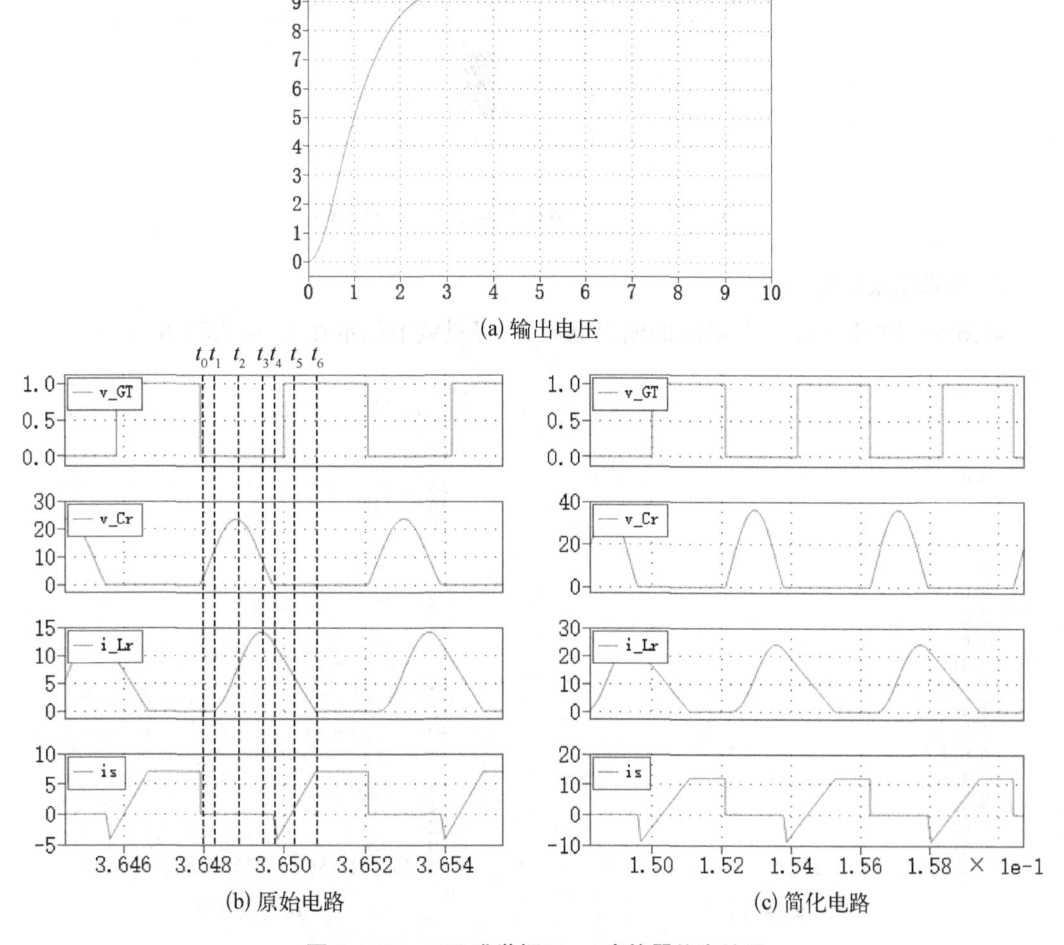

图 8-107　ZVS 准谐振 Boost 变换器仿真结果

2. ZVS 准谐振 Buck 变换器的仿真

1）仿真模型的搭建

如图 8－108 所示，设置谐振电感 $L_r=1$ mH，谐振电容 $C_r=100$ μF，开关频率为 300 Hz，输入电压 $V_I=6$ V，负载电阻为 1 Ω，负载侧电感为 660 mH，电容为 4.7 mF。

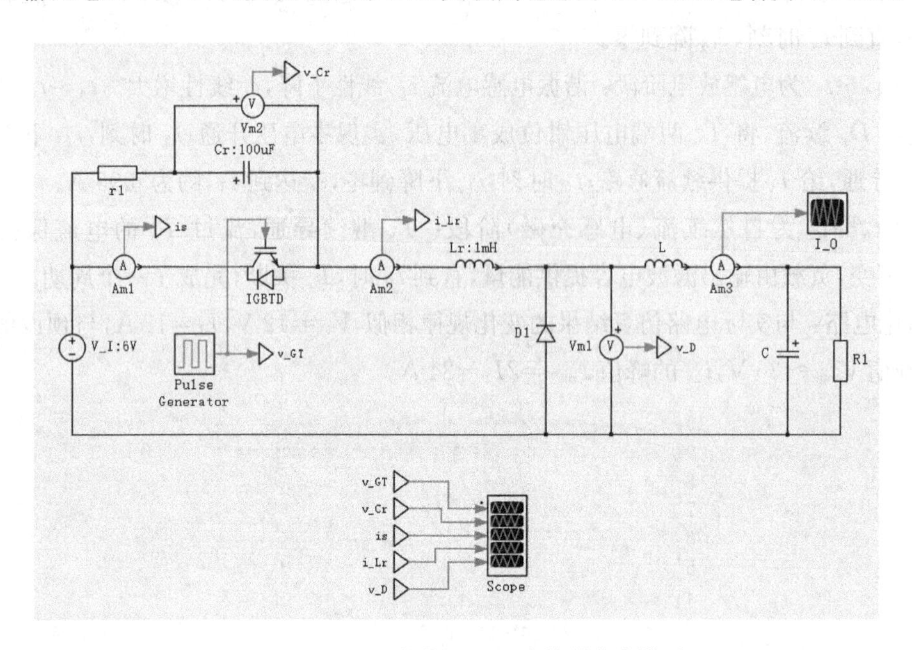

图 8－108　ZVS 准谐振 Buck 变换器仿真模型

2）仿真结果分析

如图 8－109 所示，Buck 电路的输出电流 I_O 经过调节稳定在 $I_O=2.33$ A。

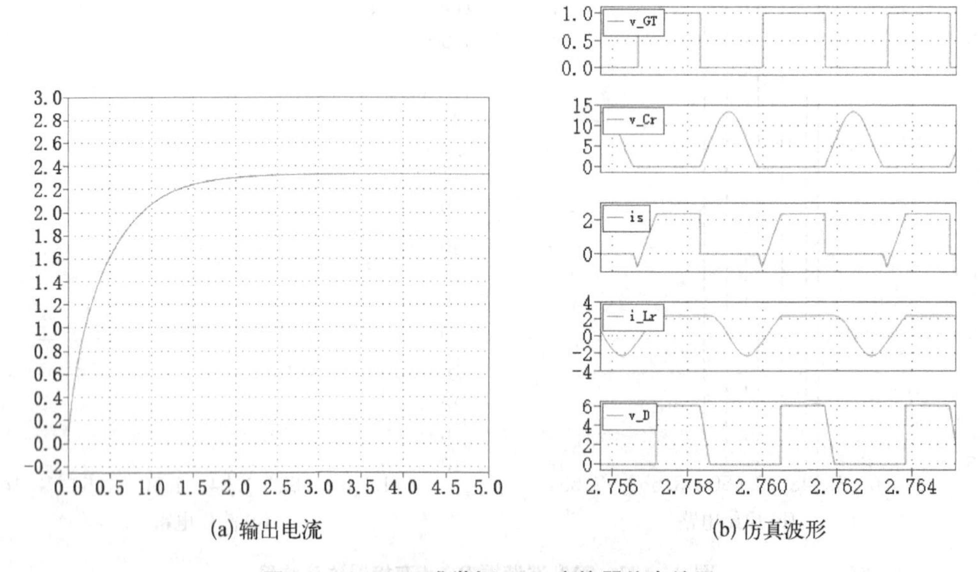

(a) 输出电流　　(b) 仿真波形

图 8－109　ZVS 准谐振 Buck 变换器仿真结果

(1) $t_0 \sim t_1$ 为谐振电容充电阶段：t_0 时刻，开关 T_s 关断，电感 L_r+L 中电流向 C_r 充电，$i_{Lr}=I_O=2.33$ A，V_{Cr} 线性上升，同时 v_D 从 $V_I=6$ V 线性下降，直到 t_1 时刻，$v_D=0$，D 导通。

(2) $t_1 \sim t_4$ 为谐振阶段：t_1 时刻，D 导通，形成谐振回路，C_r 继续充电而 L_r 开始放电，i_{Lr} 下降至零时，v_{Cr} 达到峰值 $V_{max}=13.4$ V，随后 v_{Cr} 下降，i_{Lr} 反向增大，v_{Cr} 降至 $V_I=6$ V 时，i_{Lr} 达到反向峰值 $I_{min}=-2.33$ A，随后 i_{Lr} 减小；t_4 时刻，$V_{Cr}=0$，D_s 开始导通。

(3) $t_4 \sim t_5$ 为谐振电感续流阶段：t_4 时刻，D_s 开始导通，V_{Cr} 被钳位于零，开通 T_s 实现零电压开通，i_{Lr} 线性衰减，直到 t_5 时刻 $i_{Lr}=0$。

(4) $t_5 \sim t_6$ 为谐振电感充磁阶段：t_5 时刻，i_{Lr} 电流过零，T_s 变为实际导通，i_{Lr} 线性上升，直到 t_6 时刻，$i_{Lr}=I_O=2.33$ A，D 关断。

8.4.3　ZCS 准谐振软开关变换器的仿真

1. 仿真模型的搭建

如图 8－110 所示，电感中流通的电流不能发生突变，因此开关与谐振电感直接串联运行时会发生报错，可在谐振电感两端并联一个大电阻($r=5\ 000\ \Omega$)。设置输入电压 $V_I=6$ V，开关频率 $f_s=30$ Hz，设置谐振电感 $L_r=2$ mH，谐振电容 $C_r=8$ mF，负载电阻为 0.8 Ω，负载侧电感为 660 mH，电容为 4.7 mF。

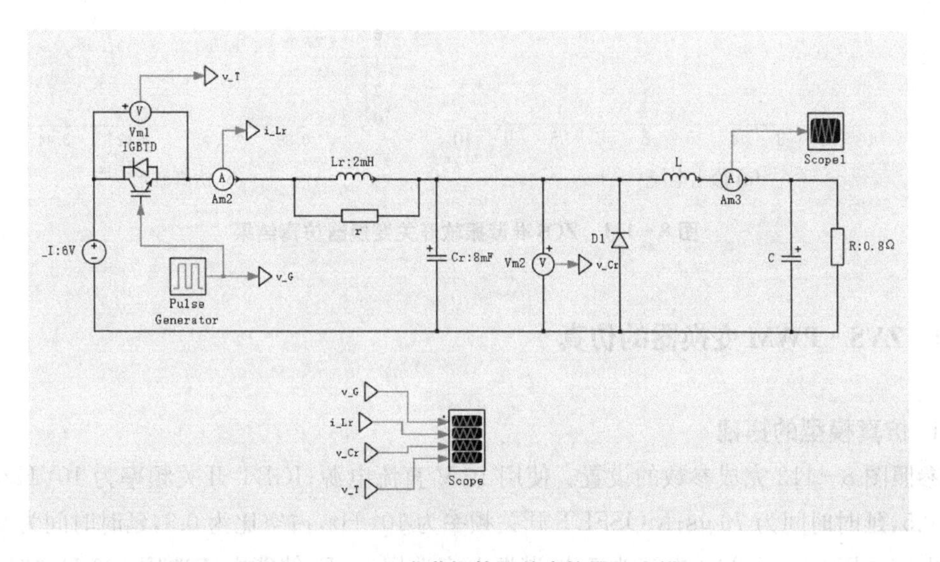

图 8－110　ZCS 准谐振软开关变换器仿真模型

2. 仿真结果分析

如图 8－111 所示，输出电流 I_O 大约稳定在 5.6 A。

(1) $t_0 \sim t_1$ 为谐振电感充电阶段：t_0 时刻，开关管 T_s 开通，电感 L_r 充电，i_{Lr} 线性上升；t_1 时刻，i_{Lr} 达到 I_O，为 5.6 A，二极管 D 截止。

(2) $t_1 \sim t_6$ 为谐振阶段：t_1 时刻后 i_{L_r} 继续上升，一部分维持负载电流，一部分给谐振电容充电，二极管 D 截止；t_2 时刻，$v_{C_r} = V_I = 6$ V，i_{L_r} 达到峰值 17.57 A，随后谐振电感开始放电；t_3 时刻，i_{L_r} 降至 I_O，为 5.6 A，v_{C_r} 达到峰值 $2V_I$，为 12 V，随后 C_r 开始放电；t_4 时刻，i_{L_r} 降到零，随后 T_s 的反并二极管 D_s 导通，i_{L_r} 继续反向流动，直至 t_6 时刻再次为零；$t_4 \sim t_6$ 期间，电容电压将 T_s 中的电流钳位成零，实现零电流关断。

(3) $t_6 \sim t_7$ 为电容放电阶段：电感电流 $i_{L_r} = 0$，输出滤波电感电流 I_O 全部流过谐振电容，C_r 放电，v_{C_r} 线性下降；t_7 时刻，v_{C_r} 降至零。

(4) $t_6 \sim t_0$ 为续流阶段：t_7 时刻，C_r 放电结束，$v_{C_r} = 0$，输出电流经二极管 D 续流，直到 t_0 时刻 T_s 再次导通，进入下一个周期。

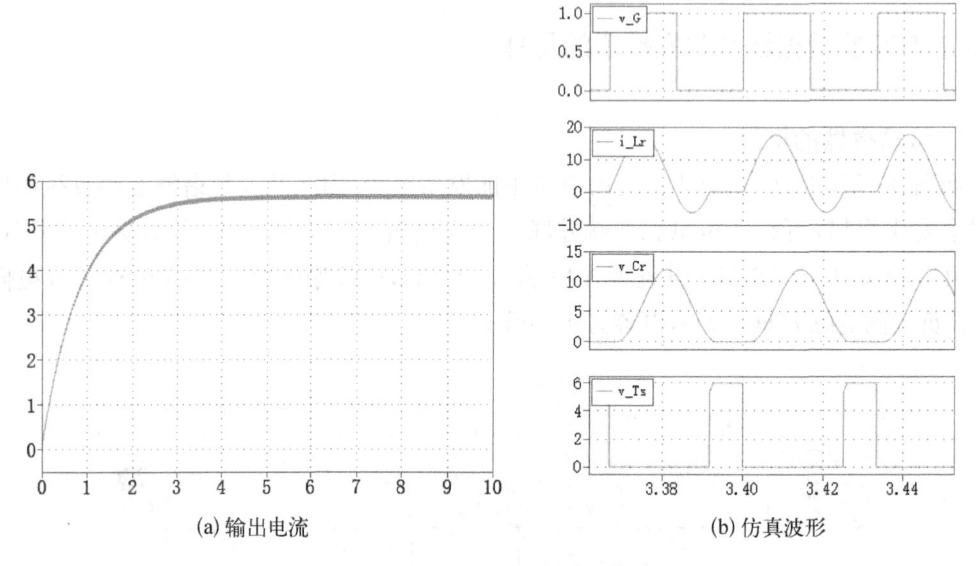

(a) 输出电流　　(b) 仿真波形

图 8-111　ZCS 准谐振软开关变换器仿真结果

8.4.4　ZVS-PWM 变换器的仿真

1. 仿真模型的搭建

参照图 8-112 完成参数的设置。使用 10 V 直流电源；IGBT 开关频率为 10^4 Hz，占空比为 0.5，延时时间为 70 μs；MOSFET 开关频率为 10^4 Hz，占空比为 0.3，延时时间为 50 μs；谐振电感选用 20 μH，初始电流为 5 A；谐振电容选用 2 μF；储能电感选用 100 H，初始电流为 5 A；滤波电容选用 100 μF，初始电压为 5 V；输出电阻为 1 Ω。使用示波器观察谐振电容电压(capacitor voltage)及谐振电感电流的波形。

2. 仿真结果的分析

运行电路，得到的波形如图 8-113 所示。谐振电容电压周期为 10^4 Hz，最大值约为 25.8 V，保持约 16 μs 后逐渐下降到 0，保持 56 μs 后又逐渐上升至最大值，如此往复。谐振

电感电流周期为 10^4 Hz，最大值为 5 A，保持约 42 μs 后逐渐下降到 0，保持约 17 μs 后发生谐振，以正弦波形下降，最小值约为 −5 A，经过最小值一段时间后变为线性上升，直到上升至最大值 5 A，如此往复。

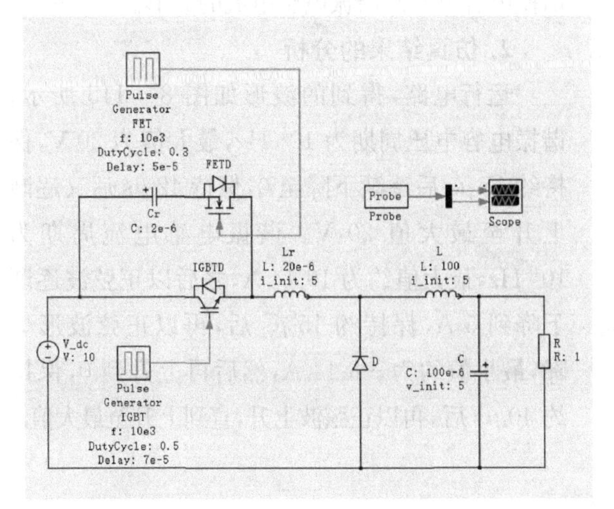

图 8 - 112　ZVS - PWM 变换器仿真模型

图 8 - 113　ZVS - PWM 变换器的仿真结果

8.4.5　ZCS - PWM 变换器的仿真

1. 仿真模型的搭建

参照图 8 - 114 完成参数的设置。使用 10 V 直流电源；IGBT 开关频率为 10^4 Hz，占空比为 0.5，延时时间为 20 μs；MOSFET 开关频率为 10^4 Hz，占空比为 0.5，延时时间为 60 μs；谐振电感

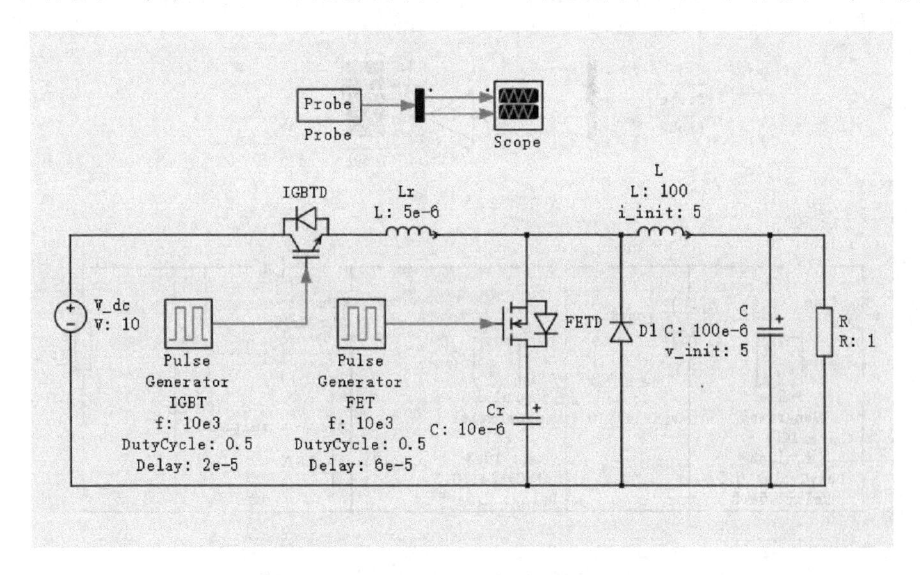

图 8 - 114　ZCS - PWM 变换器仿真模型

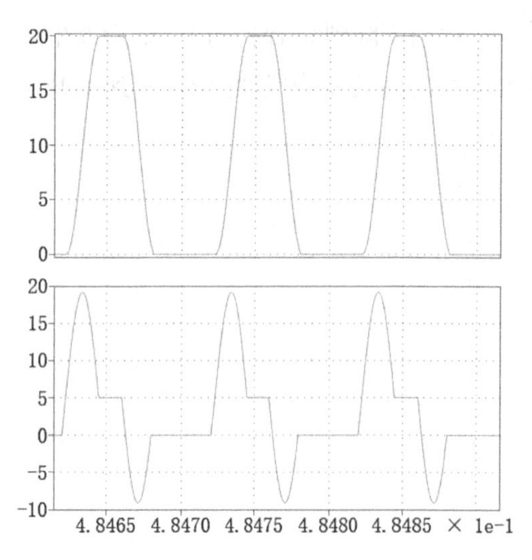

图 8-115　ZCS-PWM 变换器的仿真结果

选用 5 μH；谐振电容选用 10 μF；储能电感选用 100 H，初始电流为 5 A；滤波电容选用 100 μF，初始电压为 5 V；输出电阻为 1 Ω。使用示波器观察谐振电容电压及谐振电感电流的波形。

2. 仿真结果的分析

运行电路，得到的波形如图 8-115 所示。谐振电容电压周期为 10^4 Hz，最大值为 20 V，保持约 15 μs 后逐渐下降至 0，保持 42 μs 后又逐渐上升至最大值 20 V。谐振电感电流周期为 10^4 Hz，最大值约为 19.14 A，之后以正弦波逐渐下降到 5 A，保持约 15 μs 后，再以正弦波形下降，最小值约为 −9.14 A，然后再上升到 0，保持约 40 μs 后，再以正弦波上升，直到上升至最大值。

8.4.6　ZVT-PWM 变换器的仿真

1. 仿真模型的搭建

参照图 8-116 完成参数的设置。使用 5 V 直流电源；IGBT 开关频率为 10^4 Hz，占空比为 0.5，延时时间为 50 μs；MOSFET 开关频率为 10^4 Hz，占空比为 0.3，延时时间为 25 μs；谐振电感选用 5 μH；谐振电容选用 5 μF，初始电压为 10 V；储能电感选用 100 H，初始电流为

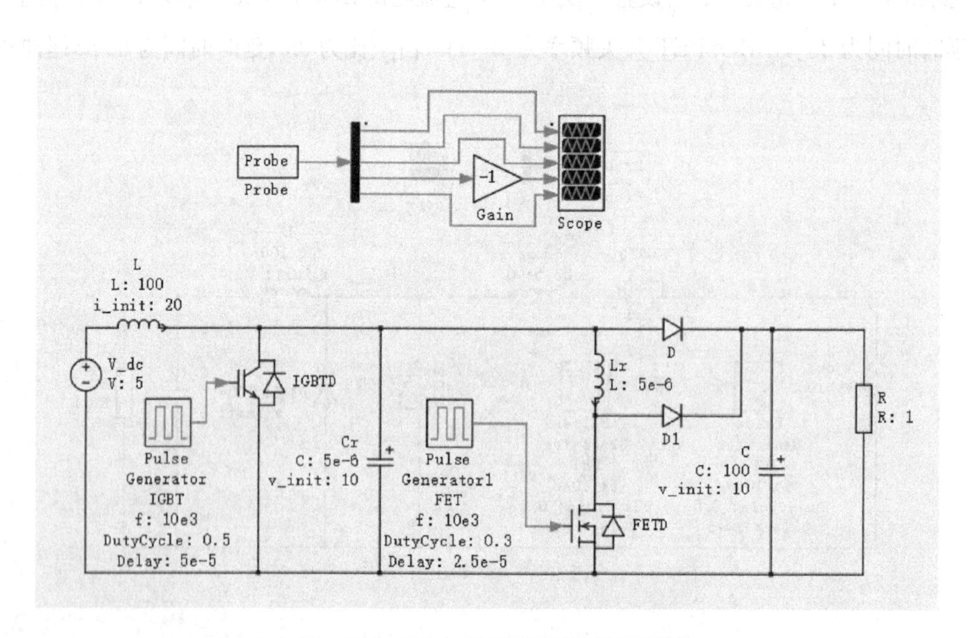

图 8-116　ZVT-PWM 变换器仿真模型

20 A;滤波电容选用 100 F,初始电压为 10 V;输出电阻为 1 Ω。使用示波器观察谐振电容电压、IGBT 电流、谐振电感电流、二极管 D 电压及电流的波形。为了便于观察,二极管电压需反相处理。

2. 仿真结果的分析

运行电路,得到的波形如 8－117 所示。谐振电容电压周期为 10^4 Hz,最大值为 10 V,保持约 32 μs 后逐渐下降至最小值 0,保持约 57 μs 后又线性上升至最大值 10 V,如此往复。IGBT 电流周期为 10^4 Hz,最大值为 20 A,保持约 30 μs 后突变为 0,再保持约 43 μs 后突变为最小值约－10 A,保持约 12 μs 后又突变为最大值 20 A,如此往复。谐振电感电流周期为 10^4 Hz,最大值约为 30 A,保持约 12 μs 后线性下降为最小值 0,保持约 55 μs 后逐渐上升至最大值,如此往复。二极管 D 电压周期为 10^4 Hz,最大值为 10 V,保持约 57 μs 后线性下降为最小值 0,再保持约 32.5 μs 后逐渐上升至最大值 10 V,如此往复。二极管 D 电流周期为 10^4 Hz,最大值为 20 A,保持约 22.5 μs 后线性下降至最小值 0,再保持约 67.5 μs 后突变为最大值 20 A,如此往复。

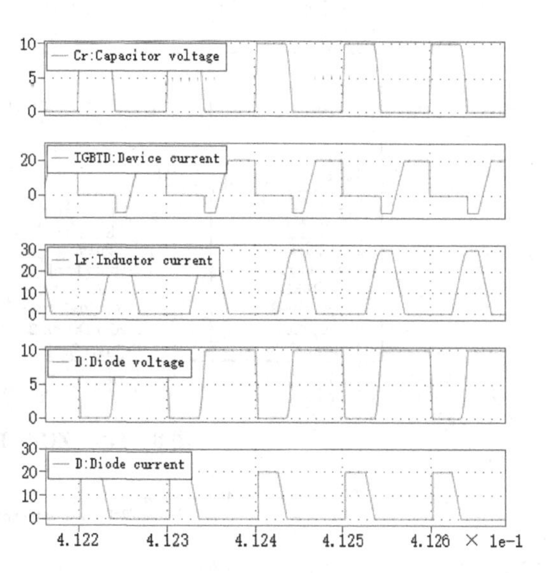

图 8－117　ZVT－PWM 变换器的仿真结果

8.4.7　ZCT－PWM 变换器的仿真

1. 仿真模型的搭建

参照图 8－118 完成参数的设置。使用 5 V 直流电源;IGBT 开关频率为 10^4 Hz,占空比为 0.5,延时时间为 25 μs;MOSFET 开关频率为 10^4 Hz,占空比为 0.2,延时时间为 70 μs;谐振电感选用 1 μH;谐振电容选用 50 μF;储能电感选用 100 H,初始电流为 20 A;滤波电容选用 100 μF,初始电压为 10 V;输出电阻为 1 Ω。使用示波器观察 IGBT 电流、谐振电容电压、谐振电感电流的波形。

2. 仿真结果的分析

运行电路,得到的波形如 8－119 所示。

IGBT 电流周期为 10^4 Hz,最大值约为 84.92 A,之后以正弦波下降至 20 A,保持约 23 μs 后,再以正弦波规律变化,最小值约为－44.92 A,直到电流再次回到 0,保持约 35 μs 后又突变为 20 A,然后以正弦波上升至最大值,如此往复。谐振电容电压周期为 10^4 Hz,最大值约为 64.92 V,之后以正弦波下降至 0,保持约 33 μs 后,再以正弦波规律变化,最小值约为－64.92 V,直到电流再次回到 0,保持约 23 μs 后,又以正弦波上升至最大值,如此往

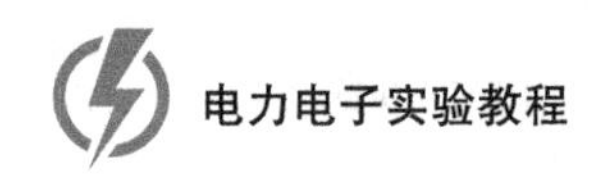

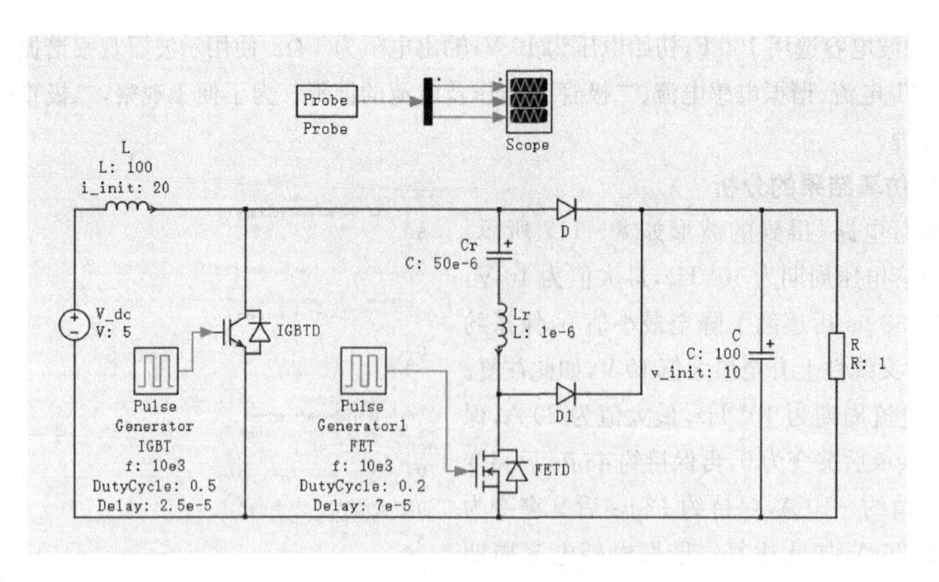

图 8-118　ZCT-PWM 变换器仿真模型

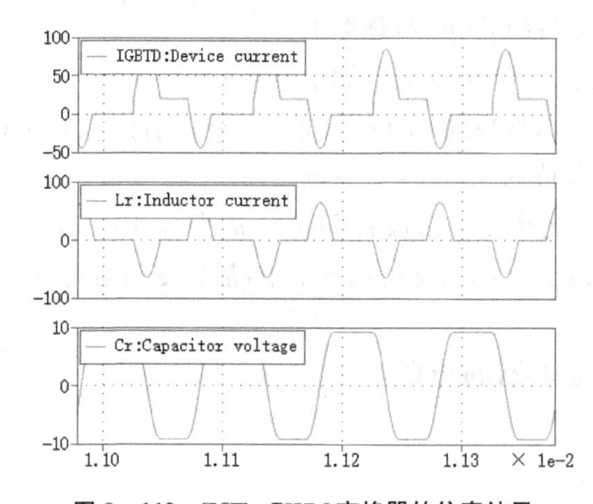

图 8-119　ZCT-PWM 变换器的仿真结果

复。谐振电感电流周期为 10^4 Hz，最大值约为 9.18 A，保持约 33 μs 后逐渐下降为最小值−9.18 A，保持约 23 μs 后逐渐上升至最大值，如此往复。

8.4.8　移相控制 ZVS-PWM 全桥变换器的仿真

1. 仿真模型的搭建

参照图 8-120 完成参数的设置。使用 10 V 直流电源；IGBT1 开关频率为 10^4 Hz，占空比为 0.4，延时时间为 75 μs；IGBT2 开关频率为 10^4 Hz，占空比为 0.4，延时时间为 25 μs；IGBT3 开关频率为 10^4 Hz，占空比为 0.4，延时时间为 40 μs；IGBT4 开关频率为 10^4 Hz，占空比为 0.4，延时时间为 90 μs；谐振电感选用 10 μH，初始电流为 10 A；谐振电容均选用

1 μF；储能电感选用 100 H，初始电流为 10 A；滤波电容选用 1 μF，初始电压为 10 V；输出电阻为 1 Ω；变压器变比为 1∶1∶1。由于仿真是理想模型，电容没有内阻，因此需要在输入端加入一个 0.01 Ω 电阻，以防止因电容电压跳变导致软件报错。使用示波器观察谐振电感电流 i_p、AB 电压 v_{AB} 及 CD 电压 v_{CD} 的波形。

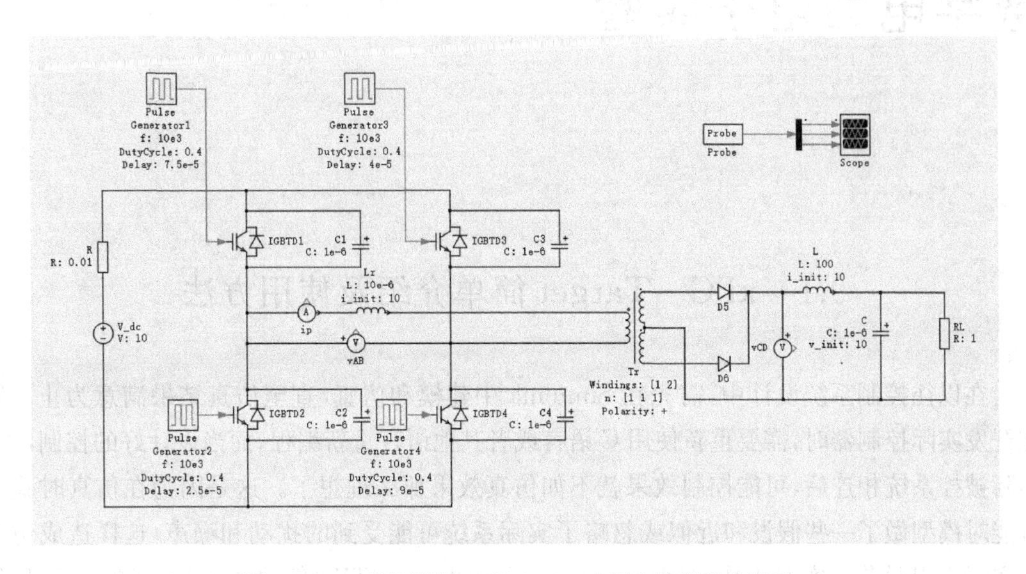

图 8－120　移相控制 ZVS－PWM 全桥变换器仿真模型

2. 仿真结果的分析

运行电路，得到的波形如图 8－121 所示。谐振电感电流周期为 10^4 Hz，最大值为 10 A，保持约 29 μs 后，逐渐下降至最小值－10 A，再保持约 33 μs 后，逐渐上升至最大值 10 A，如此往复。变压器一次侧电压周期为 10^4 Hz，最大值为 10 V，保持约 33 μs 后，线性下降至 0，再保持约 13 μs 后，逐渐下降至最小值－10 V，保持约 33 μs 后，线性上升至 0，再保持约 13 μs 后逐渐上升至最大值 10 V，如此往复。变压器二次侧电压周期为 10^4 Hz，最大值为 10 V，保持约 14 μs 后线性下降至最小值 0，再保持约 34 μs 后突变至最大值 10 V，如此往复。测量所得占空比丢失部分时间为 21 μs，计算所得占空比损失 $D_{loss}=0.42$，电路参数计算得 $D_{loss}\approx\frac{4L_rf_sI_O}{nV_I}=0.4$，两者近似。

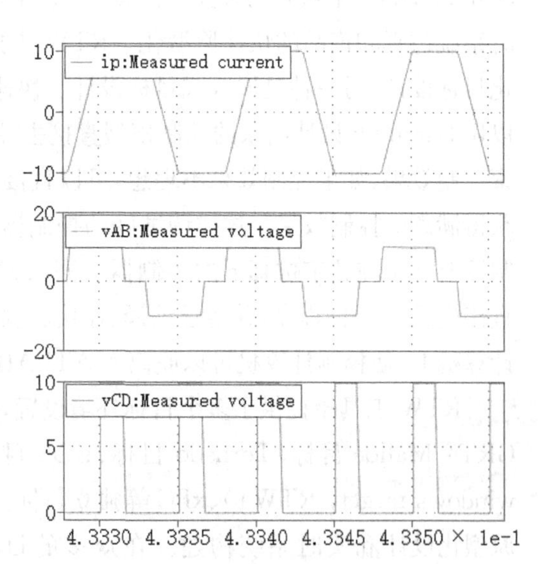

图 8－121　移相控制 ZVS－PWM 变换器的仿真结果

第9章

数字电力电子实验

9.1 xPC-Target简单介绍及使用方法

在以往控制系统设计中，需先在Simulink中建模和仿真，直至仿真结果满意为止。但在开发实际控制器时，需要重新使用C语言或者其他语言重新编程，而当设计好的控制器与实际被控系统相连后，可能控制效果就不如仿真效果那么理想了。这是因为在仿真时我们可能对模型做了一些假设和近似或忽略了实际系统可能受到的扰动和噪声，这样造成仿真与实际应用脱节。实时工作空间(real-time workshop, RTW)解决了这种问题。RTW是Mathworks公司为MATLAB在实时控制应用方面开发的专门工具箱。RTW是对Simulink的一个重要的补充功能模块，它是基于Simulink的代码自动生成环境，可用于实时系统仿真和产品的快速原型化。RTW支持两种类型的实时目标设计：一种是快速原型化目标设计，另一种是嵌入式目标设计。快速原型化目标设计又称为半实物仿真，就是指可以用Simulink设计出来的控制模型直接去控制实际的被控对象，通过半实物仿真过程来观察控制效果，如果控制效果不理想，可以直接在Simulink上调整控制器的结构或参数，直至获得满意的控制效果。这样调试好的控制器可以认为是实际控制器的原型，显然此时的控制器要好于纯数字仿真下的控制器。嵌入式目标设计就是将Simulink下调试好的控制器直接生成C语言程序，并经过编译、连接、生成可执行的应用程序，再将其下载并嵌入到控制计算机上，使控制计算机可以脱离MATLAB/Simulink环境直接用于实时控制。

RTW工具箱提供了多个目标环境设置，例如有通用实时目标(general real-time target, GRT)、Malloc目标、Tornado目标、DOS目标等捆绑目标，以及实时视窗目标(real-time windows target, RTWT)、xPC等独立目标。用户利用这些目标能快速、高质量地完成系统原型化设计和实时系统构建。在众多的目标环境中，xPC又以其完善的解决方案成为Mathworks公司的推荐使用目标。

xPC是RTW理论体系中的一个附加产品，是一种用标准计算机来实现控制系统的产品原型开发、硬件在回路的测试和实时系统配置的解决途径。xPC包括两个部分：xPC-Target，主要用于快速原型化设计的半实物仿真；xPC Target Embeded Option，可将目标机构建成嵌入式实时系统。本套实验设备主要是基于 xPC - Target 快速原型化设计半实物仿真思想开发的，XPC Target Embeded Option 在此不做讨论。

9.1.1　xPC - Target 简介及系统组成

xPC - Target 采用主机-目标机的“双机”模式，利用 Simulink RTW 的外部模式可以使主机与目标机之间采用 TCP/IP 以太网或串口 RS232 进行通信。主机用于运行 MATLAB/Simulink 和 Visual Studio C 编译器，目标机运行 xPC 实时内核，主机用于执行 RTW 和 C 编译器生成的可执行代码。因为目标机本身与物理对象之间不能产生信息交换，所以需要在目标机上配置 I/O 设备，这样就可将其变为 xPC 控制器，以进行硬件在回路仿真系统的开发。xPC - Target 实时快速控制系统原理如图 9 - 1 所示。

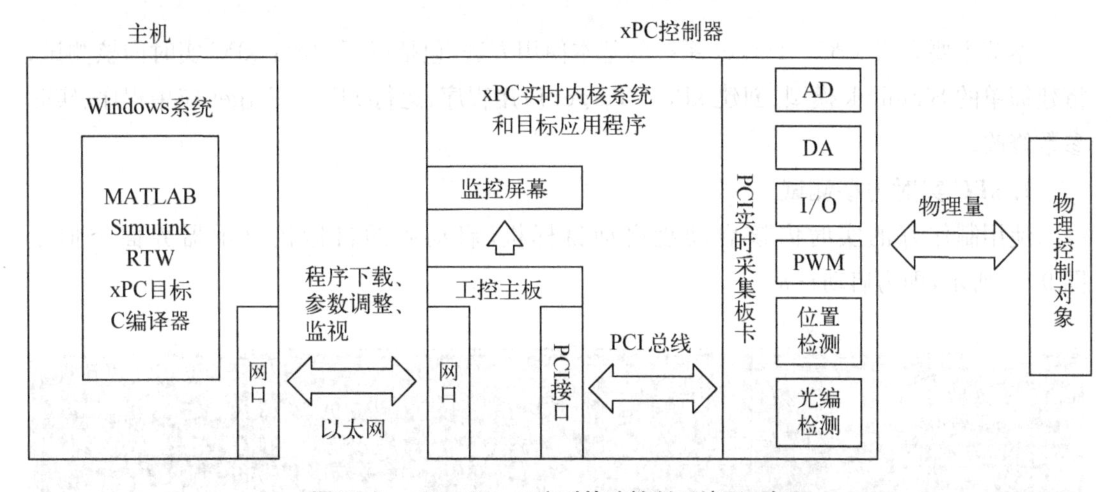

图 9 - 1　xPC - Target 实时快速控制系统原理框图

主机是标准的 PC 机，操作系统为 Windows 系统，需要安装 MATLAB/Simulink 和 Visual Studio(C 编译器)等软件。MATLAB/Simulink 作为开发环境，可利用 MATLAB 自带的 RTW 功能从设计好的 Simulink 模型生成 ANSI C 代码，然后再用 C 编译器转化为供目标机运行的、可执行的实时目标应用程序，最后通过以太网下载到目标机中。

目标机的运行使得用户无须在控制器上安装任何操作系统，只需用包含了该 xPC 实时内核的启动盘启动目标机即可。目标机的基本输入输出系统(BIOS)是实时内核运行所需的唯一资源，目标机启动载入 BIOS，BIOS 自动搜索实时内核启动盘中的启动映像文件，该文件首先将 CPU 从实时模式状态切换到 32 位保护模式下，然后设置目标机并启动实时内核。xPC - Target 实时内核启动运行后，将激活应用程序载入程序，并等待从宿主机上下载实时目标应用程序。

用户可在设计好的 Simulink 模型界面点击编译模型(build model)，利用 RTW 和 C 编译器生成可执行的目标应用程序，然后通过以太网自动下载到目标机的 xPC Target 实时内核，将实时目标应用程序复制到指定内存区域后，设置目标程序使其处于准备执行状态。用户可以通过 MATLAB 命令行或者主机 Simulink 模型界面上的开始按钮控制目标机上的程序执行。在程序运行期间，用户可以交互改变模型参数并且迅速获取、观察信号或者把它们保存起来做后续处理。通过主机 Simulink 模型界面下的示波器或目标图形用户界面(GUI)，能直接观察目标机上的控制信号和物理系统运行状态。如果控制效果不理想，可以在 Simulink 模型中改变控制器的参数，对于任何参数改变，Simulink 都会将其下载到目标机上的实时目标应用程序中，而不必重新编译 Simulink 模型、创建新实时目标应用程序，以达到实时在线控制的效果。

9.1.2 xPC - Target 系统基本使用方法

本节主要介绍 xPC - Target 系统的基本使用方法，包括以下内容：xPC 实时内核测试、搭建简单的 Simulink 模型、创建 xPC - Target 应用程序、运行 xPC - Target 应用程序、实时参数修改。

1. xPC 实时内核测试

使用制作好的实时内核启动盘启动目标机，启动后的目标机显示器界面类似于图 9 - 2 所示，即为启动正常。

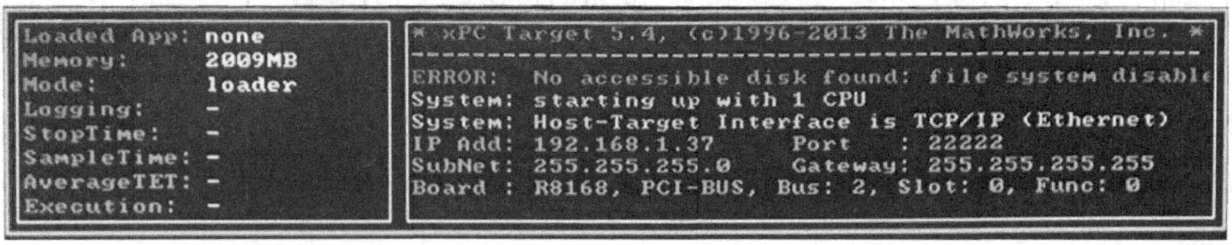

```
Loaded App:  none            * xPC Target 5.4, (c)1996-2013 The MathWorks, Inc. *
Memory:      2009MB          ----------------------------------------------------
Mode:        loader          ERROR:  No accessible disk found: file system disabl
Logging:     -               System: starting up with 1 CPU
StopTime:    -               System: Host-Target Interface is TCP/IP (Ethernet)
SampleTime:  -               IP Add: 192.168.1.37      Port    : 22222
AverageTET:  -               SubNet: 255.255.255.0     Gateway: 255.255.255.255
Execution:   -               Board : R8168, PCI-BUS, Bus: 2, Slot: 0, Func: 0
```

图 9 - 2 实时内核界面

在主机的 MATLAB 命令窗口中输入 xpctest，将运行测试脚本文件，并显示测试成功或失败的信息。测试成功的 MATLAB 命令窗口如图 9 - 3 所示。如果其中任意一个测试过程失败，用户需要查找对应的部分，参照帮助文档进行修改。

2. 搭建简单的 Simulink 模型

在此只简单介绍如何搭建一个可以在 xPC - Target 下运行的 Simulink 模型。详细的 Simulink 操作、Simulink 自带模块库介绍、子系统建立、示波器使用，以及仿真参数设置等方面的知识请参考相关书籍或在以后实验模块程序中进行介绍。

首先搭建一个实时快速控制系统：一路 AD 输入、一路 DA 输出并带有 xPC 目标机示波器(Target scope)和 Simulink 示波器(Simulink scope)显示模型。

```
>> xpctest

### xPC Target v5.4 Test Suite
### Host-Target interface is: TCP/IP (Ethernet)
### Test 1, Ping target PC 'SWD' using system ping: ... OK
### Test 2, Ping target PC 'SWD' using xpctargetping: ... OK
### Test 3, Software reboot the target PC 'SWD': ..... OK
### Test 4, Build and download an xPC Target application using model xpcosc to target PC 'SWD': ... OK
### Test 5, Check host-target command communications with 'SWD': ... OK
### Test 6, Download a pre-built xPC Target application to target PC 'SWD': ... OK
### Test 7, Execute the xPC Target application for 0.2s: ... OK
### Test 8, Upload logged data and compare with simulation results: ... OK
### Test Suite successfully finished
fx >> |
```

图 9-3　运行 xpctest 命令测试

（1）执行 MATLAB 菜单栏中的 HOME→NEW→Simulink Model 命令，如图 9-4 所示。

（2）弹出的 Simulink 模型界面如图 9-5 所示，在其界面上单击 Simulink 模块库浏览器（Library Browser）。

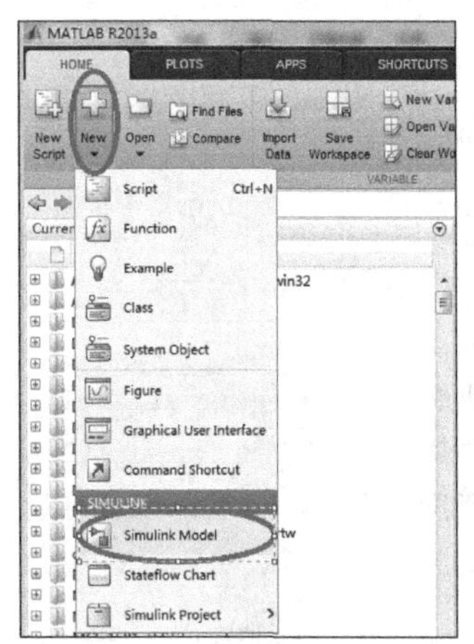

图 9-4　执行菜单栏中的 HOME → NEW → Simulink Model 命令

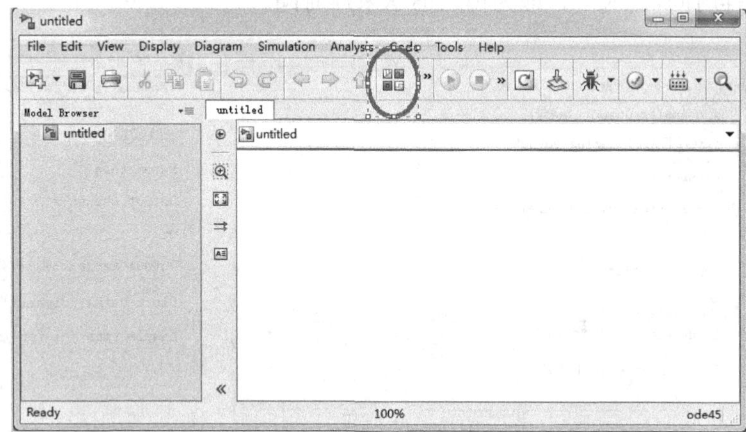

图 9-5　Simulink 模型界面

（3）各种模块及其参数设置。搭建如图 9-6 所示的 AD/DA 测试模型，其中模块的所在库如下：AD 模块，在 xPC1501 Toolbox 库中；DA 模块，在 xPC1501 Toolbox 库中；Constant 模块，在 Simulink 基本模块库下的 Sources 库中；Sine Wave 模块，在 Simulink 基本模块库下的 Sources 库中；Scope 模块，在 Simulink 基本模块库下的 Sinks 库中；Terminator 模块，在 Simulink 基本模块库下的 Sinks 库中；Switch 模块，在 Simulink 基本模块库下的 Signal Routing 库中；Scope（xPC）模块，在 xPC - Target 库下的 Misc.库中。添加好对应的模块后，进行信号连线，如果觉得模块名称不好理解，可以双击模块名称修改。

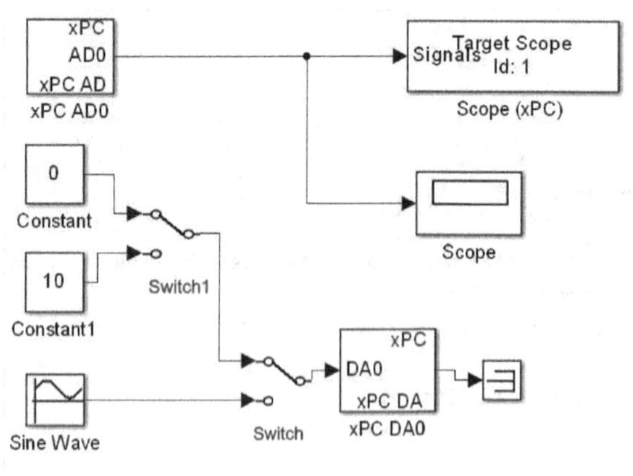

图 9－6　AD/DA 测试模型

(a) AD 模块。

AD 模块设置如图 9－7 所示，其中 Sample time 为采样时间，输入－1，即为模块继承采样时间。Input channels 为 AD 通道选择，输入 0，即选择 AD0 通道。Input range 为 AD 量程选择，选择 0～10 V。Block input signal 为输出数据类型选择，当 AD 量程为 0～10 V 时，若选 Volts，输出为 0～10；若选 RAW 对应的数据类型为 uint16，输出范围是 0～4 095。

(b) DA 模块。

DA 模块设置如图 9－8 所示，其中 Output channels 为 DA 通道选择，输入 0，即选择 DA0 通道。Output range 为 DA 量程选择，选择 0～10 V。Block output signal 为输入数据类型选择，当 DA 输出范围为 0～10 V 时，若选 Volts 输入 0～10 时，输出为 0～10 V；若选 RAW 对应的数据类型为 uint16，输入范围是 0～4 095，输出为 0～10 V。Sample time 为采样时间，输入－1，即为模块继承采样时间。

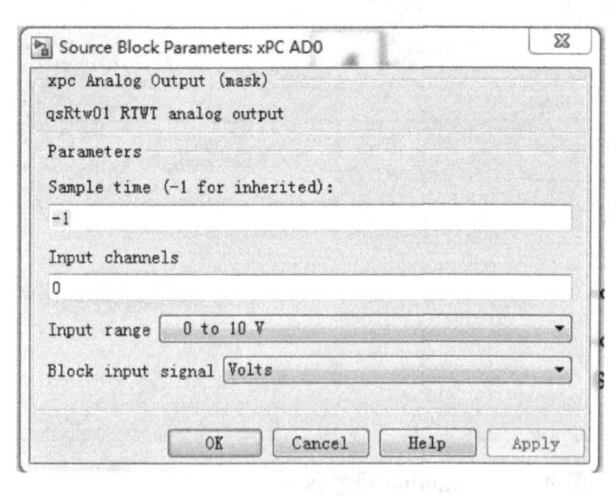

图 9－7　AD 模块设置

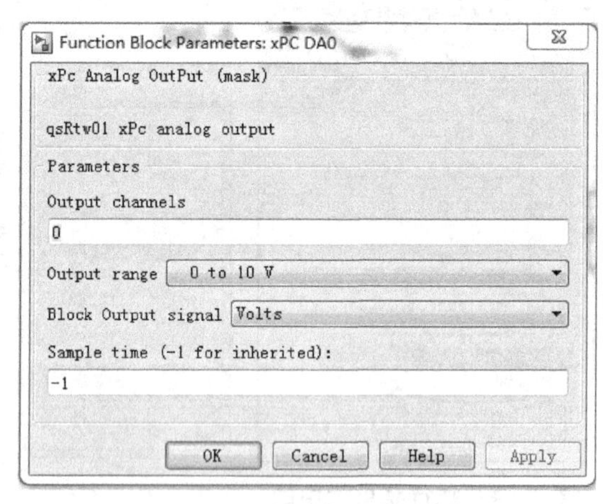

图 9－8　DA 模块设置

(c) Constant 模块。

Constant 模块设置如图 9－9 所示，其中 Constant value 为常数值，Constant 模块输入 0，Constant 模块输入 10；单击 Interpret vector parameters as 1－D 前面方框进行勾选；Sample time 为采样时间，填写－1，即为模块继承采样时间；Output minimum 为限制 Constant value 输入的最小值，可以输入[－10]，也可以不填；Output maximum 为限制 Constant value 输入的最大值，可以输入[10]，也可以不填；Output data type 为数据输出类型，选择默认即可；Lock output data type setting against changes by the fixed-point tools 为选择锁定的输出数据类型、设置更改此块为定点工具，可点击前面方框进行勾选。

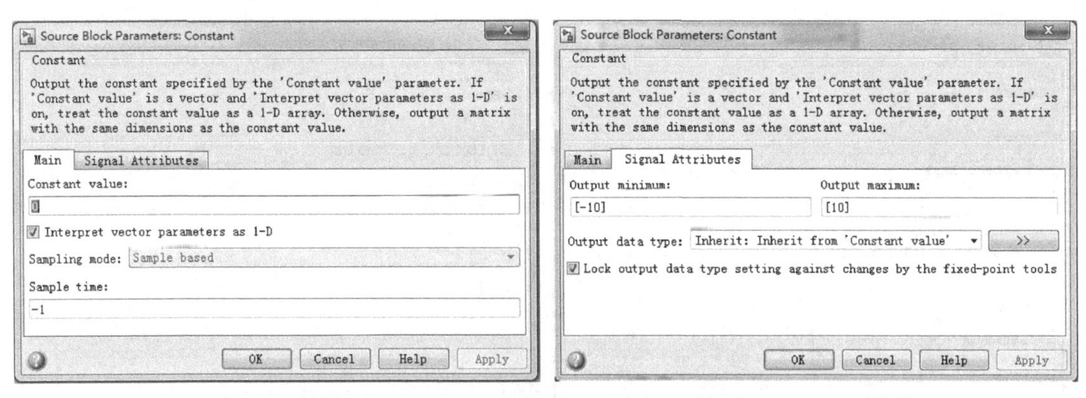

(a) Main设置　　　　(b) Signal Attributes设置

图 9-9　Constant 模块设置

(d) Sine Wave 模块。

Sine Wave 模块设置如图 9-10 所示，其中 Sine type 为正弦类型，选择 Time-based(基于时间)；Time(t)为时间，可选择使用仿真时间；Amplitude 为正弦波振幅，输入 5；Bias 为偏差或乖离率，输入 5；Frequency(rad/s)为频率，输入 2 * pi * 10；Phase 为初始相位，输入 0；Sample time 为采样时间，输入−1，即为模块继承采样时间；单击 Interpret vector parameters as 1-D 前面的方框进行勾选。

(e) Scope 模块。

Scope 模块是 Simulink 中的示波器，双击打开后如图 9-11 所示，单击 Parameters 按钮，会弹出示波器参数设置界面，如图 9-12 所示。

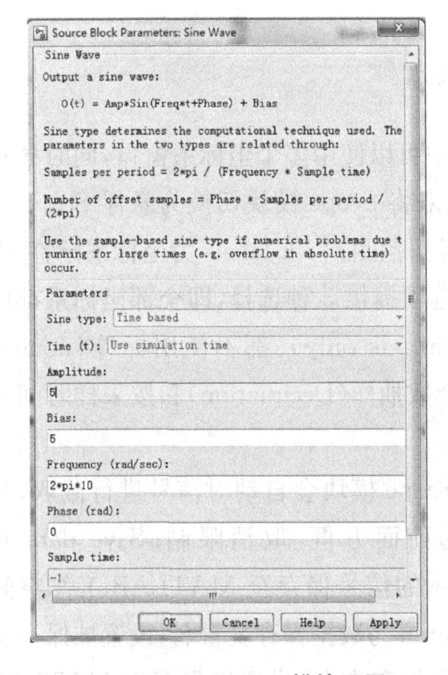

图 9-10　Sine Wave 模块设置

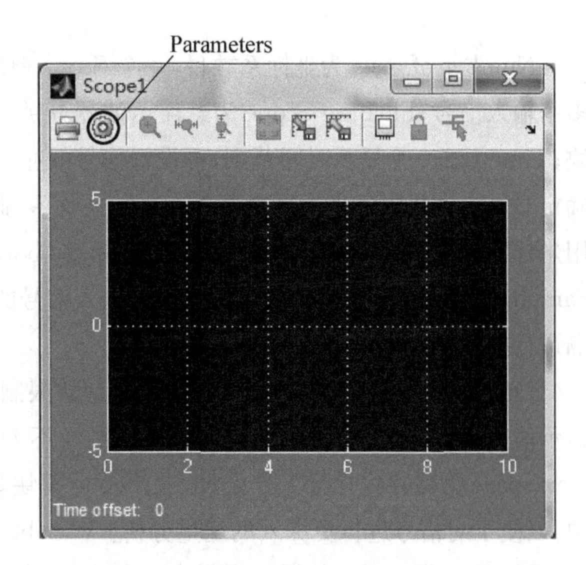

图 9-11　Scope 模块

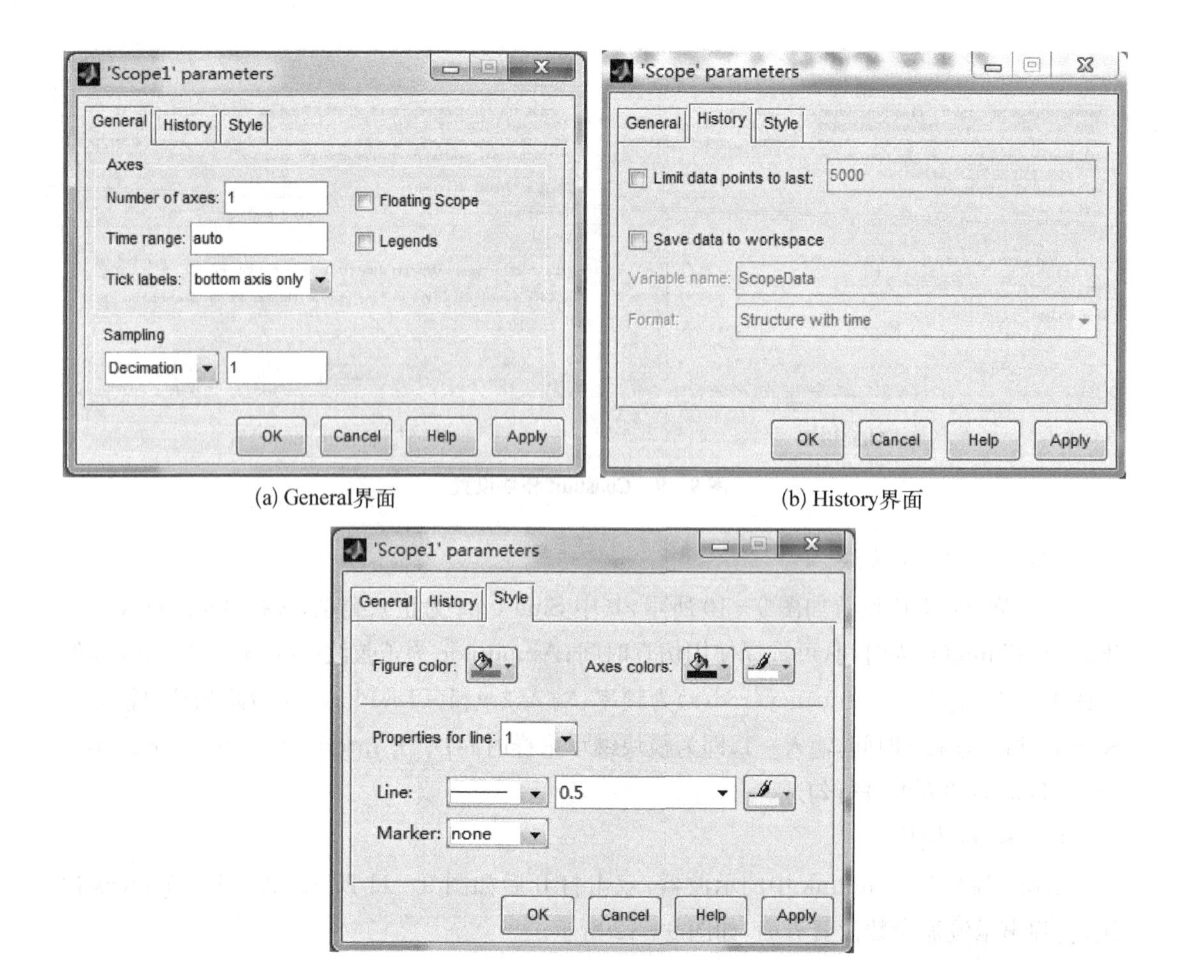

(a) General界面　　(b) History界面

(c) Style界面

图 9 - 12　Scope 模块设置

Number of axes 为坐标系数目，一个 Scope 模块中可以使用多个坐标系窗口，同时显示多个输入信号；Floating Scope 为悬浮示波器开关，用来将 Scope 模块切换为悬浮 Scope 模块；Time range 为显示时间范围，可设置信号的显示时间范围；Tick labels 为坐标系标签，可确定 Scope 模块中各坐标系是否带有坐标系标签，此选项提供 3 种选择，即全部坐标系都使用坐标系标签（all）、最下方坐标系使用标签（bottom axis only）、都不使用标签（none）。Sampling 为采样模式，有两种选择，即按输入信号的个数抽样（Decimation）和按采样时间间隔进行抽样（Sample time）。

Limit data points to last 为信号显示点数限制，Scope 模块会自动对信号进行截取，只显示信号最后 n 个点（n 为设置的点数），不勾选前面方框，取消限制；Save data to workspace 为保存信号至工作空间，将 Scope 模块显示的信号保存至 MATLAB 工作空间中，以便于对信号进行更深入的定量分析。Variable name 为数据保存变量名，设置被保存至 MATLAB 工作空间中数据的变量名。Format 为数据保存类型，设置被保存至 MATLAB

工作空间中数据的保存类型。数据的保存类型有 3 种：带时间变量的结构体（Structure with time）、结构体（Structure）、数组变量（Array）。如图 9－12（c）所示，Style 界面主要是设置示波器界面的颜色，显示波形的类型、颜色等。如果不想另行设置，使用默认设置即可。

Scope 模块纵坐标设置：鼠标指向波形显示的区域（即黑色区域），右击选择 Axes Properties，弹出如图 9－13 所示的界面，根据前面设置的 AD 转换后输出数据，在此设置 Y 坐标范围是 0～10，因此示波器纵坐标 Y－min 设置为 0，Y－max 设置为 15。

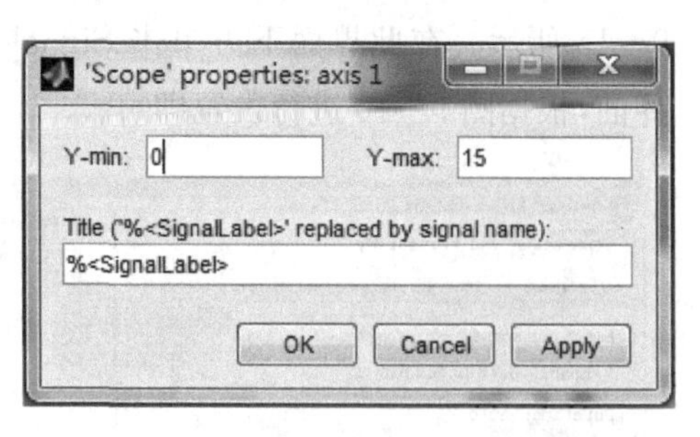

图 9－13　Scope 模块纵坐标设置

Scope 模块横坐标 X 范围设置：因为在 xPC－Target 工作模式时 Simulink 是运行在外部模式，示波器显示的是经 AD 转换后的外部信号，首先要取消信号显示点数限制（Limit data points to last），通过 Model Configuration Parameter 模型配置参数中 Solver 界面的 Fixed-step size 和外部控制面板（External Mode Control Panel）来设置。

Sink Block Parameters: Scope (xPC)
xpcscopeblock (mask) (link)
xPC Target Scope
Configure scope to acquire signal data.
Scope can be of type target, host, or file.
Parameters
Scope number:
1
Scope type: Target
☑ Start scope when application starts
Scope mode: Graphical redraw
☑ Grid
Y-axis limits:
[0, 15]
Number of samples:
1000
Number of pre/post samples:
0
Decimation:
1
Trigger mode: FreeRun
OK　Cancel　Help　Apply

图 9－14　Scope(xPC)模块设置

（f）Scope(xPC)模块。

对于 Scope（xPC）模块，双击 Scope（xPC）模块，弹出如图 9－14 所示的设置框。Scope number 为 xPC 示波器序号，一个 Simulink 模型中最多存放 3 个 xPC 示波器序号，实时内核监控界面分辨率较低，会使得波形很模糊；Scope type 为示波器类型，有 Host、Target、File 3 种选择，在此选 Target；勾选 Start scope when application starts；Scope mode 为示波器模式，有 4 种选择，分别是数值（Numerical）、图形绘制（Graphical redraw）、图形滑动（Graphical sliding）、图形滚动（Graphical rolling），在此选 Graphical rolling。勾选 Grid；Y－axis limits 为纵坐标范围设置，因设置的 AD 输出类型数据为 0～10，在此输入[0，15]。Number of samples 为采样数量，即 xPC 示波器行坐标范围设置。Number of pre/post samples 为采样前/后数量，输入 0；Decimation 为按输入信号的个数抽样，以信号源的 T_s 抽样周期为单位，输入 1；Trigger mode 为触发模式，有 4 种，分别是自由触发（freerun）、软件触发（software triggering）、信号触发（signal triggering）、示波器触发

(scope triggering)，选 freerun。

(g) External Mode Control Panel。

在模型界面菜单栏单击 Code，选择 External Mode Control Panel 选项，弹出界面如图 9－15 所示。在此界面下方单击 Signal & Triggering，弹出 External Signal & Triggering 界面，根据图 9－16 进行设置即可。

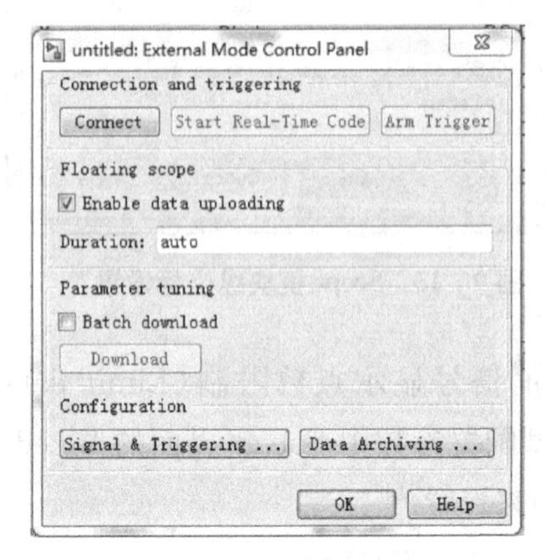

图 9－15 External Mode Control Panel 界面

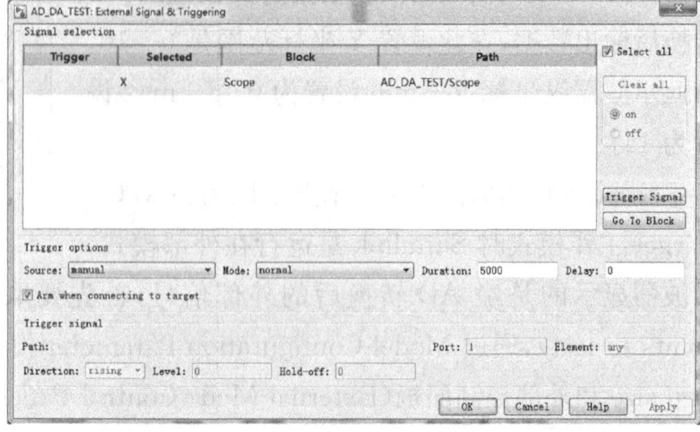

图 9－16 External Signal & Triggering 界面

(h) Trigger options(触发选项)。

Source 为触发源，有两种选择，即手动触发(manual)和信号触发(signal)。Mode 为触发方式，有两种选择，即单次触发(one-short)和正常触发(normal)。Duration 为持续时间，当 Duration 设置为 1 000 时，若模型的采样频率(固定步长)设置为 1/1e3，即 10^{-3}，则示波器横坐标记录的数据只有 1 s，1 s 后的数据覆盖前 1 s 的；当 Duration 设置为 5 000，则记录 5 s；当 Duration 设置为 1 000 时，若模型的固定步长设置为 1/5e3，即 2×10^{-4}，则示波器记录的数据只有 0.2 s，0.2 s 后的数据覆盖前 0.2 s 的数据。Delay 为延时触发。Trigger signal Path 为触发信号路径。Direction 为触发方向，有 3 种选择，即上升沿触发(rising)、下降沿触发(falling)、任意触发(either)。Level 为触发电平。Hold-off 为触发释抑。

(i) 设置仿真参数。

在模型界面点击齿轮形按钮，如图 9－17 所示，可弹出模型配置参数(Model Configuration Parameters)界面。在该界面，仅修改需要的设置，对于不需要修改的，选择默认设置即可。

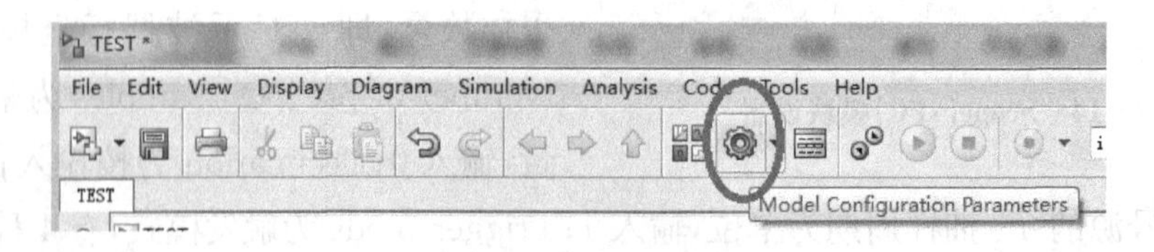

图 9－17 模型界面

对于求解算器(Solver),按图 9－18 进行设置。

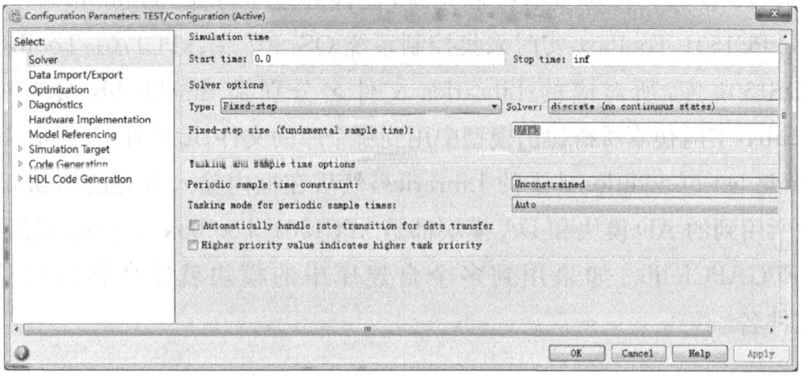

图 9－18　Solver 设置

因为 xPC－Target 的 Simulink 运行在外部模式,所以设置仿真时间(Simulation time)Start time 为 0,Stop time 为 inf。选择步长 Fixed-step,选择算法 discrete,固定步长大小(Fixed-sted size)输入 1/1e3,即 10^{-3},为目标应用程序的采样时间。采样时间设计过小的话可能会导致目标机 CPU 过载,一般控制设置 1 k～2 k 即可。

对于优化(Optimization)选项,其中的信号参数(Signals and Parameters)按图 9－19 进行设置。

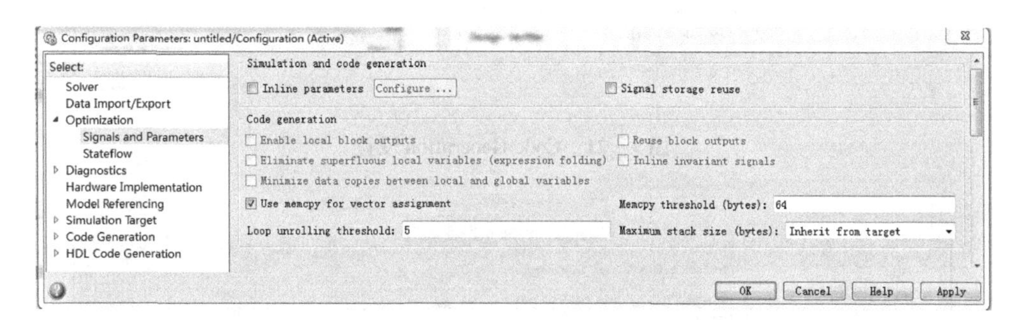

图 9－19　Signals and Parameters 设置

对于硬件实现(Hardware Implementation),按图 9－20 设置。

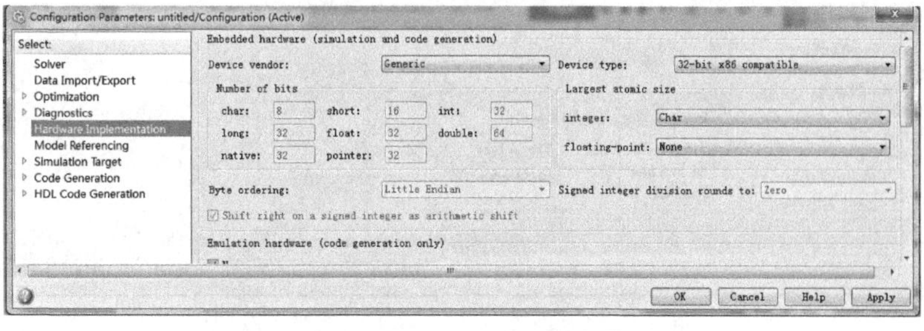

图 9－20　Hardware Implementation 设置

对于代码生成(Code Generation),按图 9-21 设置。代码生成下的定制代码(Custom Code)按图 9-22 设置。针对实时控制系统,已经开发了 3 个 Simulink 库,分别为 Dmc Toolbox 库、xPC1501 Toolbox 实时采集控制系统 QS1501 库、xPC1701 Toolbox 实时采集控制系统 QS1501 库,所对应的 Libraries 文件名分别是 dmclib. lib、QSFPGAPCI. lib、QSxPc1701.lib。实时仿真所搭建的模型中用到哪个库的文件,就要在 Custom Code 界面右侧单击 Include list of additional 下的 Libraries,然后在框内输入对应的 Libraries 文件名。例如本例中所用到的 AD 模块和 DA 模块都是 xPC1501 Toolbox 库中的,就需要在上述位置输入 QSFPGAPCI. lib。如果用到多个自建库中的模块就需要换行再输入对应的 Libraries 文件名。

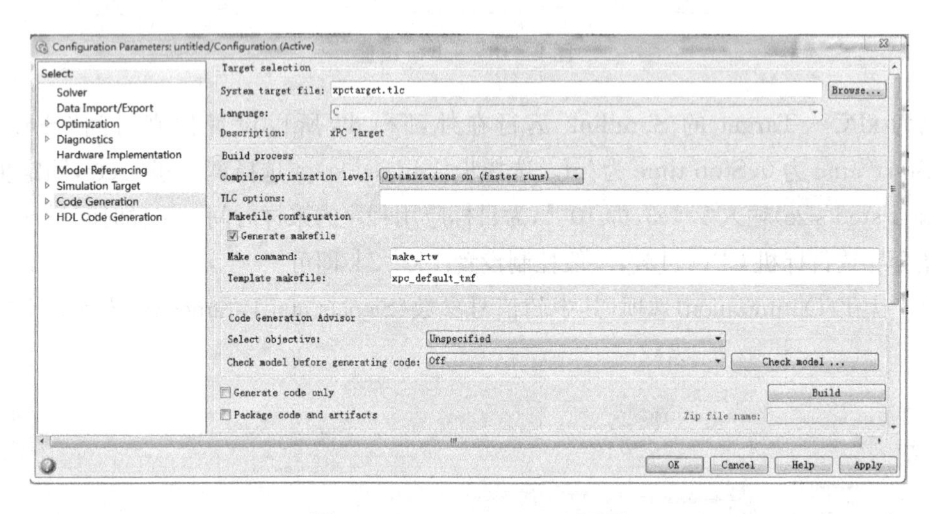

图 9-21 Code Generation 设置

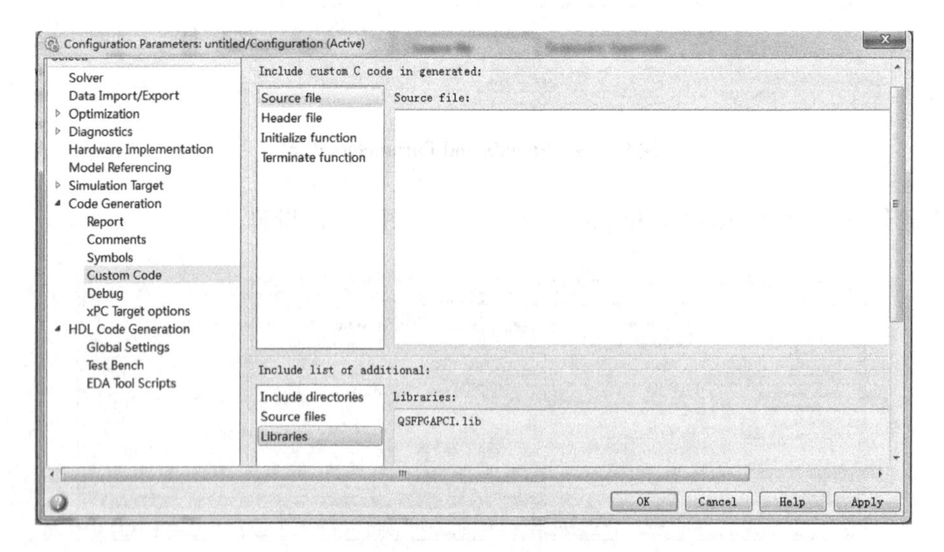

图 9-22 Custom Code 设置

对于 Code Generation 下的 xPC Target options，一般需要用到中断时，要设置产生中断的板卡(I/O board generation the interrupt)，选择 QS1501 库即可。测试程序不用中断的可以不选。

模型参数和仿真参数设置好以后保存到 xPC_TEST 文件夹中，文件名命名为 TEST_AD_DA.slx。

3. 创建 xPC - Target 应用程序

创建 xPC - Target 应用程序也即 Simulink 模型的编译下载。设置主机和目标机的 IP 地址，制作 xPC 实时内核启动盘。打开目标机，在开机后进入主板的 BOIS 中，设置启动第一选项为 USB 启动，然后保存此设置并关机。将 xPC 实时内核启动盘插入目标机的 USB 接口，目标机启动后可以在 xPC 监控界面即目标机屏幕看到目标机是否成功启动了。打开主机系统的命令提示符，输入 ping 192.168.1.141(所设置的目标机的 IP)，再单击回车键，会出现如图 9 - 23 所示的界面，这说明主机和目标机之间的以太网通信正常。

```
命令提示符
Microsoft Windows [版本 6.1.7601]
版权所有 (c) 2009 Microsoft Corporation。保留所有权利。

C:\Users\xPC-TEST01>ping 192.168.1.141

正在 Ping 192.168.1.141 具有 32 字节的数据:
来自 192.168.1.141 的回复: 字节=32 时间=1ms TTL=60
来自 192.168.1.141 的回复: 字节=32 时间<1ms TTL=60
来自 192.168.1.141 的回复: 字节=32 时间<1ms TTL=60
来自 192.168.1.141 的回复: 字节=32 时间<1ms TTL=60

192.168.1.141 的 Ping 统计信息:
    数据包: 已发送 = 4，已接收 = 4，丢失 = 0 (0% 丢失)，
往返行程的估计时间(以毫秒为单位):
    最短 = 0ms，最长 = 1ms，平均 = 0ms

C:\Users\xPC-TEST01>
```

图 9 - 23　以太网通信正常的界面

需注意，如果连接不成功的话，可以按照下面方法进行解决：① 待目标机进入 Windows 系统启动后再关机；② 将主机的 Windows 防火墙关闭。

单击 MATLAB R2013 工具栏中的“Open”，在弹出的界面中找到 xPC_TEST 文件夹中的 AD_DA_TEST.slx，然后选中，单击“打开(O)”。在打开模型的 Simulink 界面的工具栏中找到图 9 - 24 所示的位置，单击 Normal 下拉列表框，选择 External，然后就可发现工具栏变成了如图 9 - 25 所示的内容。

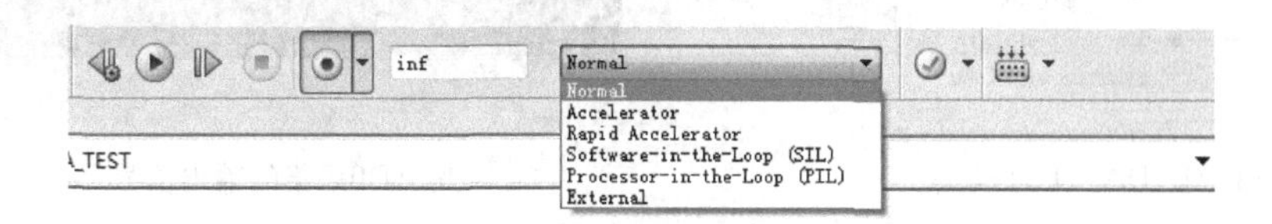

图 9 - 24　Simulink 界面的工具栏

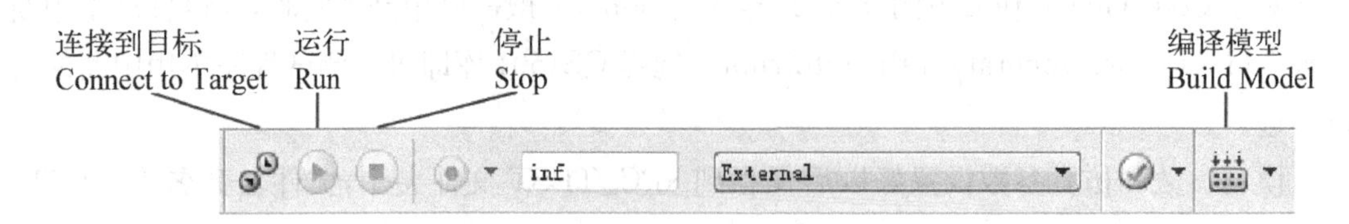

图 9-25　选择 External 后的工具栏

单击工具栏上的“Buid Model”，编译下载 AD_DA_TEST.slx 到目标机，再单击“Connect to Target”。

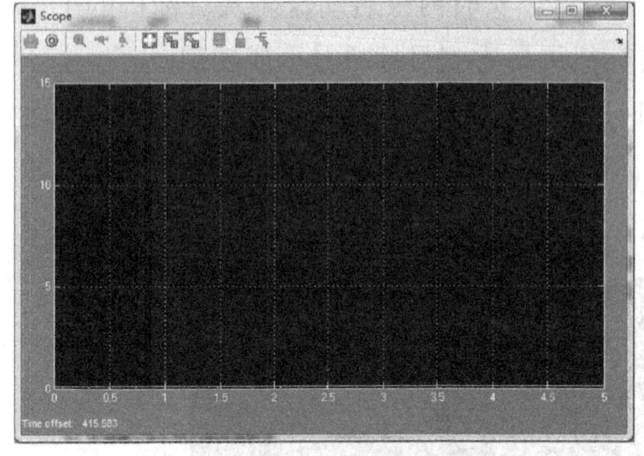

图 9-26　AD0 采集到的输出信号

4. 运行 xPC-Target 应用程序

单击工具栏上的“Run”，运行已经下载的目标应用程序。把 MCL-1501 面板上 DA0 通道的 0～10 V 输出接到 AD0 通道，AD0 通道量程设置为 0～10 V，同 AD 模块设置。可以在 Scope 示波器上看到 AD0 通道采集到的 DA0 通道的输出。如图 9-26 所示，Switch 所在位置的 DA0 输出为 0，用万用表测量到的 DA0 输出应为 0，故在示波器上显示的 AD0 所采集的输出电压也为 0。

5. 实时参数修改

如果现在需要 DA0 输出 10 V 电压，只需要双击 Switch1 开关使其打到下侧，可用万用表测量 DA0 输出(应为 10 V)，故在示波器上显示的 AD0 所采集的输出电压也为 10 V，如图 9-27 所示。

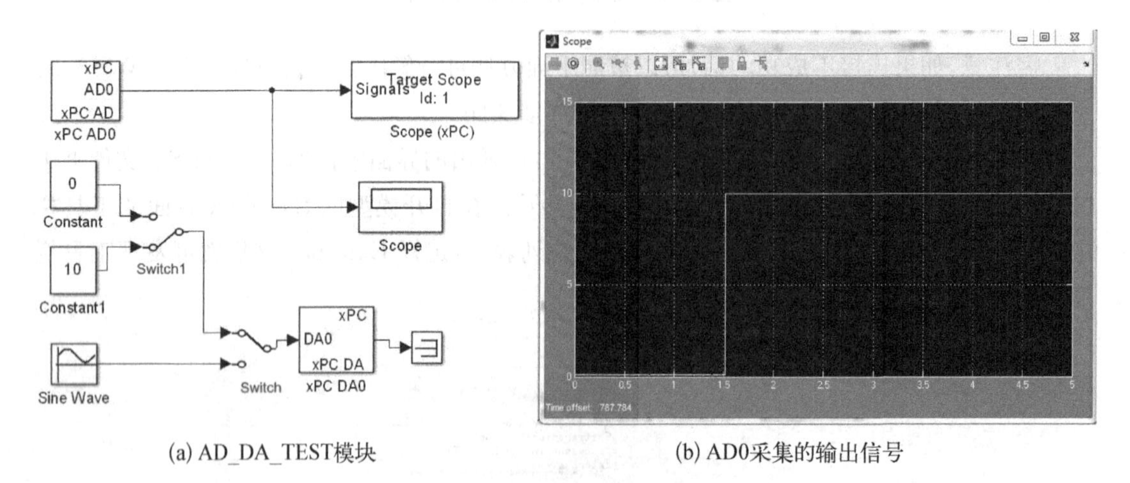

(a) AD_DA_TEST模块　　(b) AD0采集的输出信号

图 9-27　DA0 输出 10 V 电压

如果现在需要 DA0 输出正弦波，按照前面模块参数设置中 Sine Wave 模块的设置，只需要双击 Switch 开关使其打到下侧，可用数字示波器测量 DA0 输出(应为峰值 10 V、直流偏移 5 V、频率 10 Hz 的正弦波)，在示波器上显示的 AD0 所采集的输出电压信号如图 9 - 28 所示。

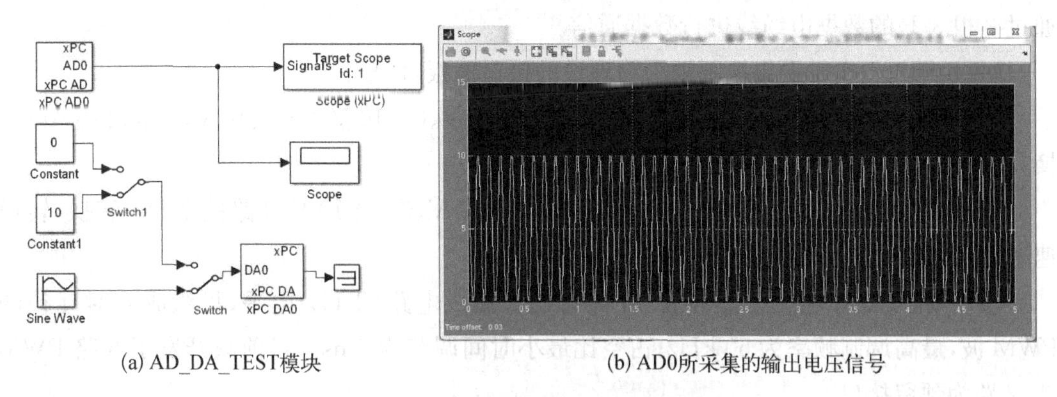

(a) AD_DA_TEST模块　(b) AD0所采集的输出电压信号

图 9 - 28　AD0 所采集的输出电压信号

在图 9 - 28 显示的波形中，Duration 设置为 5 000 个点，示波器的 X 坐标显示 5 s 的波形，Scope 显示的波形周期太多，细节不清楚。为清楚显示波形细节，可将 Duration 设置为 1 000 个点，然后编译、连接、运行，则 Scope 显示的波形如图 9 - 29 所示。

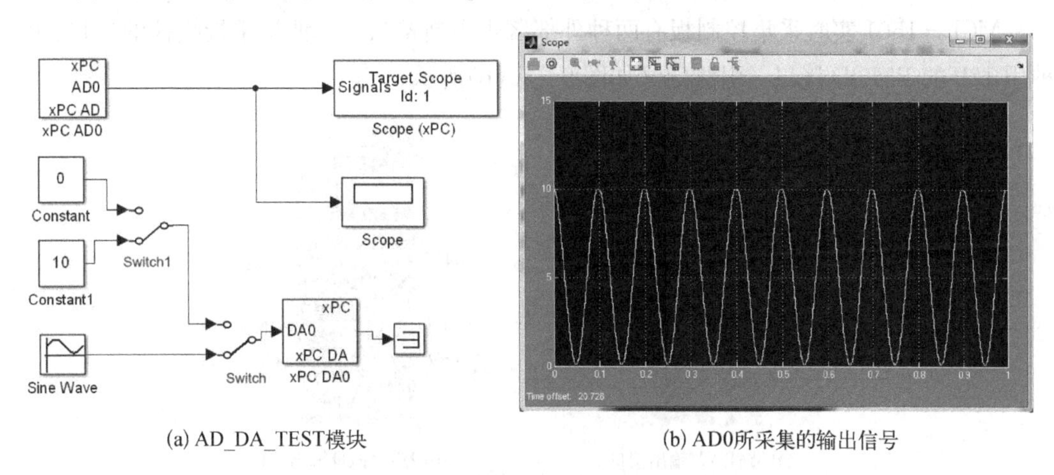

(a) AD_DA_TEST模块　(b) AD0所采集的输出信号

图 9 - 29　Duration 设置为 1 000 个点后 Scope 显示的波形

9.2　实时控制系统硬件资源及 Simulink 模块库向导

9.2.1　实时控制系统硬件资源

QS1501 实时控制系统是为 MATLAB 的 Simulink 实时环境设计的控制和数据采集系统，支持实时视窗目标(RTWT)和 xPC - Target 环境。

QS1501 实时控制系统由主机、目标机和物理控制对象组成。因目标机本身无法与物理控制对象直接产生信号交换，需要在目标机上安装 I/O 板卡。QS1501 实时控制系统的 I/O 板卡由两部分组成：PCI - FPGA - CRAD 实时板卡和 MCL - 1501 实时采集控制板。两者通过 2 根 37P 的数据电缆线进行数据通信。

MCL - 1501 实时采集控制板为物理量的接口面板，包括：

(1) 6 路模拟量输入。输入电压量程可选 0～5 V、0～10 V、0～±10 V，6 路独立 AD 转换，转换速率为 300 Hz。

(2) 2 路模拟量输出。输出电压范围可选 0～10 V、0～±10 V，2 路独立 DA 转换，转换速率为 1 MHz。

(3) 8 路 PWM 输出。晶体管-晶体管逻辑集成电路(TTL)电平，可组成 4 对互补的 PWM 波，最高调制频率为 50 kHz；占空比最小时间调节为 5 ns。目前只开发了 6 路 PWM 波，2 路为预留接口。

MCL - 1501 实时采集控制板有两种 PWM 接口：一种是用接线柱的接口，另一种用 12P 的 PMOD 接口。引脚定义如图 9 - 30(a)所示。

(4) 2 路外部警告中断输入。INT0 和 INT1，高电平有效，其中 INT1 为预留接口。当警告信号由低电平变为高电平时，PWM 输出封锁，全部置低。

MCL - 1501 实时采集控制板有两种外部警告中断接口：一种是用接线柱的接口，另一种用 12P 的 PMOD 接口。引脚定义如图 9 - 30(b)所示。

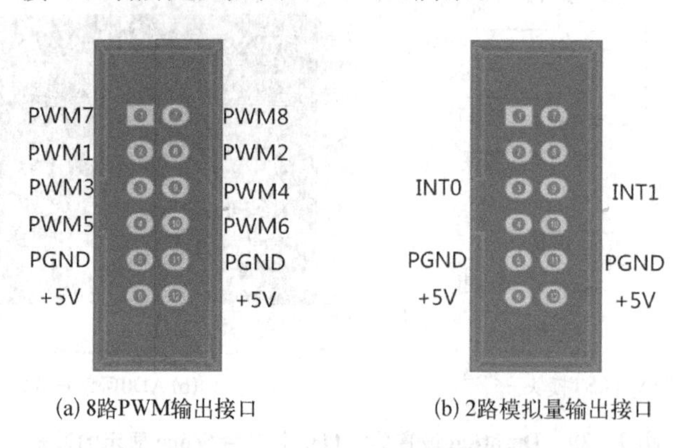

(a) 8路PWM输出接口 (b) 2路模拟量输出接口

图 9 - 30　MCL - 1501 实时采集控制板外部警告中断接口

(5) 6 路开关量输入信号。TTL 电平。

(6) 6 路开关量输出信号。TTL 电平。

(7) 1 个位置检测接口。该接口可用于无刷电动机、开关磁阻电动机位置检测信号的输入，接口预留。面板上位置检测航空插座引脚定义如图 9 - 31 所示，其中 HA、HB、HC 为三相电压接口。

(8) 1 个光电编码器接口。该接口可用于异步电动机、交流伺服电动机等光电编码器信号的输入。面板上光电编码器航空插座引脚定义如图 9 - 32 所示。

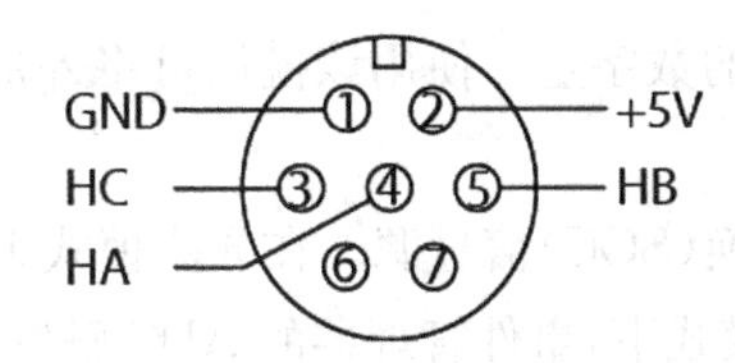

图9-31　MCL-1501面板位置检测航空插座引脚定义

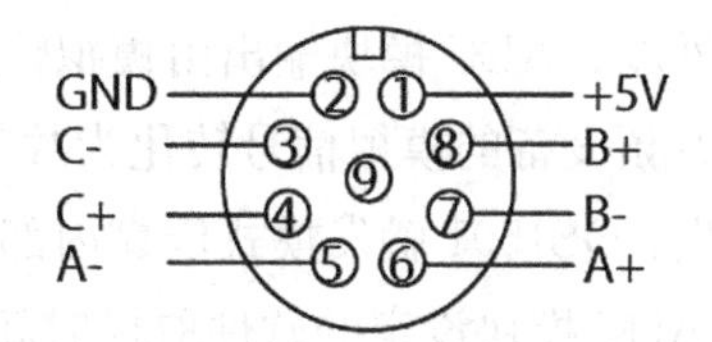

图9-32　MCL-1501面板光电编码器航空插座引脚定义

9.2.2　基本模块库

QS1501实时控制系统对应的基本模块库包含脉宽调制(xPCpwm)模块、定时器(xPCtimer)模块、正交解码(xPCqep)模块、捕获(xPCcap)模块、模拟量输入(xPCad)模块、模拟量输出(xPCda)模块、异步中断请求(Async IRQ Source)模块、数字量输入(xPCdi)模块、数字量输出(xPCdo)模块。

1) xPCpwm模块

QS1501实时控制系统包括一个xPCpwm模块(见图9-33),输入到模块输入端的可变信号为由事件管理(EV)器产生需要的PWM波形,模块由6个PWM配置成3对。xPCpwm模块和其他模块共享通用(GP)定时器。输入到xPCpwm模块的信号周期必须与时钟周期成比例值。

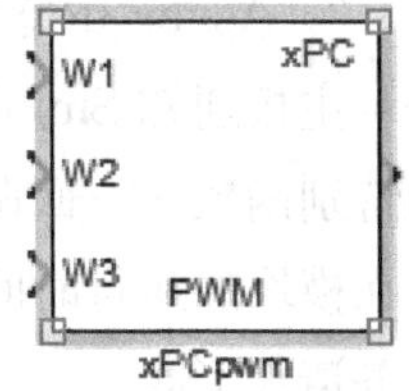

图9-33　xPCpwm模块

2) xPCtimer模块

在事件管理器模块中配置通用定时器。QS1501实时控制系统具有一个事件管理模块,内含两个通用时钟。这些时钟可作为独立时间基准。使用QS1501时钟模块设置通用定时器的周期并且根据状况产生中断。每个模型包含了两个QS1501时钟模块。在这个模块中的通用定时器设置能被别的模块共享。

3) xPCqep模块

事件管理器有3个捕获单元,分别对应各自的捕获单元引脚。由捕获单元引脚输入的正交编码(QEP)脉冲通过正交编码电路解码和计数。QEP脉冲是两个频率变化而相位差为90°(或四分之一的周期)的有序脉冲。电路计数每个QEP脉冲的边缘,因此QEP时钟频率是4倍的输入序列频率。QEP模块和光电编码器能非常有效地从一个旋转机械获得速度和位置的信息。QEP的逻辑电路能判断由输入序列决定的旋转方向。如果QEP1序列超前,通用定时器增加计数。如果QEP2序列超前,通用定时器减小计数。脉冲的计数值和频率决定了角度位置和速度。xPCqep模型和其他QS1501模块共享通用定时器。

4) xPCcap模块

xPCcap模块可获取并记录输入引脚的变化。该模块未完全开发,为预留模块。

5) xPCad模块

xPCad模块是模拟量到数字量的转化(ADC)模块。QS1501 ADC模块能够配置模数转换器的性能。ADC模块输出由模拟输入信号转换后的数字量。使用该模块可将外部信号、频率或音频设备的模拟信号转化为数字量。

触发：QS1501触发模式依靠内部设置的开始转换(SOC)信号源。在异步模式下，ADC通常由ADC模块设定的软件取样时间触发；在同步模式下，事件管理器的ADC触发来启动ADC，在这种情况下ADC转换会与PWM产生波形同步，ADC开始时间在QS1501 PWM模块内设置。

输出：QS1501 ADC模块的输出是一个uint16数据类型的数值。输出值的范围为0～4 095。ADC采用的是12位的AD转换器。每一个AD转换器都是一个独立的转换器，因此6路AD输入能够同时进行转换并得到数据，最大的AD采样频率为300 kHz。

6) xPCda模块

xPCda模块是数字量到模拟量转换的模块(DAC)。可将输入的数字量转换成由硬件输出的模拟信号。

7) Async IRQ Source模块

主板通知Simulink和xPC - Target软件，IRQ Source模块是一个被当作中断服务请求的特别函数——回调子系统是IRQ Source模块。这个模块实际是一个虚拟的模块并且不存在模块的运行时间。然而模块初始化代码通过注册，在声明的中断发生时CPU运行中断服务请求ISR。

8) xPCdi模块

xPCdi模块输出数据类型(data type)选择auto(选择其他无效)，默认输出16位整型数据，bit0～bit5位对应DI0～DI5输入口。把数字量输入(DI)模块输出的数据送到Extract Bits模块，取0～5位，即可得到对应DI0～DI5通道的输入电平状态。DI模块输出的数据bit0～bit5位在DI0～DI5通道初始状态(即输入低电平)时都为1，在DI0～DI5通道接入高电平时都为0，逻辑正好相反。故要在取位后通过Compare to Constant模块，在位值为1时输出0，在位值不等于1时输出1。

9) xPCdo模块

xPCdo模块输入数据类型选择auto(选择其他无效)，默认输入16位整型数据，bit0～bit5位一一对应DO0～DO5输入口。

9.3 基于xPC模式的数字电力电子实验

9.3.1 Buck变换器

1. 实验目的

(1) 理解Buck变换器的工作原理。

(2) 掌握 QS1501 实时控制系统 PWM 模块和 AD 模块。

(3) 学会闭环控制的调试方法。

2. 实验内容

(1) 了解 Buck 变换器的硬件参数和电路结构。

(2) 学会 PWM 模块和 AD 模块的使用方法。

(3) 调节 PI 闭环参数对控制效果的影响。

(4) 观察不通电感时电感电流工作状态。

3. 实验设备

(1) 电源控制屏(QS－DY05 或 NMCL－32)。

(2) 24 V 直流电源、Buck 变换器(MCL－20A)。

(3) 可调电阻(MCL－10 或 NMCL－03)。

(4) QS1501 实时控制系统(主机、目标机、MCL－1501 等)。

(5) 双踪示波器、直流仪表、万用表、实验导线等。

4. 实验方法

1) Buck 变换器参数及其功能说明

(1) Buck 变换器电源设计参数。

输入电压 $U_s = 24$ V，输出电压 $U_O = 20$ V，输出满载电流 $I_O = 2$ A，开关频率 $f_s = 24$ kHz。

(2) Buck 变换器电路参数。

输入电容 C_1 为 1 000 μF/63 V；主开关管 VT1 为 MOSFET，型号为 IRF640N；电感 L 配置两种，L_1 为 680 μH/3A，L_2 为 100 μH/3A；快恢复二极管 D1 为 MUR1560；输出电容 C_2 为 470 μF/100 V 与 220 μF/100 V 并联；R_1、R_2、R_3 为电流取样电阻，电阻都为 0.1 Ω；R_4、R_5 为电压取样电阻，$R_4 = 2.4$ kΩ，$R_5 = 2.0$ kΩ，若输出电压 $U_O = 20$ V 时，采样电压 $U_f = 8.33$ V。

Buck 变换器电路中放置了多个波形观察孔，不仅可以观察各点的电压波形，还可通过电流取样电阻观察流过 MOSFET 管、二极管和电感的电流波形。

(3) Buck 变换器的保护功能说明。

在图 9－34 中可看到“警告复位”按钮，Buck 变换器的警告保护功能主要包含输出过压保护和输出过流保护，其保护原理如下。

过压保护：采集 Buck 变换器的输出电压，并与基准电压进行比较。如果采集的输出电压大于基准电压则产生过压警告信号。过流保护：采集 Buck 变换器的输出电流，并与基准电流进行比较。如果采集的输出电流大于基准电流则产生过流警告信号。过压警告信号与过流警告信号通过二极管组成的或门后作用于两个地方；其一是控制继电器切断面板上的 24 V 直流电源输出，其二是通过封锁驱动脉冲。过压警告主要用于几个升压斩波电路，Buck 变换器为降压斩波电路，过压警告在此不起作用。

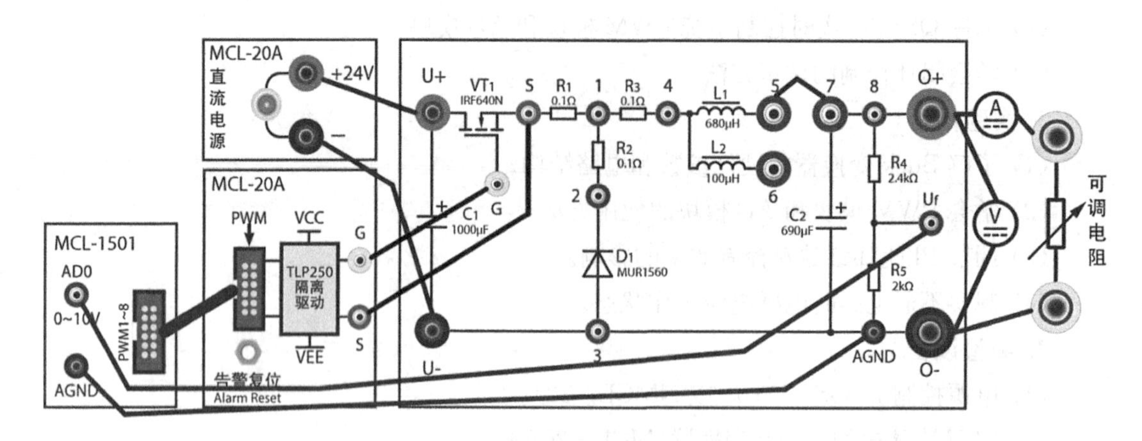

图 9－34　Buck 变换器实验线路图

2) Buck 变换器 Simulink 实时仿真模型程序说明

在实验时可使用附带例程，也可参考例程搭建实验程序。

在搭建实验程序时需要学习 9.1.2 节 xPC－Target 系统基本使用方法，掌握 9.2 节 QS1501 实时控制系统的硬件资源及 Simulink 模块库向导。本实验程序主要用到 QS1501 实时控制系统中的 Timer 定时器模块、AD 模块、PWM 模块等。

图 9－35 包含 Timer 定时器模块、IRQ Source 中断源及 ISR 中断服务程序。

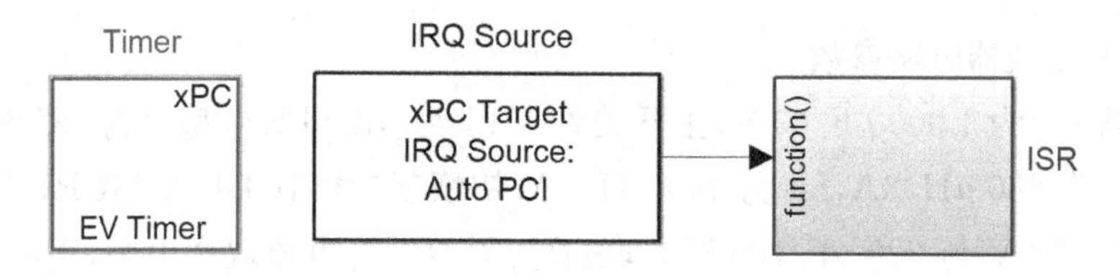

图 9－35　Timer 定时器模块、IRQ Source 中断源及 ISR 中断服务程序

(1) Timer 定时器模块设置如图 9－36 所示，Module 选择 A，Timer no 选择 1，Clock source 选择 Timer period source，Timer period 设置为 2 500（即 2 500 个时钟周期），Compare value source 设置为 1 250（仅在对话框最下方选择 Post interrupt on compare match 时有效），Counting mode 选择 Up-down（产生一个对称的波形输出，因定时器周期为 2 500 个时钟周期，而一个时钟周期为 1/120 MHz，定时器周期约为 2.083e−5，故定时器输出波形的频率 1/(2.083e−5)/2 ≈ 24 kHz)，Timer prescaler 设置为 0（对输入的时钟不分频），对话框最下方选择 Post interrupt on underflow（当定时周期回到 0 时产生中断）。

(2) IRQ Source 中断源设置如图 9－37 所示，I/O board generating the interrupt 选择 XPCQS1501（为使中断有效需要选择所用的板卡）。

(3) ISR 中断服务程序。双击打开 ISR，如图 9－38 所示。

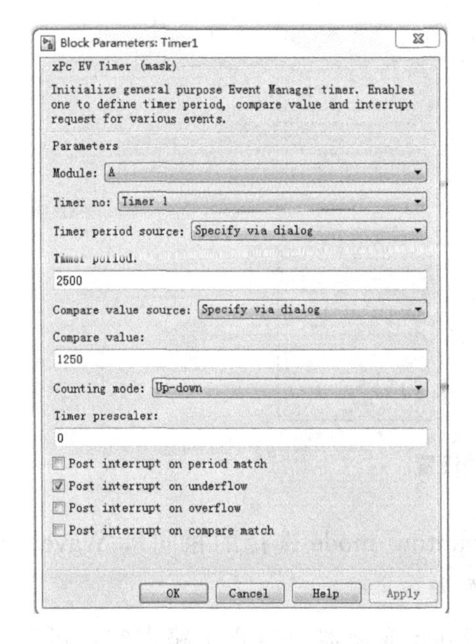

图 9-36　Timer 定时器模块设置

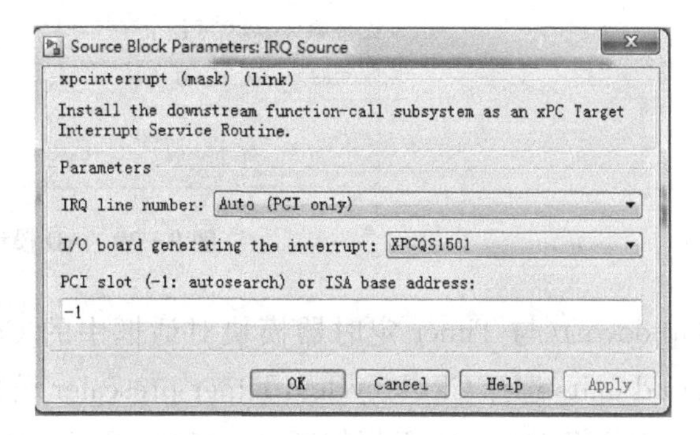

图 9-37　IRQ Source 中断源设置

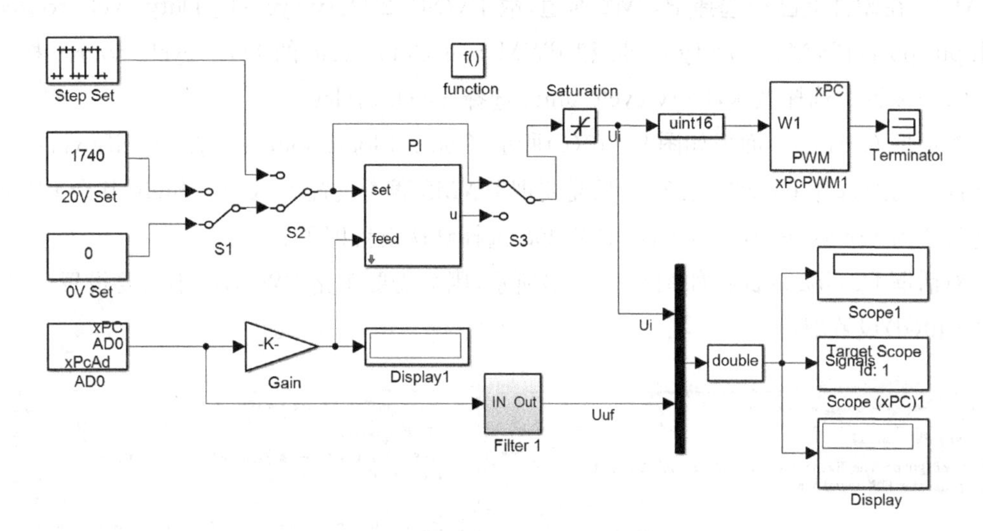

图 9-38　ISR 中断服务程序

图 9-38 中的模块来自 QS1501 基本模块库和 Simulink 自带模块库。除 AD 模块、PWM 模块来自 QS1501 基本模块库外，其他模块都是 Simulink 自带模块库中的模块(其中 Filter 为滤波器模块，PI 模块为调节器模块，二者都是利用 Simulink 自带模块库搭建而成的)。AD 模块设置如图 9-39 所示，模块的输出数据类型 Raw 为 uint16 数据类型的数字量，范围是 0～4 095，输入为 0～10 V。当输入模拟量 10 V 时，输出的数字量为 4 095。

PWM 模块的设置如图 9-40 所示。对话框 Timer 面板如图 9-40(a)所示，Waveform period source 选择 Specify via dialog，Waveform period 设置为 2 500(与 Timer 定时器模块对话框中 Timer period 设置的值相同)，Waveform type (counting mode)选择 Symmetric

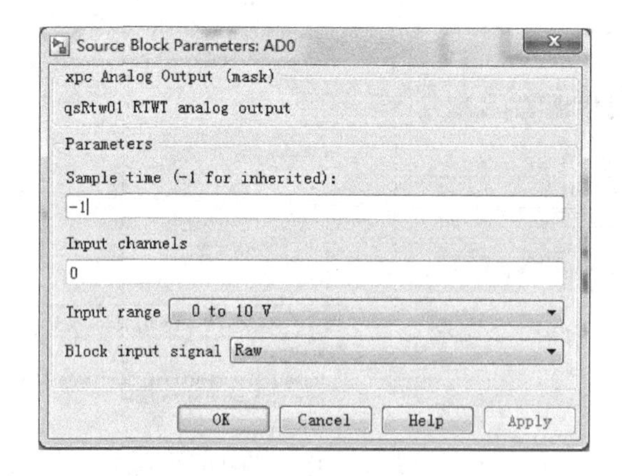

图 9-39　AD 模块设置

(Up-down)(与 Timer 定时器模块对话框中的 Counting mode 选择的相同)，Waveform period units 选择 Clock cycles，Timer prescaler 设置为 0。

对话框 Outputs 面板如图 9-40(b)所示，因 Buck 变换器只需要 1 路占空比可变的 PWM 波，在硬件上已经选择 PWM2 通道，故 PWM1/2 Duty cycle 的 Duty cycle source 选择 Input port，PWM3/4 Duty cycle 和 PWM/5/6 Duty cycle 的 Duty cycle source 按照图 9-40(b)设置或选择默认，Duty cycle units 选择 Clock cycles。

对话框 OutLogic 面板如图 9-40(c)所示，Control logic source 选择 Specify via dialog，在硬件上已经选择 PWM2 通道，故只需要把 PWM2 通道设置为 Active high，其余 PWM 通道均设置为 Forced low，PWM1S～PWM6S 选择默认设置即可。

对话框 Deadband 面板如图 9-40(d)所示，因只需要 1 路 PWM，故不需要设置死区，按图 9-40(d)设置即可。

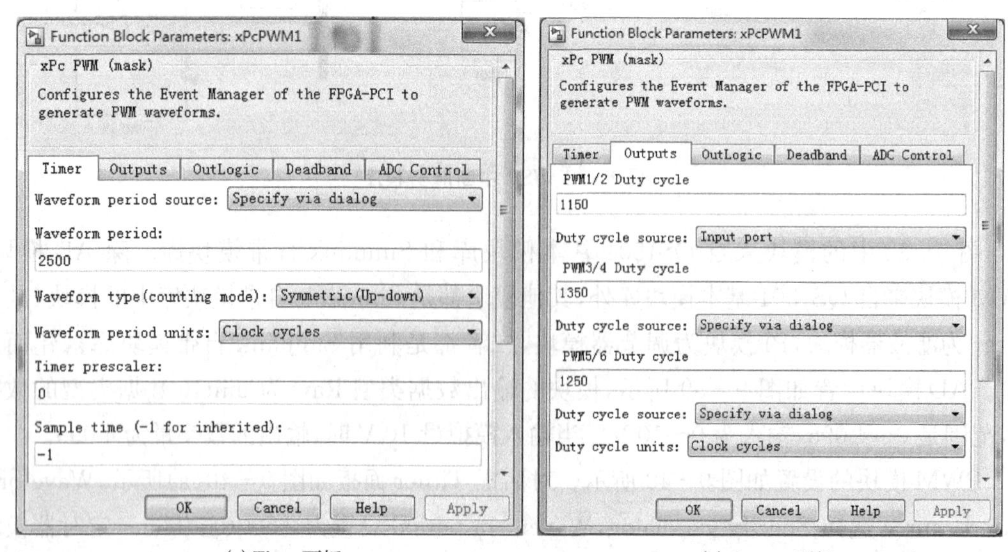

(a) Timer面板　　　　(b) Outputs面板

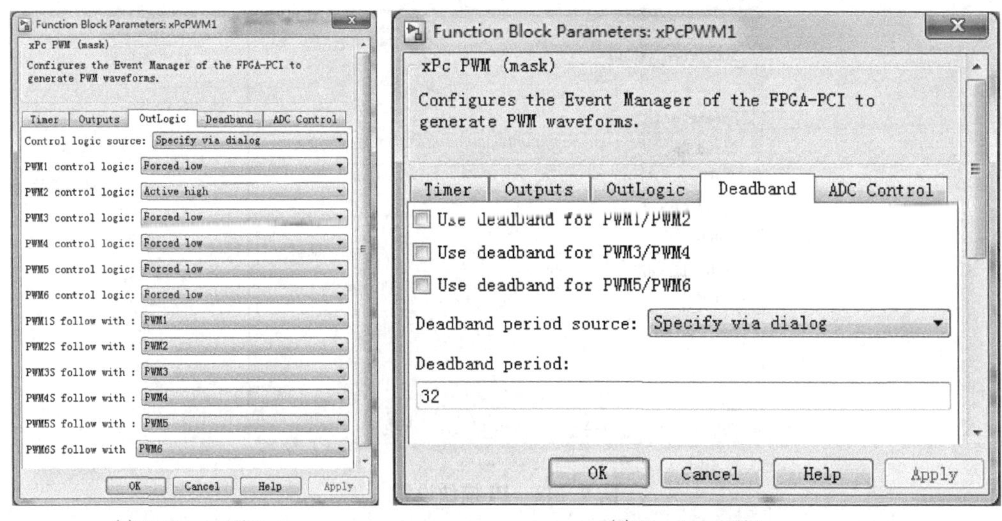

(c) OutLogic面板　　　　(d) Deadband面板

图 9－40　PWM 模块设置

对话框 ADC Control 面板的设置默认即可。

Function 为中断函数入口。Step Set 为 Pulse Generator 模块(作为阶跃给定使用),其设置如图 9－41 所示。Amplitude 设置为 1 740(输出脉冲幅值),Period(number of samples)设置为 15 000(脉冲周期为 15 000 个定时器输出周期,即 15 000/24 000=0.625 s),Pulse width (number of samples)设置为 7 500(脉冲宽度为 7 500 个定时器输出周期,即 7 500/24 000=0.317 5 s)。

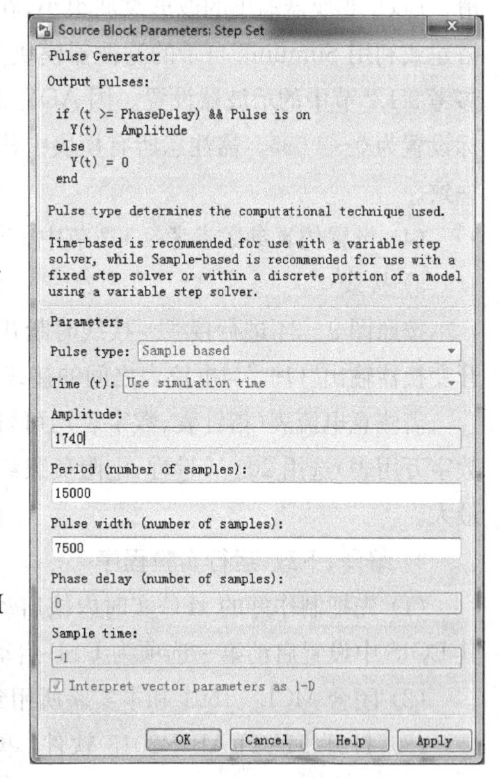

图 9－41　Pulse Generator 模块

20 V Set 和 0 V Set 都为常数模块,先分别设置为 1 740 和 0。S_1～S_3 为 Manual Switch 模块,其中 S_1、S_2 先拨到下侧,S_3 拨到上侧。Gain 模块为调节反馈系数用,反馈系数先设置为 0.477。Saturation 模块为限幅模块,为防止输入到 PWM 模块的比较值过大造成占空比过大,可先进行限幅,在限幅值设置中将 highe limter 设置为2 400(即最大占空比只能为 2 400/2 500 = 96%),low limter 设置为 0。PI 模块为调节器模块,可以自行搭建或者利用 Simulink 自带模块库的 PID 模块,例程中的 PI 模块可供用户参考,单击 PI 模块左下角的箭头即可看到 PI 模块内部图,双击 PI 模块可设置其参数,如图 9－42 所示,从上到下分别为比例、积分、上限幅、下限幅。在此,

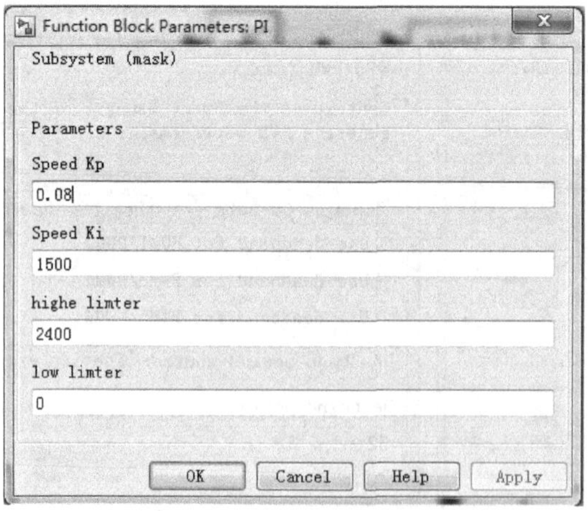

图 9－42　PI 模块设置

限幅可不设置，或者设置为与 Saturation 模块中的限幅参数一致。

Filter 模块为滤波器模块，可使 Simulink 示波器中显示采集到的电压反馈波形更加平滑。Buck 变换器输出的波形纹波很小，在此可去掉此模块。若要使用滤波器模块，可自行搭建或利用 Simulink 自带的滤波器模块。Scope 示波器和 Scope(xPC) 目标示波器的设置参考 9.1.2 节中的示波器设置。因 AD 模块输出 uint16 数据类型的数字量，在此需要把纵坐标设置为 0～4 095。需注意所有模块中若有 Sample time，设置为－1 即可，与系统采样时间一致。

(4) 设置仿真参数参考 9.1.2 节中 xPC－Target 系统的基本使用方法中的设置。

3) 接线

按照图 9－34 进行接线。接线时断开直流电源的“＋24 V”端与变换器的“U＋”接线，断开变换器输出“O＋”与电流表之间的接线。

需注意电流表(指针表、数字表均可)选用 2 A 量程，电压表(为显示精确电压最好选用数字万用表)选用 200 V 量程，电阻负载约选用 300 Ω(三相电阻并联)，并将可调电阻调至最大。

4) 编译、下载、运行实验程序

(1) 先把制作好的 xPC 实时内核启动盘插入目标机的 USB 接口，然后打开目标机，在其 BOIS 中设置启动第一选项为 USB 启动，启动 xPC 实时内核。

(2) 闭合 MCL－1501 和本实验所用到的实验部件的船型开关。

(3) 打开 MATLAB R2013 软件，单击工具栏中的“Open”，在弹出的对话框中找到 xPC_TEST文件夹中的 DC_DC_Buck_V.slx 或自行搭建的实时仿真模型程序，然后选中，单击“打开(O)”。

(4) 单击工具栏上的“Buid Model”，编译下载例程到目标机，然后再单击“Connect to Target”。单击工具栏上的“Run”，运行已经下载的目标应用程序。

5) 观察驱动波形

(1) 观察驱动波形。把 ISR 中断服务程序的 S_1 拨到上侧(即拨到 20 V Set 常数模块，其值默认为 1 740),用示波器探头接到电路 MOSFET 管的“G”“S”,观测 PWM 驱动波形，因在驱动电路中设置了负压关断,故应能看到峰值为 14 V、谷值为 −10 V、频率为 24 kHz 的 PWM 波,这说明驱动正常。

(2) 测试 Saturation 限幅模块作用,其作用是防止用户在开环或闭环实验时,输入 PWM 模块的比较值过大,使其输出的 PWM 波占空比过大,继而造成电路 MOSFET 损坏。限幅值默认设置 highe limter 取 2 400,low limter 取 0,即对应 PWM 模块输出 PWM 波占空比 $D_{max}=2\ 400/2\ 500=96\%$。把 20 V Set 常数模块中的值改为 2 400,用示波器观察 PWM 波的占空比为 96%。再把 20 V Set 常数模块中的值改为 2 500,用示波器观察 PWM 波的占空比应该也为 96%(没有限幅时的占空比应为 100%)。

(3) 把 20 V Set 常数模块值改为默认值 1 740,再把 S_1 拨到下侧(即拨到 0 V Set 常数模块)。

6) 开环实验

(1) 确定变换器在空载输出电压为 20 V 时的给定值(即 20 V Set 模块中的值)。连接直流电源的“+24 V”端与变换器的“U+”端,把 S_1 拨到上侧,20 V Set 中的值默认为 1 740,用万用表监视变换器(选用 L1)空载时的输出电压(应为 20 V)。因变换器中电感值存在误差,输出电压可能会有少许偏差,只要修改 20 V Set 中的值以保证变换器空载时的输出电压为 20 V 即可。

(2) 调节电压反馈系数。在变换器空载输出电压 20 V 时,调节 Gain 模块中的值,使 Display1 中显示的值与 20 V Set 中的值一样。

(3) 测试过流警告保护功能。在变换器空载输出电压为 20 V 时,连接变换器输出“O+”与电流表之间的接线,减小负载电阻,当电流到达 2.4 A 左右时,过流警告电路产生警告,实验部件内部蜂鸣器报警,面板上 24 V 直流电源指示灯灭,同时封锁驱动脉冲。调节负载电阻值为最大,断开 Buck 变换器输出“O+”与电流表之间的接线,按下驱动电路中的复位按钮,使电路恢复正常工作。

(4) 测试过压警告保护功能。因 Buck 变换器属于降压斩波电路,故不用测试过压警告保护。在后续升压电路中对该功能再进行说明。

(5) 确定 Saturation 限幅模块和 PI 模块的限幅值。在闭环实验时,保证变换器在 1.1 倍额定输出(20 V/2.2 A)情况下所需的占空比。一般默认设置的限幅值能够满足变换器的额定输出,如果不能满足时则需要调整。Buck 变换器的限幅值确定方法是,先把限幅值设置为 2 500(即占空比 100%),负载电阻调节至 9 Ω(变换器的 1.1 倍额定负载 20 V÷2.2 A≈9 Ω,用万用表测量),连接变换器输出“O+”与电流表之间的接线,把例程中的 S_1 拨到上侧,用万用表监视输出电压,缓慢增大 20 V Set 中的值,使变换器开环时输出为 20 V、2.2 A,此时 20 V Set 中的值即为限幅值,然后再把 Saturation 限幅模块中的值设置为当前 20 V Set 中的值。设置 PI 模块的限幅值与 Saturation 限幅模块的值相同即可。

(6) 把 S_1 开关拨到下侧，设置 20 V Set 中的值为(1)所确认的值，调节负载电阻至最大，断开变换器输出“O+”与电流表之间的接线。

7) 闭环实验

(1) 测试闭环效果。把 S_1 拨到上侧、S_3 拨到下侧，进行闭环控制，用万用表监视变换器闭环时输出的值(应该也为 20 V)。然后连接变换器输出“O+”与电流表之间的接线，减小负载电阻，使电流达到 2 A，监视调节过程中万用表显示的变换器的输出电压(应为 20 V±0.2 V)。

(2) 在阶跃给定(即突加或突减给定)时调节 PI 参数并观察其控制效果。调节负载电阻至输出电流为额定输出电流的 50%(即 1 A)，Step Set 模块按照图 9 - 41 设置(其中 Amplitude 默认设置 1 740，在此需要修改为与当前 20 V Set 中的值一样)，把 S_2 拨到上侧(即拨到 Step Set 模块侧)，然后双击 Simulink 示波器观测所采集到的输出电压在突加、突减给定时的变换情况。如果觉得其 PI 调节器的控制不理想，可在线修改 PI 调节器参数，使其达到所需要的效果。

(3) 在突加或突减负载时观察其控制效果。在调节好 PI 调节器的参数后，再把 S_2 拨到下侧，调节负载电阻，当负载电流为 1 A 时，突减负载，即断开负载电阻与电流表的连线，通过示波器观察变换器的输出电压波形变化。突加负载，即连接负载电阻(阻值不变)与电流表的接线，观察变换器的输出电压波形变化。

(4) 闭环实验完毕后，调节负载电阻值至最大。

8) 观察电感电流工作状态

(1) 当 Buck 变换器(选用 L1)闭环控制输出 20 V 带 300 Ω 电阻负载时，用示波器观测并记录 U_G、U_{VT}、U_L、U_D、i_{VT}、i_L、i_D 等波形。

(2) 记录完毕后先把程序中的 S_1 拨到下侧，断开“+24 V”端与 Buck 变换器“U+”的接线。

9) 当 Buck 变换器电感选用 L2(100 uH)时，重复 6)、7)、8)中的实验内容。

5. 注意事项

(1) 正确使用示波器，避免因示波器的两根地线接在非等电位的端点上而引起短路事故。

(2) 在实验时应先启动目标机和主机，开启对应实验部件的控制电源(船型开关)，再下载、编译、运行实验程序，按照实验方法中的步骤进行实验。

(3) 当更换电路中的电感时，需要把程序中的 S_1 拨到下侧，再断开 24 V 直流电源。

(4) 实验完毕后先停止程序运行，并将其恢复到初始状态，再关闭实验部件电源，拆除导线。

9.3.2 Boost 变换器

1. 实验目的

(1) 理解 Boost 变换器的工作原理。

(2) 掌握 QS1501 实时控制系统 PWM 模块和 AD 模块。

(3) 学会闭环控制的调试方法。

2. 实验内容

(1) 了解 Boost 变换器的硬件参数和电路结构。

(2) 学会 PWM 模块和 AD 模块的使用方法。

(3) 调节 PI 闭环参数，观察对控制效果的影响。

(4) 观察不通电感时电感电流工作状态。

3. 实验设备

(1) 电源控制屏(QS－DY05 或 NMCL－32)。

(2) 24 V 直流电源、Boost 变换器(MCL－20A)。

(3) 可调电阻(MCL－10 或 NMCL－03)。

(4) QS1501 实时控制系统(主机、目标机、MCL－1501 等)。

(5) 双踪示波器、直流仪表、万用表、实验导线等。

4. 实验方法

1) Boost 变换器参数及其功能说明

(1) Boost 变换器电源设计参数。

图 9－43 为 Boost 变换器电路图，输入电压 U_S＝24 V，输出电压 U_O＝48 V，输出满载电流 I_O＝1 A，开关频率 f_S＝24 kHz。

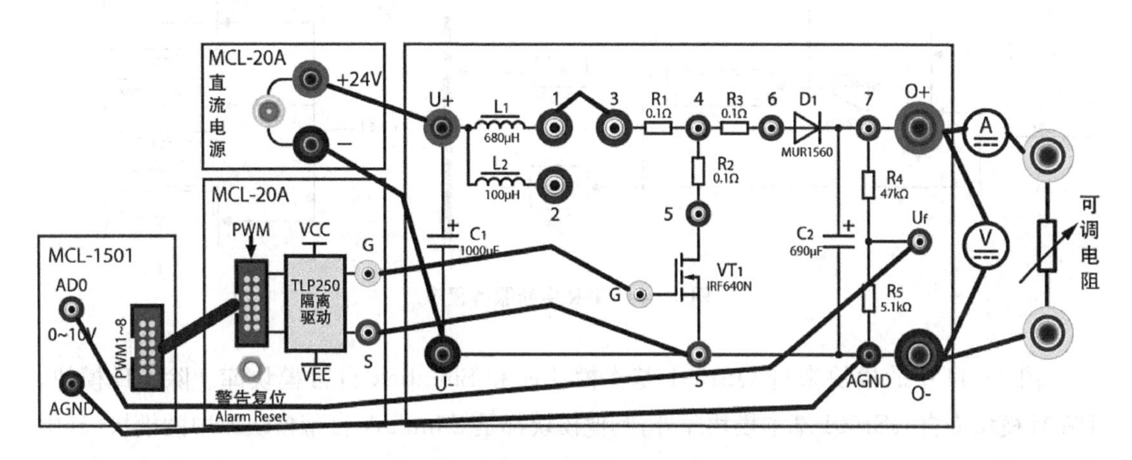

图 9－43　Boost 变换器实验的接线图

(2) Boost 变换器电路参数。

输入电容 C_1 为 1 000 μF/63 V；主开关管 VT_1 为 MOSFET，型号为 IRF640N；电感 L 配置了两种，L_1 为 680 μH/3 A、L_2 为 100 μH/3 A；快恢复二极管 D_1 为 MUR1560；输出电容 C_2 为 470 μF/100 V 与 220 μF/100 V 的并联；R_1、R_2、R_3 为电流取样电阻，电阻都为 0.1 Ω；R_4、R_5 为电压取样电阻，R_4＝47 kΩ，R_5＝5.1 kΩ；当输出电压 U_O＝48 V 时，采样电压 U_f＝4.7 V。

Boost 变换器电路中放置了多个波形观察孔，不仅可以观察各点的电压波形，还可通过电流取样电阻观察流过 MOSFET、二极管和电感的电流波形。

(3) Boost 变换器的保护功能说明。

Boost 变换器的保护功能与 Buck 变换器的一致，不同的是 Boost 变换器属于升压斩波电路，过压保护就起作用了。

2) Boost 变换器 Simulink 实时仿真模型程序说明

附带的实验例程 DC_DC_Boost_V.slx 的程序与 Buck 实验例程类似，其中 Timer 定时器、IRQ Source 中断源设置与 Buck 变换器例程一样，区别在于 ISR 中断服务程序。本实验例程的 ISR 中断服务程序如图 9－44 所示。

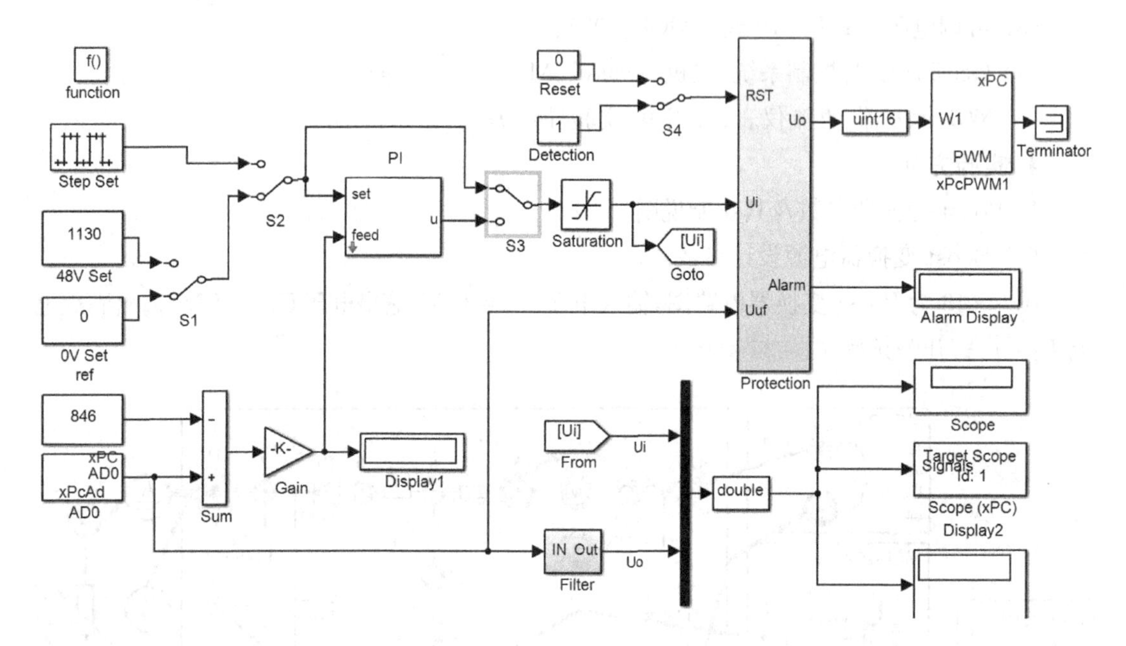

图 9－44　ISR 中断服务程序

图 9－44 中的模块来自 QS1501 基本模块库和 Simulink 自带模块库。除 AD 模块、PWM 模块来自 QS1501 基本模块库外，其他模块都是 Simulink 自带模块库中的模块(其中 Filter 模块、PI 调节器模块和 Protection 过压保护模块是利用 Simulink 自带模块库中的模块搭建而成的)。AD 模块、PWM 模块、Step Set 模块、Scope 示波器、Scope(xPC)目标示波器、仿真参数设置都与 Buck 变换器例程一致。

Function 为中断函数入口，Filter 滤波器模块与 Buck 变换器例程中的作用相同。48 V Set 和 0 V Set 都为常数模块，先分别设置为 1 130 和 0。S_1～S_4 为 Manual Switch 模块，其中 S_1、S_2、S_4 先拨到下侧，S_3 拨到上侧。Gain 模块为调节反馈系数用，反馈系数先设置为 1.293。Saturation 模块为限幅模块，highe limter 设置为 1 500(即最大占空比为 1 500/2 500 ＝60%)，low limter 设置为 0。PI 模块为调节器模块参数，其设置如图 9－45 所示。

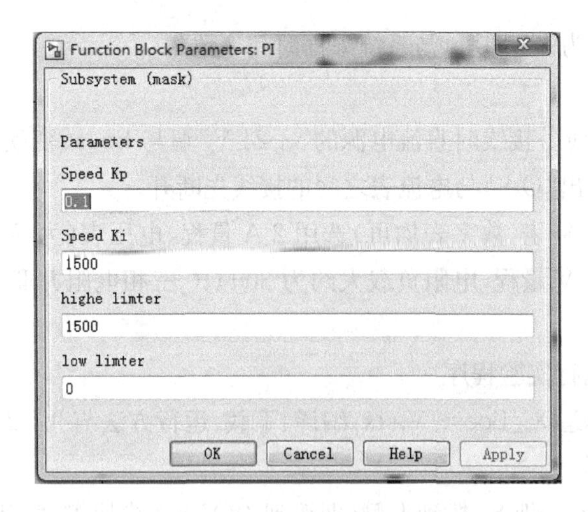

图 9-45　PI 模块设置

使用 Protection 过压保护模块，在程序中也添加了过压保护功能。当实验部件内部的硬件警告不起作用时，还可以依靠程序中的过压保护进行脉冲封锁（即 Protection 过压保护模块输出 0，作为 PWM 模块输入，使 PWM 模块输出一直为低电平）。当 S_4 拨到下侧时，保护模块检测输入电压值，若小于比较值，Protection 过压保护模块的输出端 Uo 和输入端 Ui 相当于直通，Alarm Display 显示 0；若大于比较值，Protection 过压保护模块的输出端 Uo 输出值置 0，Alarm Display 显示 1。排除警告原因，把 S_4 拨到上侧复位后，再把 S_4 拨到下侧。双击打开 Protection 过压保护模块，如图 9-46 所示。

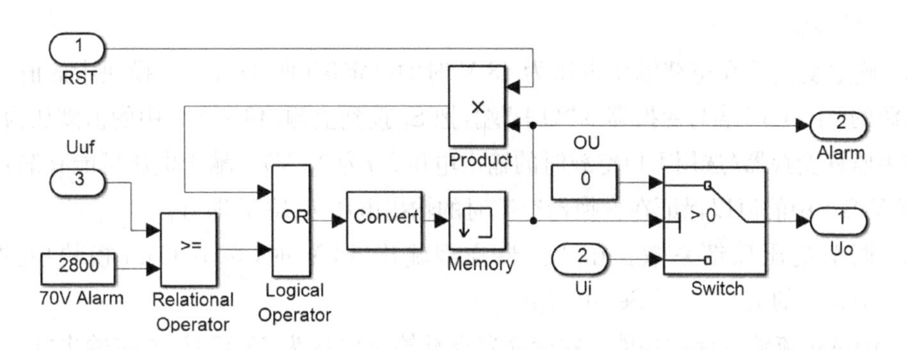

图 9-46　Protection 过压保护模块

在 Protection 过压保护模块中，过压的设置值为 70 V。在 Alarm 常数模块中，当 Boost 变换器输出 70 V 时，电压反馈 U_{fu}=6.85 V，经 AD 转换后的数值为 2 805，故在 70 V Alarm 模块设置 2 800。

Goto 与 From 模块的作用相当于虚拟的信号传输线，模块中的信号名称要一致。Sum 模块的作用：因在占空比 $D=0$ 时，Boost 变换器的输出电压 $U_{o\_min} \approx U_{in}$，故要在占空比 $D=0$ 时，程序中减去 Uo_min 对应的反馈值（ref 模块中的值，默认为 846），使 Display1 中显示的值为 0（如果此值不为 0，则需要调节 ref 常数模块中的值）。需注意在所有模块中若有 Sample time，设置为－1 即可，与系统采样时间一致。

3) 接线

按照图 9－42 接线。接线时直流电源的“＋24 V”端与 Boost 变换器的“U＋”端接线先断开，Boost 变换器输出“O＋”与电流表之间的接线先断开。

需注意电流表(指针表、数字表均可)选用 2 A 量程，电压表(为显示精确电压最好选用数字万用表)选用 200 V 量程，电阻负载大约为 300 Ω(三相电阻并联)，并将可调电阻调至最大。

4) 编译、下载、运行实验程序

本实验例程为 DC_DC_Boost_V.slx，编译、下载、运行方法与 9.1.2 节中的方法一致。

5) 观察驱动波形

(1) 观察驱动波形。把 S_1 拨到上侧(即拨到 48 V Set 模块侧，默认为 1 130)，示波器探头接 MOSFET 管的“G”“S”，观察驱动波形，当看到峰值为 14 V、谷值为－10 V、频率为 24 kHz 的 PWM 波时，说明驱动正常。

(2) 测试 Saturation 限幅模块作用，其作用是防止用户在开环或闭环实验时，输入到 PWM 模块的比较值过大，使其输出的 PWM 波占空比过大，继而造成电路中 MOSFET 管损坏。限幅值默认设置为 highe limter 取 1 500，low limter 取 0，即对应 PWM 模块输出 PWM 波 $D_{max}=1\,500/2\,500=60\%$。把 48 V Set 模块值改为 2 000，用示波器观察 PWM 波占空比为 60％(没有限幅时的占空比应为 80％)。

(3) 驱动波形观察完毕后，把 48 V Set 模块值改为默认值 1 130，再把 S_1 拨到下侧。

6) 开环实验

(1) 确定变换器在空载输出电压为 48 V 时的给定值(即 48 V Set 模块中的值)。连接直流电源的“＋24 V”端与变换器的“U＋”端，把 S_1 拨到上侧，48 V Set 中的值默认为 1 130，用万用表监视变换器(选用 L1)空载时的输出电压(应为 48 V)。输出电压可能有偏差，只要修改 48 V Set 中的值以保证在变换器空载时的输出电压为 48 V 即可。

(2) 调节电压反馈系数。在变换器空载输出 48 V 时，调节 Gain 模块中的值，使 Display1 中显示的值与 48 V Set 中的值一样。

(3) 测试过流警告保护功能。在变换器空载输出电压为 48 V 时，连接输出“O＋”与电流表之间的接线，减小负载电阻，当电流达到 1.2 A 左右时，过流警告电路产生警告，实验部件内部蜂鸣器报警，面板上 24 V 直流电源指示灯灭，同时封锁驱动脉冲。调节负载电阻值至最大，断开输出“O＋”与电流表之间的接线，按下驱动电路中的复位按钮，使电路恢复正常工作。

(4) 测试过压警告保护功能。先把 Saturation 限幅模块中的 highe limter 设置为 2 000，缓慢调节 48 V Set 中的数值(一般在 1 680 左右)，使变换器空载输出 70 V 左右的电压时，过压警告保护电路报警，实验部件内部蜂鸣器报警，面板上 24 V 直流电源指示灯灭，同时封锁驱动脉冲。把 S_1 拨到下侧，48 V Set 模块的数值修改为(1)中所确认的值，Saturation 限幅模块中的限幅值修改为默认值 1 500，按下驱动电路中的复位按钮，使电路恢复正常工作。

(5) 确定 Saturation 限幅模块和 PI 模块的限幅值。在闭环实验时，保证变换器在 1.1 倍额定输出(48 V/1.1 A)情况下所需的占空比。一般默认设置的限幅值能够满足变换器的额定输出，如果不能满足时则需要调整。Boost 变换器的限幅值确定方法是，先把限幅值设置为 2 000(即占空比 80%)，负载电阻调节至 43.6 Ω(变换器的 1.1 倍额定负载 48 V÷1.1 A≈43.6 Ω，用万用表测量)，连接变换器输出“O+”与电流表之间的接线，把例程中的 S_1 拨到上侧，用万用表监视输出电压，缓慢增大 48 V Set 中的值，使变换器开环时输出为 48 V、1.1 A，此时 48 V Set 中的值即为限幅值，然后再把 Saturation 限幅模块中的值设置为当前 48 V Set 中的值。PI 模块的限幅值设置与 Saturation 限幅模块的值一样。

(6) 把 S_1 开关拨到下侧，设置 48 V Set 中的值为(1)中所确认的值，调节负载电阻至最大，断开变换器输出“O+”与电流表之间的接线。

7) 闭环实验

(1) 测试闭环效果。把 S_1 拨到上侧、S_3 拨到下侧，进行闭环控制，用万用表监视输出的值(应该也为 48 V)。然后连接输出“O+”与电流表之间的接线，减小负载电阻，使电流达到 1 A，监视调节过程中万用表显示的变换器输出电压(应为 48 V±0.3 V)。

(2) 在阶跃给定(即突加或突减给定)时调节 PI 参数并观察其控制效果。调节负载电阻至输出电流为额定输出电流的 50%(即 0.5 A)，Step Set 模块按照图 9-41 设置(其中 Amplitude 默认设置为 1 130，在此需要修改为与当前 48 V Set 中的值一样)，把 S_2 拨到上侧(即拨到 Step Set 模块侧)，然后双击 Simulink 示波器观测所采集到的输出电压在突加、突减给定时的变换情况。如果觉得其 PI 调节器的控制不理想，可在线修改 PI 调节器参数，使其达到所需要的效果。

(3) 在突加或突减负载时观察其控制效果。在调节好 PI 调节器的参数后，再把 S_2 拨到下侧，调节负载电阻，当负载电流为 0.5 A 时，突减负载，即把负载电阻与电流表的接线断开，通过示波器观察输出电压波形变化。突加负载，即连接负载电阻(阻值不变)与电流表的接线，观察输出电压波形变化。

(4) 闭环实验完毕后，调节负载电阻值至最大。

8) 观察电感电流工作状态

(1) 当 Boost 变换器(选用 L_1)闭环控制输出 48 V 带 300 Ω 电阻负载时，用示波器观测并记录 U_G、U_{VT}、U_L、U_D、i_{VT}、i_L、i_D 等波形。

(2) 记录完毕后先把程序中的 S_1 拨到下侧，断开“+24 V”端与 Boost 变换器“U+”的接线。

9) 当 Boost 变换器电感选用 L_2(100 μH)时，重复 6)、7)、8)中的实验内容。

5. 注意事项

(1) 正确使用示波器，避免因示波器的两根地线接在非等电位的端点上而引起的短路事故。

(2) 在实验时应先启动目标机和主机，开启对应实验部件的控制电源(船型开关)，再下载、编译、运行实验程序，按照实验方法中的步骤进行实验。

(3) 当更换电路中的电感时，需要把程序中 S_1 拨到下侧，再断开 24 V 直流电源。

(4) 实验完毕后先停止程序运行，并将其恢复到初始状态，关闭实验部件电源，拆除导线。

9.3.3 Buck - Boost 变换器

1. 实验目的

(1) 理解 Buck - Boost 变换器的工作原理。

(2) 掌握 QS1501 实时控制系统 PWM 模块和 AD 模块。

(3) 学会闭环控制的调试方法。

2. 实验内容

(1) 了解 Buck - Boost 变换器的硬件参数和电路结构。

(2) 学会 PWM 模块和 AD 模块的使用方法。

(3) 调节 PI 闭环参数对控制效果的影响。

(4) 观察不通电感时电感电流工作状态。

3. 实验设备

(1) 电源控制屏(QS - DY05 或 NMCL - 32)。

(2) 24 V 直流电源、Buck - Boost 变换器(MCL - 20A)。

(3) 可调电阻(MCL - 10 或 NMCL - 03)。

(4) QS1501 实时控制系统(主机、目标机、MCL - 1501 等)。

(5) 双踪示波器、直流仪表、万用表、实验导线等。

4. 实验方法

1) Buck - Boost 变换器参数及其功能说明

(1) Buck - Boost 变换器电源设计参数如下：

图 9 - 47 为 Buck - Boost 变换器实验的接线图，输入电压 $U_S=24$ V，输出电压 $U_O=48$ V，输出满载电流 $I_O=1$ A，开关频率 $f_S=24$ kHz。

(2) Boost - Buck 变换器电路参数如下：

输入电容 C_1 为 1 000 μF/63 V；主开关管 VT_1 为 MOSFET，型号为 IRF640N；电感 L 配置了两种，L_1 为 680 μH/3 A、L_2 为 100 μH/3 A；快恢复二极管 D_1 为 MUR1560；输出电容 C_2 为 470 μF/100 V 与 220 μF/100 V 的并联；R_1、R_2 、R_3 为电流取样电阻，电阻都为 0.1 Ω；R_4、R_5 为电压取样电阻，$R_4=5.1$ kΩ，$R_5=47$ kΩ；当输出电压 $U_O=48$ V 时，采样电压 $U_f=4.7$ V。Boost 变换器电路中放置了多个波形观察孔，不仅可以观察各点的电压波形，还可通过电流取样电阻观察流过 MOSFET、二极管和电感的电流波形。

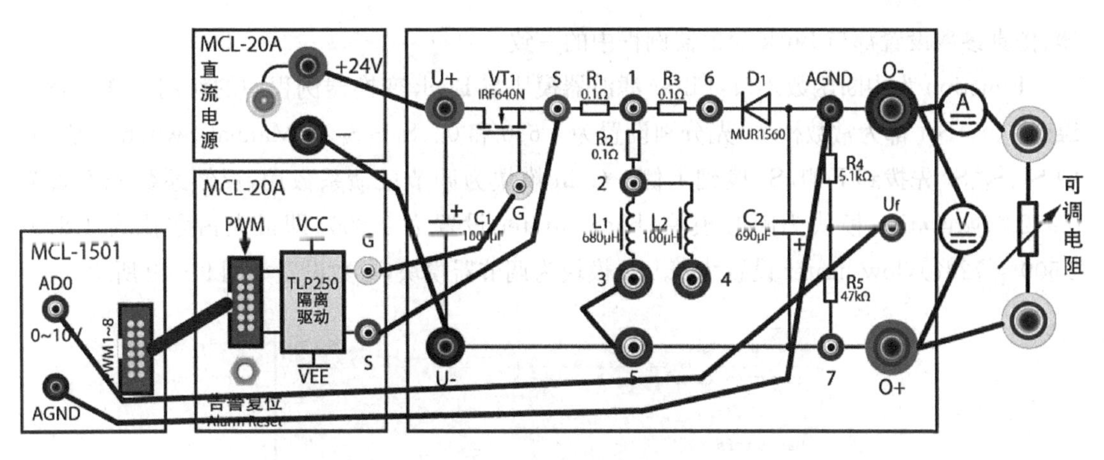

图 9-47　Buck-Boost 变换器实验的接线图

(3) Buck-Boost 变换器的保护功能与 Boost 变换器一致。

2) Boost 变换器 Simulink 实时仿真模型程序说明

附带的实验例程 DC_DC_Buck_Boost_V.slx 的程序与 Buck 实验例程类似,其中 Timer 定时器、IRQ Source 中断源设置与 Buck 变换器例程一样,区别在于 ISR 中断服务程序。本实验例程的 ISR 中断服务程序如图 9-48 所示。

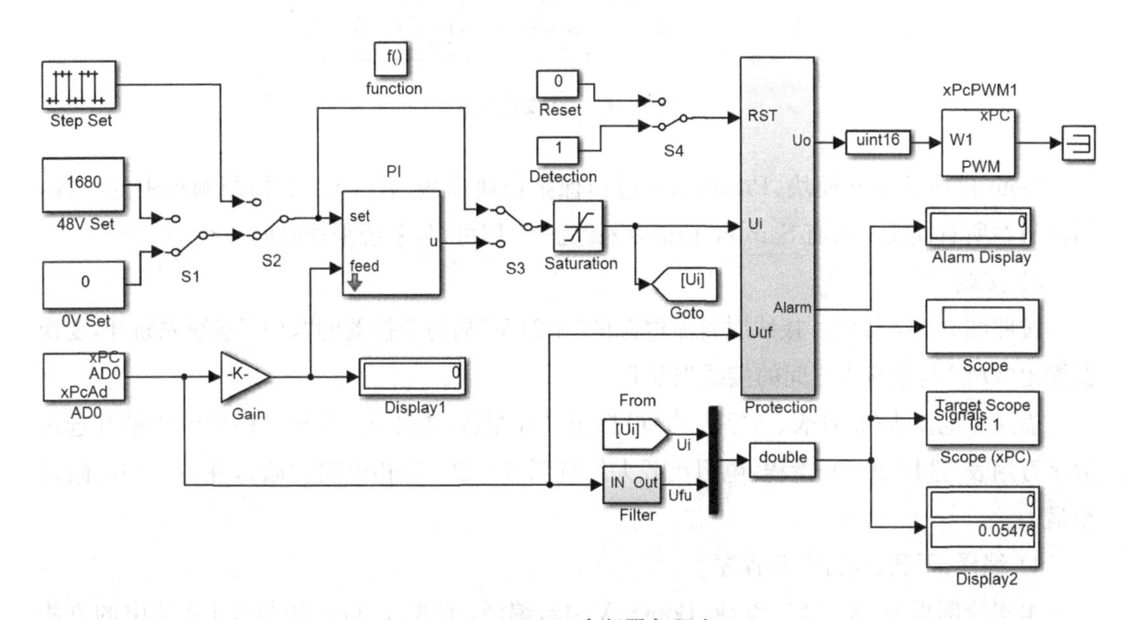

图 9-48　ISR 中断服务程序

图 9-48 中的模块来自 QS1501 基本模块库和 Simulink 自带模块库。除 AD 模块、PWM 模块来自 QS1501 基本模块库外,其他模块都是 Simulink 自带模块库中的模块(其中 Filter 模块、PI 调节器模块和 Protection 过压保护模块是利用 Simulink 自带模块库中的模块搭建而成的)。AD 模块、PWM 模块、Step Set 模块、Scope 示波器、Scope(xPC)目标示波

器、仿真参数设置都与 Buck 变换器例程中的一致。

Function 为中断函数入口，Filter 滤波器模块与 Buck 变换器例程中的作用一样。48 V Set 和 0 V Set 都为常数模块，先分别设置为 1 680 和 0。S_1～S_4 为 Manual Switch 模块，其中 S_1、S_2、S_4 先拨到下侧，S_3 拨到上侧。Gain 模块为调节反馈系数用，反馈系数先设置为 0.972。Saturation 模块为限幅模块，highe limter 设置为 1 800（即最大占空比为 1 800/2 500 =72%），low limter 设置为 0。PI 模块为调节器模块，参数设置如图 9 - 49 所示。

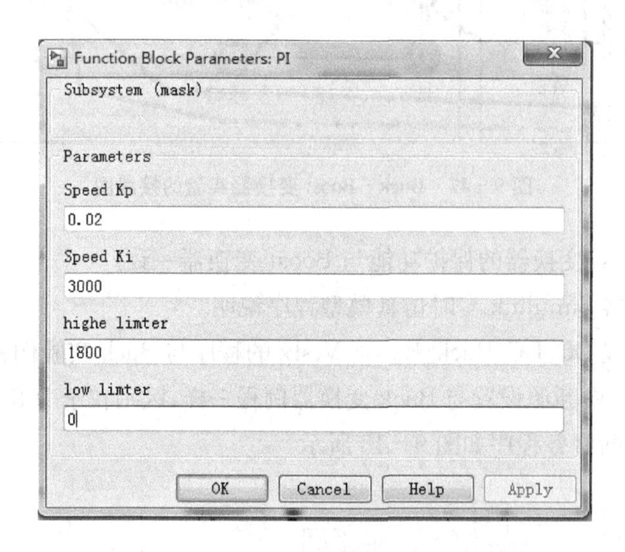

图 9 - 49　PI 模块设置

Goto 模块、From 模块、Protection 过压保护模块作用与 Boost 变换器例程中的一样。需注意在所有模块中若有 Sample time，设置为－1 即可，与系统采样时间一致。

3）接线

按照图 9 - 47 接线。接线时直流电源的"＋24 V"端与变换器的"U＋"端线先断开，变换器输出"O＋"与电流表之间的接线先断开。

需注意电流表（指针表、数字表均可）选用 2 A 量程，电压表（为显示精确电压最好选用数字万用表）选用 200 V 量程，电阻负载大约选用 300 Ω（ 三相电阻并联），并将可调电阻调至最大。

4）编译、下载、运行实验程序

本实验例程为 DC_DC_Buck_Boost_V.slx，编译、下载、运行方法与 9.1.2 节中的方法一致。

5）观察驱动波形

（1）观察驱动波形。把 S_1 拨到上侧（即打到 48 V Set 模块侧，默认为 1 680），示波器探头接 MOSFET 的"G""S"，观测驱动波形，当能看到峰值为 14 V、谷值为－10 V、频率为 24 kHz 的 PWM 波时，说明驱动正常。

(2) 测试 Saturation 限幅模块作用，其作用是防止用户在开环或闭环实验时，输入到 PWM 模块的比较值过大，使其输出的 PWM 波占空比过大，继而造成电路中 MOSFET 损坏。限幅值默认设置为 highe limter 取 1 800，low limter 取 0，即对应 PWM 模块的 $D_{max}=1\,800/2\,500=72\%$。把 48 V Set 模块值改为 2 000，用示波器观察 PWM 波，其占空比为 72%(没有限幅时的占空比应为 80%)。

(3) 驱动波形观察完毕后，把 48 V Set 常数模块值改为默认值 1 680，再把 S_1 拨到下侧。

6) 开环实验

(1) 确定变换器在空载输出电压为 48 V 时的给定值(即 48 V Set 模块中的值)。连接直流电源的"+24 V"端与变换器的"U+"端，把 S_1 拨到上侧，48 V Set 中的值默认为 1 680，用万用表监视变换器(选用 L1)空载时的输出电压(应为 48 V)。输出电压可能有偏差，只要修改 48 V Set 中的值以保证变换器空载时的输出电压为 48 V 即可。

(2) 调节电压反馈系数。在变换器空载输出电压为 48 V 时，调节 Gain 模块中的值，使 Display1 中显示的值与 48 V Set 中的值一样。

(3) 测试过流警告保护功能。在变换器空载输出电压为 48 V 时，连接输出"O+"与电流表之间的接线，减小负载电阻，当电流达到 1.2 A 左右时，过流警告电路报警，实验部件内部蜂鸣器报警，面板上 24 V 直流电源指示灯灭，同时封锁驱动脉冲。调节负载电阻值至最大，断开输出"O+"与电流表之间的接线，按下驱动电路中的复位按钮，使电路恢复正常工作。

(4) 测试过压警告保护功能。先把 Saturation 限幅模块中 highe limter 设置为 2 000，缓慢调节 48 V Set 中的数值(一般在 1 800 左右)，使变换器空载输出 70 V 左右的电压时，过压警告保护电路报警，实验部件内部蜂鸣器报警，面板上 24 V 直流电源指示灯灭，同时封锁驱动脉冲。把 S_1 打到下侧，48 V Set 模块数值修改为(1)中所确认的值，Saturation 限幅模块修改为默认值 1 800，按下驱动电路中的复位按钮，使电路恢复正常工作。

(5) 确定 Saturation 限幅模块和 PI 模块的限幅值。在闭环实验时，保证变换器在 1.1 倍额定输出(48 V/1.1 A)情况下所需的占空比。一般默认设置的限幅值能够满足变换器的额定输出，如果不能满足时则需要调整。Buck - Boost 变换器的限幅值确定方法是，先把限幅值设置为 2 000(即占空比 80%)，负载电阻调节至 43.6 Ω(变换器的 1.1 倍额定负载 48 V÷1.1 A≈43.6 Ω，用万用表测量)，连接变换器输出"O+"与电流表之间的接线，把例程中的 S1 拨到上侧，用万用表观察输出电压，缓慢增大 48 V Set 中的值，使变换器开环时输出为 48 V、1.1 A，此时 48 V Set 中的值即为限幅值，然后再把 Saturation 限幅模块中的值设置为当前 48 V Set 中的值。PI 模块的限幅值设置与 Saturation 限幅模块的值一样即可。

(6) 把 S_1 开关打到下侧，设置 48 V Set 中的值为(1)中所确认的值，调节负载电阻至最大，断开变换器输出"O+"与电流表之间的接线。

7) 闭环实验

(1) 测试闭环效果。把 S_1 拨到上侧、S_3 拨到下侧，进行闭环控制，用万用表监视输出的值(应该也为 48 V)。然后连接输出"O+"与电流表之间的接线,减小负载电阻,使电流达到 1 A,监视调节过程中万用表显示的变换器输出电压(应为 48 V±0.3 V)。

(2) 在阶跃给定(即突加或突减给定)时调节 PI 参数并观察其控制效果。调节负载电阻至输出电流为额定输出电流的 50%(即 0.5 A),Step Set 模块按照图 9－41 设置(其中 Amplitude 默认设置为 1 680,在此需要修改为与当前 48 V Set 中的值一样),把 S_2 拨到上侧(即拨到 Step Set 模块侧),然后双击 Simulink 示波器观测所采集到的输出电压在突加、突减给定时的变换情况。如果觉得其 PI 调节器的控制不理想,可在线修改 PI 调节器参数,使其达到所需要的效果。

(3) 在突加或突减负载时观察其控制效果。在调节好 PI 调节器的参数后,再把 S_2 拨到下侧,调节负载电阻,当负载电流为 0.5 A 时,突减负载,即把负载电阻与电流表的接线断开,通过示波器观察输出电压波形变化。突加负载,即连接负载电阻(阻值不变)与电流表的接线,观察输出电压波形变化。

(4) 闭环实验完毕后,调节负载电阻值至最大。

8) 观察电感电流工作状态

(1) 当 Boost－Buck 变换器(选用 L_1)闭环控制输出 48 V 带 300 Ω 电阻负载时,用示波器观测并记录 U_G、U_{VT}、U_L、U_D、i_{VT}、i_L、i_D 等波形。

(2) 记录完毕后先把程序中的 S_1 拨到下侧,断开"+24 V"端与变换器的"U+"端的线。

9) Buck－Boost 变换器电感选用 L_2(100 μH)时重复 6)、7)、8)中的实验内容。

5. 注意事项

(1) 正确使用示波器,避免因示波器的两根地线接在非等电位的端点上而引起的短路事故。

(2) 在实验时应先启动目标机和主机,开启对应实验部件的控制电源(船型开关),再下载、编译、运行实验程序,按照实验方法中的步骤进行实验。

(3) 当更换电路中电感时,需要把程序中的 S_1 拨到下侧,再断开 24 V 直流电源。

(4) Buck－Boost 变换器输出电压极性反向,接线时需要注意。

(5) 实验完毕后先停止程序运行,并将其恢复到初始状态,再关闭实验部件电源,拆除导线。

9.3.4 三相电压空间矢量控制逆变电路

1. 实验目的

(1) 理解三相电压空间矢量控制逆变电路的工作原理。

(2) 了解三相电压空间矢量控制逆变实验实时仿真模型的搭建。

2. 实验内容

(1) 了解三相逆变电路的硬件参数和电路结构。

(2) 学习三相电压空间矢量控制逆变实验实时仿真模型的搭建。

3. 实验设备

(1) 电源控制屏(QS-DY05 或 NMCL-32)。

(2) 三相变频/逆变主回路(MCL-24)。

(3) 三相逆变滤波电路(MCL-24B)。

(4) 可调电阻(MCL-10 或 NMCL-03)。

(5) QS1501 实时控制系统(主机、目标机、MCL-1501 等)。

(6) 双踪示波器、万用表、实验导线等。

4. 实验方法

本实验只介绍硬件电路参数说明、实验方法(使用实验例程)。

1) 三相空间矢量控制逆变电路实验接线

按照图 9-50 进行接线。接线之前确保三相交流电源断开,电阻负载选用同轴的三相可调电阻(3×900 Ω/150 W),且将电阻先调节至最大,MCL-24B 面板上的 K1 打到 ON,所用到的 AD 采集通道范围选择-10～+10 V 档位。

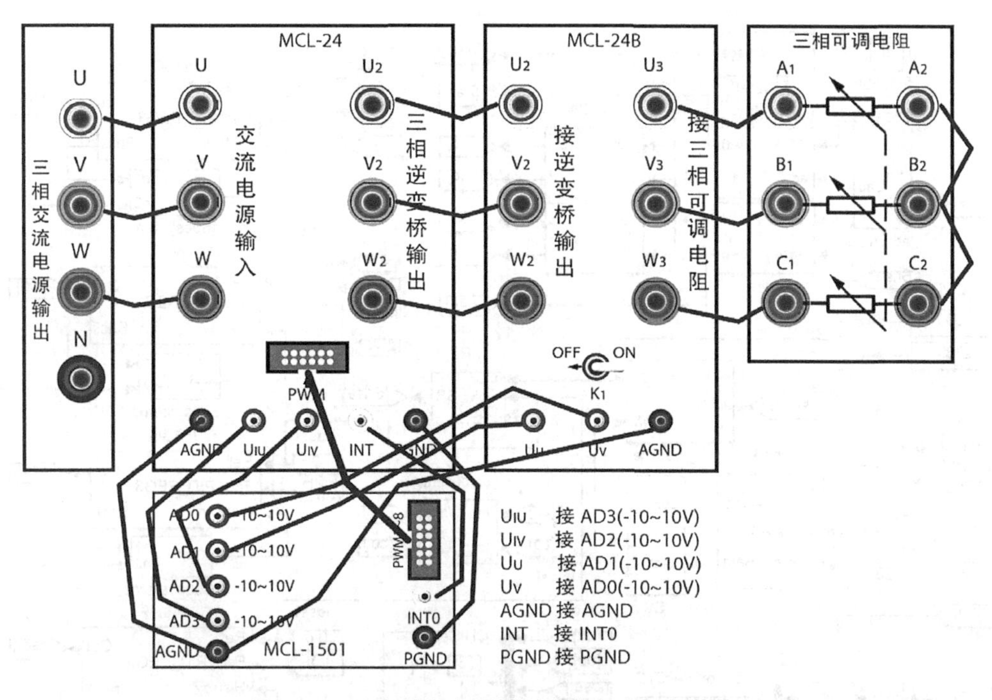

图 9-50　三相空间矢量控制逆变电路实验线路图

2) 三相空间矢量控制逆变电路实验 Simulink 实时仿真模型程序说明

实验例程是 Inverter_3 AC_Offline_10k.slx,打开实验程序,如图 9-51 所示。图 9-51中的 IRQ Source 为中断源,Timer1 为时间管理器计时器,ISR 为中断服务程序,Async Rate Transition 为异步速率转换器。

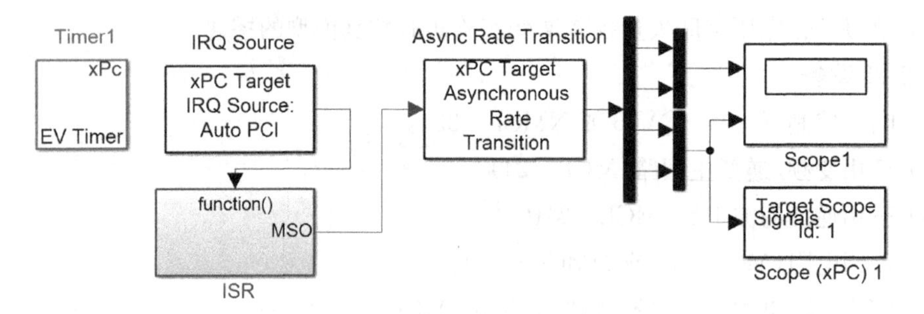

图 9-51　三相空间矢量控制逆变电路实验 Simulink 实时仿真模型

双击打开 ISR,如图 9-52 所示。例程中部分模块采用了 DMC Toolbox 库中的模块,如 ipark、park、svpwm、PWMGNE、PID、clarke、RAMPGEN 等,故要在仿真参数设置中进行相应的设置,需要在 Code Generation→Custom Code→Include list of additional→Libraries 中添加 DMC Toolbox 库的库文件名 dmclib.lib,其设置如图 9-53 所示。在用户自己搭建本实验的实时仿真程序时,选用 Simulink 自带库中的相应模块,只需要在 Libraries 中添加 QS1501 实时控制系统的库文件名 QSFPGAPCI.lib。

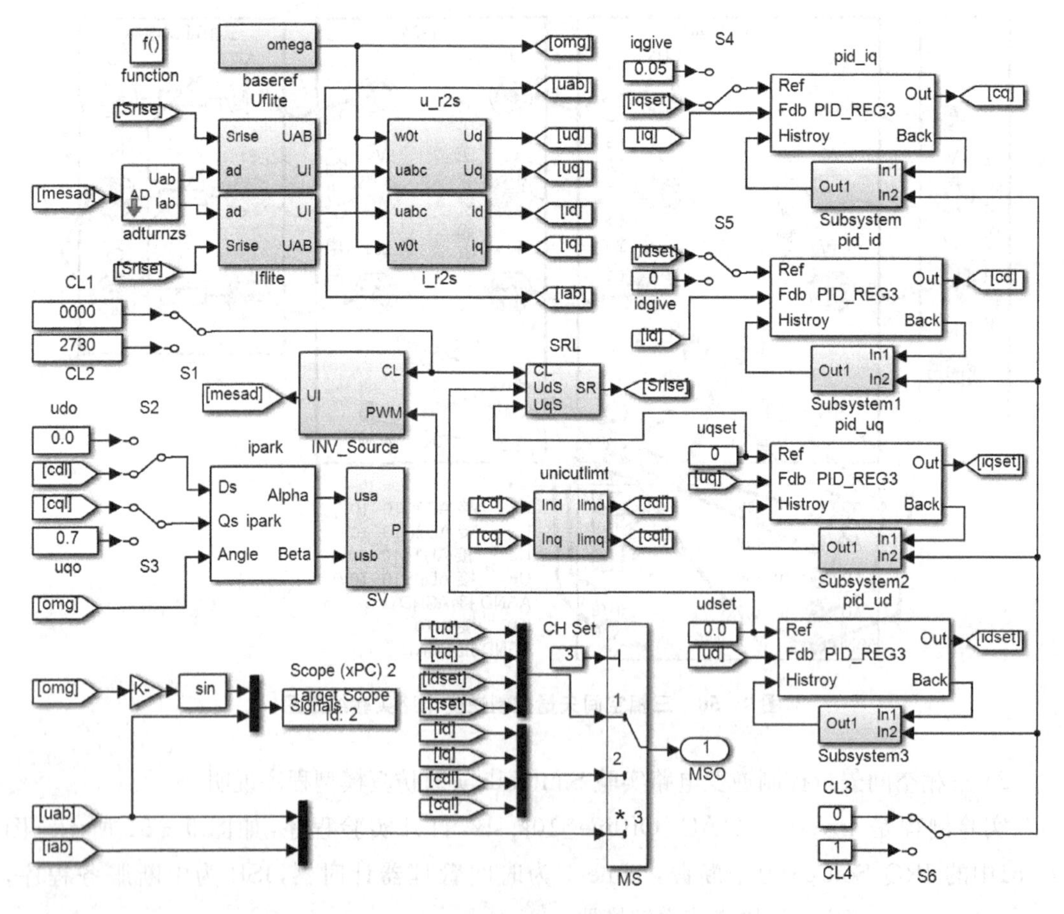

图 9-52　ISR

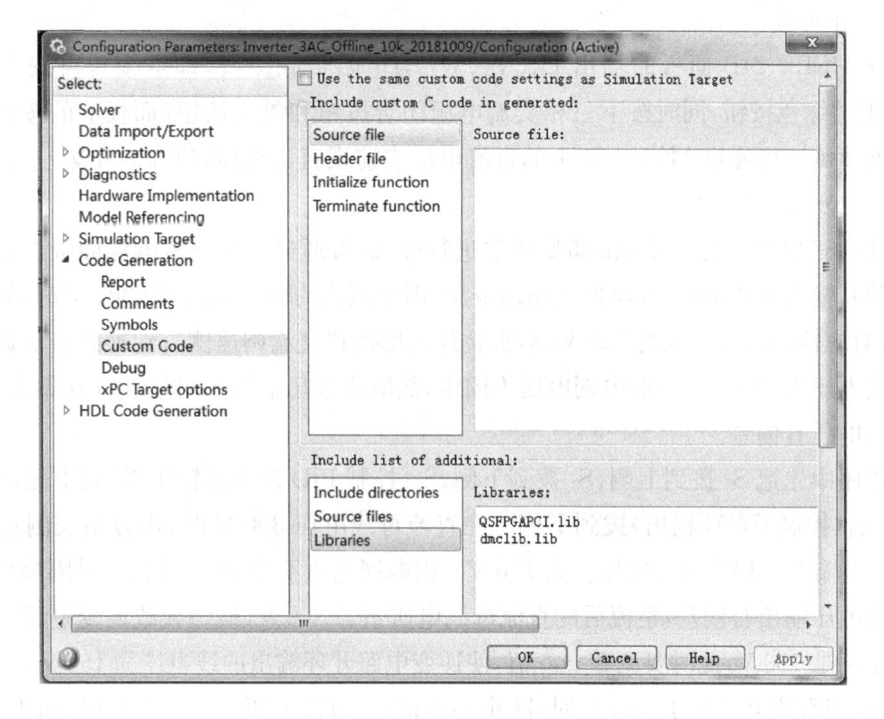

图 9 - 53　DMC Toolbox 库设置

因 AD 通道采集存在偏差，实验时需要在程序上对采集的交流电压、电流进行校准。先介绍电压、电流采集校准模块 adturnzs，如图 9 - 54 所示。参数调整设置共分为 8 个数值框，数值修改后需要单击“Apply”或“OK”按钮。数值框由上至下分别为 U 相和 V 相电压的调零设置、U 相和 V 相电压的放大设置、U 相和 V 相电流的调零设置、U 相和 V 相电流的放大设置。

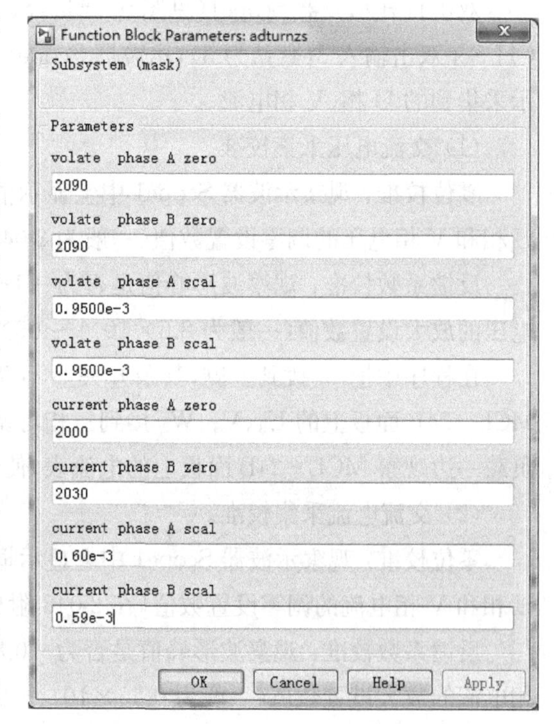

图 9 - 54　adturnzs 模块设置

3）编译、下载、运行实验程序

实验例程为 Inverter_3 AC_Offline_10k.slx，编译、下载、运行方法与 9.1.2 节中方法一致。

需注意在下载实验程序前，先确认程序中的开关 S_1～S_6 是否处于图 9 - 52 所示的状态，udo、uqo、uqset、udset、CH Set、CL1～CL4 中的值与图 9 - 52 是否一样。

4) 开环实验

断开 MCL-24B 面板的输出 U_3、V_3、W_3 与电阻负载接线(即空载),再按下 MCL-24 面板上的绿色按钮,同时按下三相交流电源闭合按钮和复位按钮(面板上的按钮开关处于交流调速侧),可通过 MCL-24 上的直流电压表监视直流电压,应在 300 V 左右(对应三相交流线电压为 220 V)。

需注意三相交流电源采用隔离变压器进行隔离,可通过三相交流电源面板上的切换开关切换使其输出两档电压,在电网三相线电压(即变压器的输入电压)为 380 V 时,切换到直流调速,对应输出的线电压为 220 V(本实验开关切换到直流调速侧),切换到直流调速对应输出的线电压为 220 V。一般电网电压不固定,故隔离变压器输出可能会存在偏差,导致三相整流后电压有偏差。

在程序中先把 S_2 拨到上侧、S_3 拨到下侧、S_6(控制 PID 调节器输出)拨到上侧,S_4、S_5 不动,再把 S_1(控制 PWM 输出)拨到下侧。在直流母线电压 300 V 时,用万用表测量 MCL-24B 面板上输出三相交流线电压应为 150 V。因电网电压不为 380 V 时,经过隔离变压器后三相交流电压输出有偏差,整流后的直流母线电压不为 300 V,最终导致逆变电路开环输出的线电压不是 150 V,此时要调整 uqo 值,使逆变电路开环输出的线电压为 150 V。uqo 值调整规则是,当直流电压大于 300 V 时,减小 uqo 值;当直流电压小于 300 V 时,增大 uqo 值。uqo 值一般为 0.6~0.8。

双击打开示波器 Scope1(见图 9-51),Scope1 中设定有两个信号显示框。ISR 中找到 CH Set 双击输入 3(默认为 3),示波器 Scope1 中上框显示采集到的 U 相、V 相电压,下框显示采集到的 U 相、V 相电流。

(1) 交流电压采集校准。

零位校准:观察示波器 Scope1 中上显示框的波形是否上下对称,如果波形不对称,修改 U 相和 V 相电压的调零设置数值(一般为 2 048±50)使波形上下对称。

反馈系数校准:观察波形峰值是否为 $-1\sim1$,如果波形的峰值偏离,修改 U 相和 V 相电压的放大设置数值(一般为 $8.5\times10^{-4}\sim9.5\times10^{-4}$)。

在程序中把 S_3 拨到上侧,其余开关 S 不动。先把三相可调负载电阻值调到最大,再把 MCL-24B 面板上的 U_3、V_3、W_3 接到三相可调电阻负载上。然后把 S_3 拨到下侧,一边减小负载一边观察 MCL-24B 面板上的电流表,使电流表指示为 1 A。

(2) 交流电流采集校准。

零位校准:观察示波器 Scope1 中上显示框的波形是否上下对称,如果波形不对称,修改 U 相和 V 相电流的调零设置数值(在 2 048 附近修改)使波形上下对称。

反馈系数校准:观察波形峰值是否为 $-0.8\sim0.8$,如果波形的峰值偏离,修改 U 相和 V 相电流的放大设置数值(一般为 $0.55\times10^{-3}\sim0.65\times10^{-3}$)。

调试完毕后,电阻负载调至最大,S_1 拨到上侧,S_2 拨到上侧,S_3 拨到下侧,S_4、S_5 不动。

5）闭环实验

把 S_1 拨到下侧、S_6 拨到下侧，调节程序中 uqset 中的值（0.3→0.5→0.8→1），同时用万用表测量三相逆变器输出电压值（应为 150 左右），然后减小负载电阻，待 MCL－24B 面板上的电流表指示为 1 A 时，观察万用表测量到的电压值是否有变化，变化在 3 V 内说明闭环成功。

闭环调试完毕后，按下 MCL－24 面板上的红色按钮，按下三相交流电源的红色按钮，把电阻负载值调到最大，uqset 中的值设置为 0，S_1 拨到上侧，S_5 拨到上侧，停止程序运行，最后拆除实验接线。

5. 注意事项

（1）正确使用示波器，避免因示波器的两根地线接在非等电位的端点上而引起的短路事故。

（2）实验时应先启动目标机和主机，开启对应实验部件的控制电源（船型开关），再下载、编译、运行实验程序，按照实验方法中的步骤进行实验。

（3）在闭合三相交流输出电源开关时，整流桥给电容充电时会出现较大的浪涌电流。因三相电源输出带有过流保护，闭合三相交流输出电源开关时，顺按下主电路中过流保护电路的复位按钮（须确保实验接线的正确）。

（4）实验过程中出现报警时，先把程序中的 PWM 输出控制开关 S_6 拨到上侧，停止程序运行，再排除报警原因，按下对应的复位按钮，最后再运行程序，重新开始实验。

（5）本设备配置的三相可调电阻（3×900 Ω/150 W）串接了 0.5 A 保险丝，本实验中逆变器输出带负载电流需控制在 0.5 A 以内。如果需要负载电流到 1 A，需要用户自备合适的三相可调电阻负载。如果用户把三相可调电阻（3×900 Ω/150 W）串接的 0.5 A 保险丝更换为 1 A（不推荐方法，电阻盘容易烧毁，需小心操作），也可进行实验，实验过程电流超过 0.5 A 以上的运行时间要小于 3 min，实验完毕后再把保险丝更换为 0.5 A。

（6）实验完毕后先停止程序运行，并把其恢复到初始状态，再关闭实验部件电源，拆除导线。

第Ⅳ篇

电力电子课程设计

第10章 电力电子课程设计

10.1　电力电子课程设计简介

“电力电子课程设计”是电类专业，尤其是电气工程专业的主要实践类课程，旨在加深理解电力电子基础知识，在实践中学习电力电子电路的设计及制作方法。课程同时具备工程设计性、综合实践性和技术创新性，涵盖了任务分析、资料调研、方案论证比较、理论分析与参数计算、电路软硬件设计、电路仿真与实物制作，以及实验数据分析等工程项目开发主要环节。

10.1.1　课程设计学习目标

“电力电子课程设计”目的是通过实践手段，将“电力电子技术基础”理论课所学知识应用在实际的设计中，使学生在已学理想器件和拓扑模型分析的基础上，熟悉电力电子系统的设计原理，掌握功率变换电路设计制作流程，了解软硬件系统调试方法，增强自身研创能力、团队合作能力，以及自我学习能力。

10.1.2　反激变换器设计目标

设计一套反激变换器，输入为＋36～48 V直流，2路直流输出，分别为电压＋12 V、电流0.5 A，电压＋5 V、电流0.1 A。在实际应用中，隔离电源多绕组同时输出十分常见，12 V输出常用来给电路板上的运算放大器供电，5 V输出常用来给单片机和芯片供电。反激变换器的设计要求如表10－1所示。

表10－1　反激变换器设计要求

输入	36～48 V直流
输出	12 V直流/5 V直流

10.2 设 计 方 法

电源是一个系统的基础，良好的电源设计是系统稳定运行的前提，当输入端电压波动或电源负载剧烈跳变时，电源都需要能迅速反应，保持稳定的输出。

按照结构形式不同，隔离型电源可分为正激式电源和反激式电源。正激式电源指在变压器原边导通的同时副边感应出对应电压并输出到负载，能量通过变压器直接传递。根据驱动管子个数，可分为单管正激和双管正激。半桥、桥式电路都属于正激变换器。反激式电源指在变压器原边导通时，副边截止，变压器储能；在变压器原边截止时，副边导通，能量释放到负载的工作状态。一般，常规反激式电源单管多，双管的不常见。正激变换器和反激变换器有其各自的特点，在设计电路时一般可根据功率等级来选择合适的电路。在 100 W 以内的小功率场合可选用反激式变换器；在稍微大一些的功率场合，可采用单管正激变换器；中等功率时可采用双管正激变换器或半桥电路；低电压时采用推挽电路，与半桥工作状态相同；大功率输出时，一般采用桥式电路，低压也可采用推挽电路。

反激变换器的前身是 Buck - Boost 变换器，在 Buck - Boost 变换器的开关管和续流二极管之间加入一个变压器，从而实现输入与输出电气隔离的一种方式。因此，反激变换器可以看作是带隔离的 Buck - Boost 变换器。又因为其省掉了一个与变压器体积差不多的电感，从而在中小功率电源中得到广泛的应用。在日常生活中可以在手机充电器、以太网供电(POE)、安防探头、照明设备中找到它的身影。

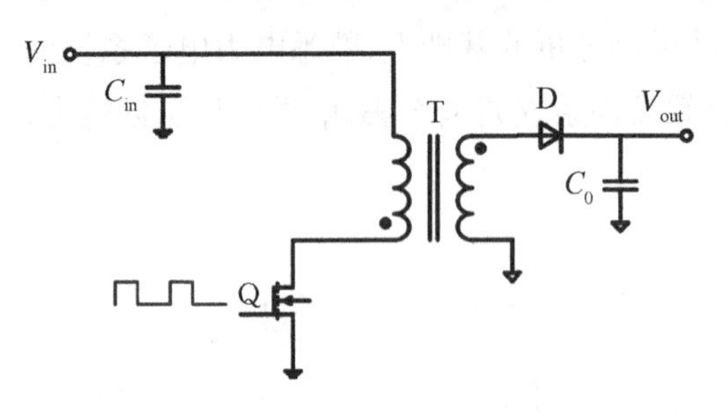

图 10 - 1　一般教科书上的反激变换器

一般教科书上的反激变换器如图 10 - 1 所示，它的工作原理如下：

(1) 当开关管 Q 导通时，变压器一次侧电感电流在输入电压的作用下线性上升，储存能量。变压器初级感应电压到二次侧，次级二极管 D 反向偏置关断。

(2) 当开关管关断时，初级电流被关断，由于电感电流不能突变，电感电压反向(为上负下正)，变压器一次侧感应到二次侧，次级二极管正向偏置导通，给电容 C_0 充电并向负载提供能量。

(3) 开始下个周期。以上假设电容的容量足够大，在二极管关断期间(开关开通期间)给负载提供能量。

然而现实中的反激变换器如图 10 - 2 所示。一个反激变换器要能正常工作，还需要电磁干扰(EMI)滤波、整流滤波、输入输出隔离、电阻电容二极管(RCD)缓冲器、反相滤波输出等模块，以及反馈(PI)控制环节。

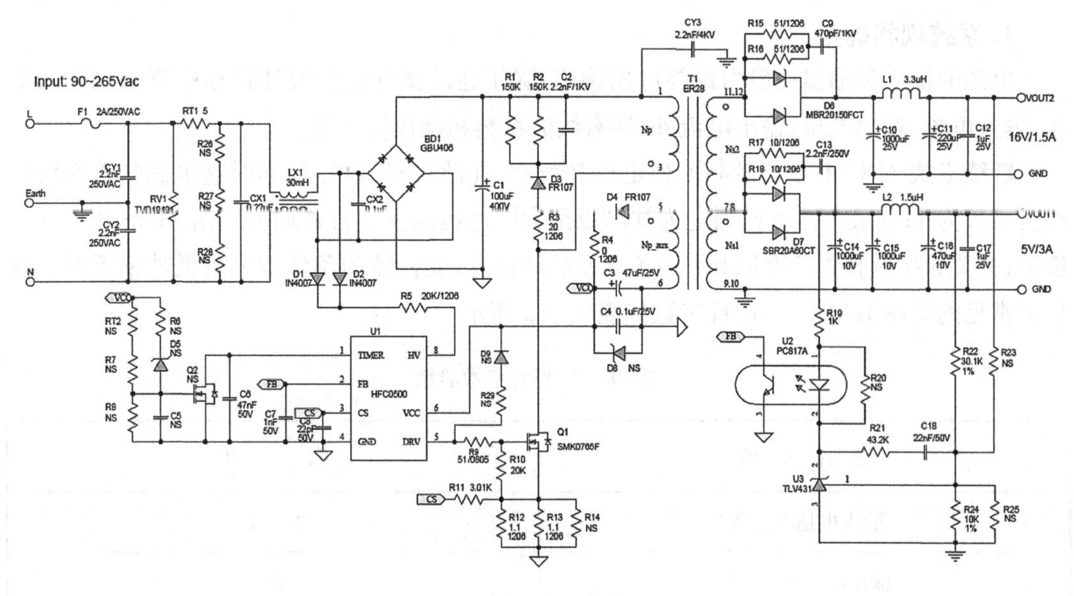

图 10 - 2　现实中的反激变换器

10.2.1　理论计算

设计一个反激变换器需要许多计算和选择，一般可参照图 10 - 3 所示的设计流程。

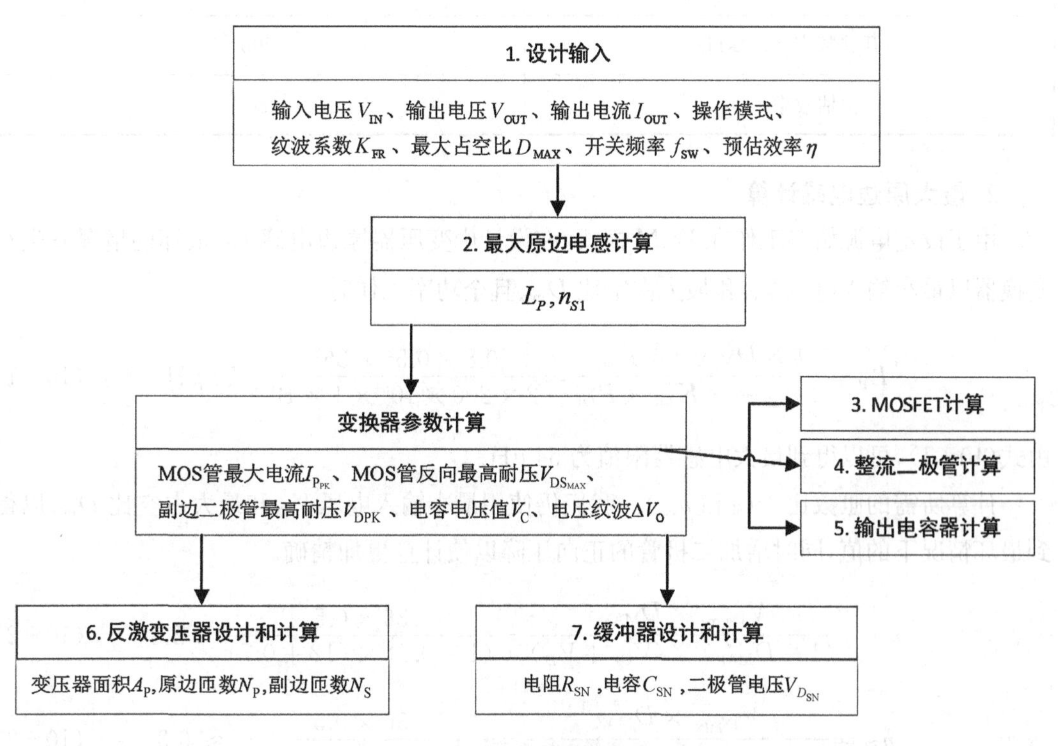

图 10 - 3　反激变换器设计流程图

1. 系统规格确定

电源的输入和输出一般由最终应用确定，除了在反激变换器设计目标中要求的输入电压、输入电流、输出电压、输出电流外，还有纹波系数和操作模式等。

断续模式（DCM）具有较高的稳定性和效率，在此选择该模式，同时这也意味着系统的纹波系数为1；其最大占空比固定为0.5，以最大限度地减少应力并均衡利用MOSFET和二极管；开关频率选择为200 kHz。为了方便后续计算，变换器的预估效率为低功率反激式变换器常见的效率值(80%)，设计参数如表10－2所示。

表10－2　设计参数总结

设 计 参 数	取　　值
输入电压 V_{IN}/V	36～48
输出电压 V_{OUT}/V	12/5
输出电流 I_{OUT}/A	1/0.1
操作模式	DCM
纹波系数 K_{FR}	1
最大占空比 D_{MAX}	0.5
开关频率 f_{SW}/kHz	200
预估效率 η/%	80

2. 最大原边电感计算

由于设定电源始终工作在DCM模式，在设计中变压器原边电感 L_P 最坏的情况发生在变换器以最小输入电压 V_{IN} 和最大占空比 D_{max} 且全功率工作时。

$$L_P=\frac{\eta\times D_{MAX}^2\times V_{IN_{MIN}}^2}{2\times f_{SW}\times K_{FR}\times P_{O1}}=\frac{0.8\times 0.5^2\times 36^2}{2\times 200\times 10^3\times 1\times 12}=54\ \mu H \tag{10-1}$$

由式(10－1)，可以得到最大电感器限值为54 μH。

计算所需的匝数比（n_{S1} 和 n_{S2}）。我们仍使用最小输入电压 V_{IN} 和最大占空比 D_{max} 以得到最坏情况下的值，同时增加二极管的正向压降以使计算更加精确。

$$n_{S1}=\frac{V_{IN_{MIN}}\times D_{MAX}}{(1-D_{MAX})\times(V_{O1}+V_D)}=\frac{36\times 0.5}{(1-0.5)\times(12+0.7)}\approx 2.8 \tag{10-2}$$

$$n_{S2}=\frac{V_{IN_{MIN}}\times D_{MAX}}{(1-D_{MAX})\times(V_{O2}+V_D)}=\frac{36\times 0.5}{(1-0.5)\times(5+0.7)}\approx 6.3 \tag{10-3}$$

3. MOSFET 计算

为了确保整个变换器的安全运行，需要选择有足够耐压和承载电流能力的开关管。为了选择合适的原边 MOS 管，要计算其承受的最大电流和电压，首先计算原边 MOS 管反向最高耐压：

$$V_{DS_{MAX}}=\frac{V_{IN_{MAX}}+n_{S1}(V_{O1}+V_F)+15}{k}=\frac{48+2.8\times(12+0.3)+15}{0.9}\approx 108.3\text{ V} \tag{10-4}$$

式中，V_F 为副边整流二极管正向导通压降，小功率反激变换电路中常选用肖特基二极管，V_F 约为 0.3 V；15V 为漏感尖峰预估值；考虑到其他偏差，引入降额系数 k 以增加安全裕度，k 取经验值 0.9。

根据功率守恒，计算原边 MOS 管的最大电流：

$$I_{P_{PK}}=\frac{P_{IN_{MAX}}}{D_{MAX}\times V_{IN_{MIN}}}+\frac{D_{MAX}\times V_{IN_{MIN}}}{2\times f_{SW}\times L_{P_{MAX}}}=\frac{12\times\frac{1}{0.8}}{0.5\times 36}+\frac{0.5\times 36}{2\times 200\times 10^3\times 54\times 10^{-6}}=1.667\text{ A} \tag{10-5}$$

根据上面的步骤可知，我们需要选取一款支持 DCM 模式、最高反向工作电压大于 108.3 V、最大工作电流大于 1.667 A 的反激变换器芯片(IC)。反激变换器的品牌很多，如 TI、MPS、PI 等。可选用 MPS 的 MP6004 控制器。查看其数据手册，可以看到 MOSFET 的 $V_{DS_{MAX}}$ 为 180 V，最大电流为 3 A，因此该控制器 IC 可以在此应用中安全使用。MP6004 是一款集成 180 V 高压开关管的单片反激 DC/DC 转换器，适用于隔离式或非隔离式 13 W 以太网供电应用，可支持原边反馈反激和高电压 Buck 应用。MP6004 采用固定峰值电流和变频断续工作模式来调节输出电压。其 180 V 集成功率 MOSFET 使 MP6004 适应于各种宽工作电压应用。全方位保护包括过载保护、过压保护、开路保护和过温保护。MP6004 还提供原边调节功能，可减少外部组件的数量。使用其他型号控制器的设计方法大同小异。配置 MP6004 外置电阻，固定峰值电流 $I_{P_{PK}}=2$ A。

4. 整流二极管计算

与 MOSFET 计算目的一样，整流二极管计算是为了确保整流二极管能够安全处理其可能遇到的最大电压和电流，在这里计算副边二极管最高耐压：

$$V_{D_{PK}}=\left(V_{O1}+\frac{V_{IN_{MAX}}}{n_{S1}}\right)\times 140\%=\left(12+\frac{48}{2.8}\right)\times 140\%=40.8\text{ V} \tag{10-6}$$

式(10-6)在计算时增加了 40%的裕度，得到的最大反向电压为 40.8 V。副边最大输出电流为 1 A，所以选择 60 V/1 A 的肖特基二极管即可满足应用要求。

5. 输出电容器计算

我们用一个估值来确定输出电容的值，即忽略电路的二阶方面，如寄生分量和输出串扰。

$$V_C = \frac{1}{C}\int_0^{T_{SW}} I_C(t)\mathrm{d}t = \frac{1}{C}\int_0^{DT_{SW}} I_C(t)\mathrm{d}t = \frac{1}{C}\int_0^{DT_{SW}} -I_O(t)\mathrm{d}t = \frac{1}{C}\left[I_O \times t\right]_0^{DT_{SW}} \tag{10-7}$$

请注意，如果将式(10－7)的 T_{SW} 用 t_{ON} 表示，可以极大简化公式。

输出电压纹波的计算：

$$\Delta V_O = \frac{DI_O}{f_{SW}C} \tag{10-8}$$

接下来，选择一个电容值以得出最佳电压纹波。本例使用了一个 220 μF 的电容器，其输出电压纹波为 11.36 mV。

6. 反激变压器的设计和计算

变压器选型需要做出许多设计决策，例如磁芯材料和磁芯形状的选择。每种选择都有其特定的优势，在本例中，我们选用了常见的双 E 形铁氧体磁芯(见图 10－4)。

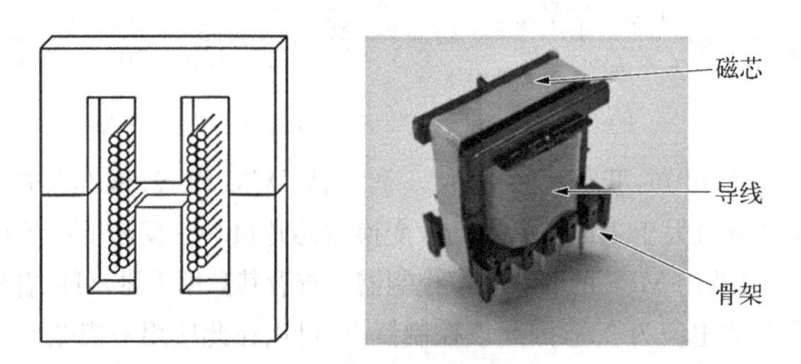

图 10－4　变压器双 E 形铁氧体磁芯和变压器主要构成

采用幅值相位(AP)值法来计算变压器的尺寸：变压器磁芯窗口面积 A_W 与磁芯中柱截面积 A_E 的乘积。所有变压器的磁通量都汇集于这些位置(见图 10－5)。A_W 与 A_E 是变压器的重要设计参数，也是制作完成后的重要校验依据。

变压器最小面积 A_P：

$$A_P = A_E A_W \tag{10-9}$$

现在，我们已定义了方法和设计参数，然后就可以通过一组快速计算来设计变压器。首先计算满载输出时变压器原边电流有效值 $I_{P_{RMS}}$，并带入计算变压器最小面积：

$$I_{P_{RMS}} = \sqrt{\left[\left(\frac{I_{P_{PK}}}{2}\right)^2 + \frac{1}{12}(I_{P_{PK}})^2\right] \times D} = \sqrt{\left[\left(\frac{2}{2}\right)^2 + \frac{1}{12}(2)^2\right] \times 0.5} \approx 0.816\ \mathrm{A} \tag{10-10}$$

$$A_P = \left(\frac{L_P \times I_{P_{PK}} \times I_{P_{RMS}} \times 10\,000}{B_{MAX} \times K_u \times K_j \times f_{SW}}\right)^{\frac{4}{3}} = \left(\frac{54 \times 2 \times 0.816 \times 10\,000}{0.3 \times 0.3 \times 450 \times 200 \times 10^3}\right)^{\frac{4}{3}} \approx 0.051\,9\ \mathrm{cm}^4 \tag{10-11}$$

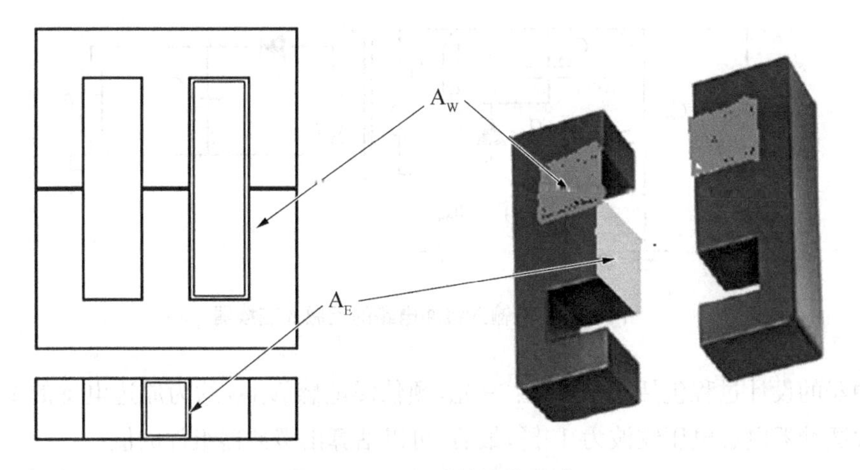

图 10－5　AP 法涉及的区域

式中，B_{MAX}为饱和磁密，通常是已确定的输入参数，对于铁氧体磁芯，一般为 0.2～0.3 T，DCM 模式一般取 0.3 T；K_u 为变压器窗口填充系数，因骨架、挡墙等存在，通常取 0.3；K_j 为电流密度系数，通常取 450。根据磁芯参数表，考虑磁芯损耗等因素，一般按 10%的裕量来计算，查出与之接近的最小磁芯规格为 EE13，其 A_P 为 0.057 cm^4；但为了方便学生进行变压器绕制，选择骨架更大的 EE16 型磁芯，其 A_P 为 0.076 5 cm^4，A_E 为 19.2 mm^2。按照 EE16 参数计算适合这个变压器的最大原边匝数和副边匝数，并保证符合式(10－2)和式(10－3)中计算出的匝数比。

计算原边匝数：

$$N_P = \frac{L_P I_{P_{PK}} \times 10^6}{B_{MAX} A_E} = \frac{54 \times 10^{-6} \times 1.667 \times 10^6}{0.3 \times 19.2} \approx 19 \tag{10-12}$$

估算副边匝数：

$$N_{S1} = \frac{N_P}{n_{S1}} = \frac{N_P}{2.8} \approx 7 \tag{10-13}$$

$$N_{S2} = \frac{N_P}{n_{S2}} = \frac{N_P}{6.3} \approx 3 \tag{10-14}$$

辅助绕组匝数与副边输出匝数的计算方法相同，最后得到辅助绕组匝数 $N_{AUX}=5$。

7. 缓冲器设计和计算

设计流程的最后一步是找到合适的缓冲器值。缓冲电路有助于减轻开关节点的电压尖峰，这些尖峰是由变压器漏电感和电路中杂散电容之间的振铃而引起的。如果没有缓冲器，电压尖峰会增大噪声，甚至会使得 MOSFET 击穿。图 10－6 显示了带输入缓冲电路的反激式变换器。

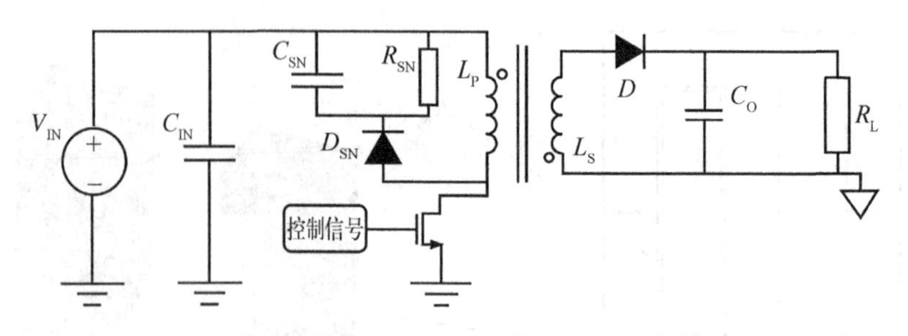

图 10-6 带输入缓冲电路的反激式变换器

缓冲器的设计过程包括 3 个阶段：首先，预估漏电感 L_{LEAK} 约为原边电感的 2%；其次，设置最大缓冲器电容电压纹波为 10%；最后，可以估算出缓冲器组件的值。

计算最大电容器电压：

$$V_{C_{MAX}} = V_{DS_{MAX}} \times 0.1 + \frac{D_{MAX}}{1 - D_{MAX}} V_{IN_{MIN}} = 108.3 \times 0.1 + \frac{0.5}{1 - 0.5} \times 36 \approx 46.8\ \text{V} \tag{10-15}$$

估算缓冲器电阻 R_{SN} 中的功率：

$$P_{R_{SN}} = \frac{I_{P_{PK}}^2 L_{LEAK} f_{SW}}{2} = \frac{2^2 \times 54 \times 10^{-6} \times 2\% \times 200 \times 10^3}{2} = 0.432\ \text{W} \tag{10-16}$$

以功率作为一个限制参数，计算缓冲器的电阻值：

$$R_{SN} = \frac{V_{C_{MAX}}^2}{P_{R_{SN}}} = \frac{46.8^2}{0.432} = 5.07\ \text{k}\Omega \tag{10-17}$$

估算缓冲器的电容器值：

$$C_{SN} = \frac{1}{\Delta V_C \times R_{SN} \times f_{SW}} = \frac{1}{10\% \times 5.07 \times 10^3 \times 200 \times 10^3} = 23\ \text{nF} \tag{10-18}$$

最后，计算缓冲器二极管两端的最大电压：

$$V_{D_{SN,\ MAX}} \approx 1.2 V_{DS_{MAX}} = 1.2 \times 108.3 \approx 130.0\ \text{V} \tag{10-19}$$

10.2.2 原理图设计

在计算出变换器的所有组件值后，MP6004 就可以与其外部组件配对，构建出一个全功能反激变换器。图 10-7 为采用 MP6004 电源芯片设计的主电路原理图，输入电压加在 V_{IN}

和 P_{GND}之间，经变压器原边和 MP6004 集成的开关管。MP6004 通过变压器反馈绕组和分压电阻采集变压器上感应出的电压，并将其同参考电压比较来调节 PWM 输出，进而控制内部 MOSFET 导通情况，使输出的+12 V 和+5 V 能够基本接近设定电压。内部 MOSFET 的驱动电路也由 MP6004 整合。该电路包括了前面已提到的元件，如原边电感器(L_P)，辅助电感器(L_{P2})，输出电容器(由 C_{2A}、C_{2B}和 C_{2C}并联组成，以提高频率响应)，整流二极管(D1)，以及缓冲电路(由 R_4、C_4、D_2 组成)。

MP6004 采用原边反馈，可以节省外围元器件，简化设计；采用变频控制，可以提高全负载范围内的效率，减小磁芯体积。但它对变压器要求高，输出电压精度相对弱化。

对所有反激变换器来说，输入母线电容是必不可少的，它是输入线上最重要的滤波电容，其电容值由输出功率来决定，输出功率越大则输入母线电容值越大。输入母线电容旁边通常会并联一个小电容值的瓷片电容，用来滤除母线上的高频噪声。高频噪声不仅仅局限于开关频率的范围，线上其他干扰源以及通信设备产生的高频噪声也会广泛存在于电路底板上，用小容值的电容来滤除高频噪声以减小他们对电源的影响是很有必要的(见图 10-7)。

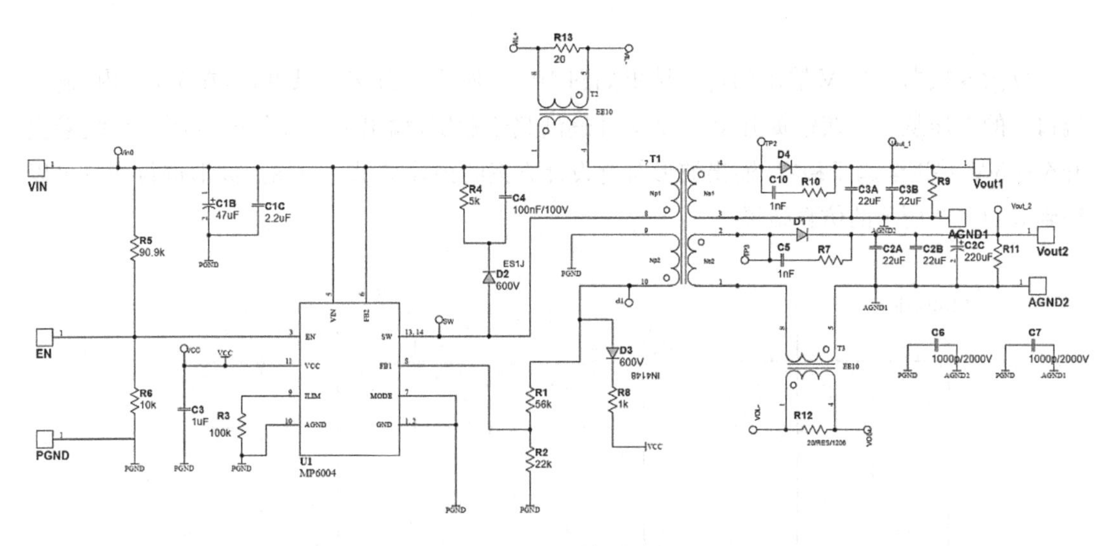

图 10-7　系统原理图

在设计完成后，并不是有输出就合格了，还需要做电磁干扰(EMI)和电磁兼容性(EMC)等测试，以保证电源上电后不能对外辐射和干扰。辐射往往来自电源的高频能量。在原边和副边之间加上 Y 电容就可以抑制一些共模干扰。

10.2.3　电路仿真

原理图设计完毕后，为验证原理图设计的合理性，使用 MPSmart 软件进行仿真。

MPSmart 支持运行基于频率的电源仿真，可以有效评估电路设计。仿真电路依照设计好的原理图搭建，如图 10－8 所示。

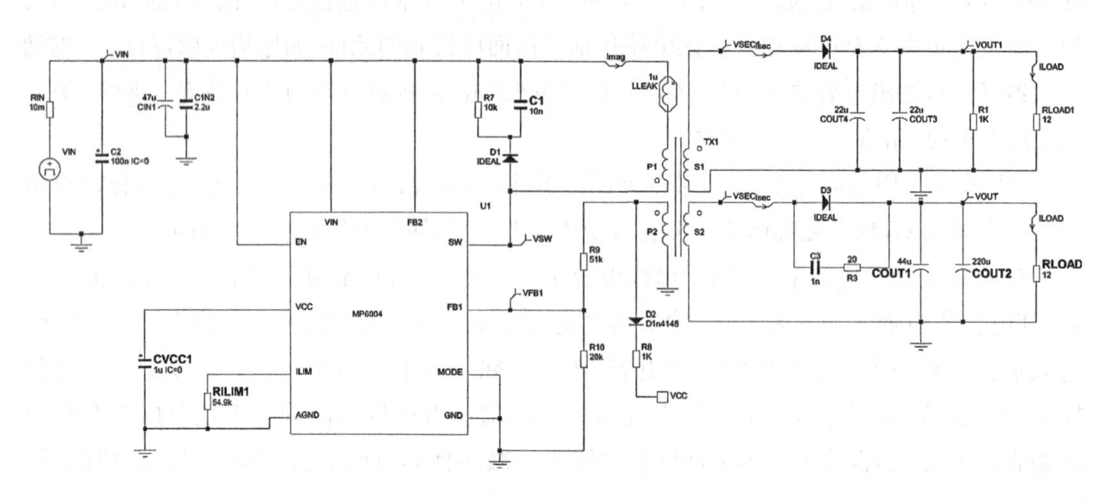

图 10－8　仿真电路

反激变换器＋12 V 输出的仿真结果如图 10－9 所示。由该结果可知，在 7 ms 内，输出端口 1 的电压从 0 V 缓慢提升至＋12 V 并逐渐趋于稳定；输出端口 2 的电压从 0 V 缓慢提升至＋5 V 并逐渐趋于稳定，输出波形符合设计方案的预计结果。对输出波形进行测量可以得到表 10－3 所示的仿真结果。

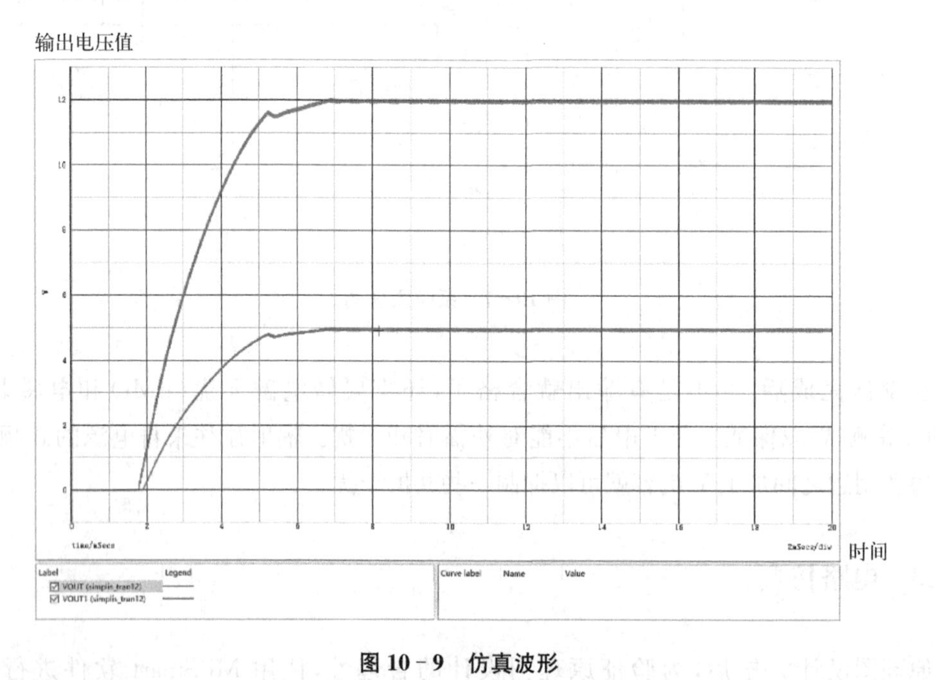

图 10－9　仿真波形

表 10 - 3　仿真结果

参　　数	取　　值
输入电压/V	36
输出电压 1/V	12.02
输出电压 2/V	4.98

10.2.4　PCB 设计

PCB 使用 Altium Designer 软件设计，采用双层方式布线。反激式变换器的 PCB 设计如图 10 - 10 所示。输入接口位于 PCB 左侧，输出接口位于 PCB 右侧，输出为两路设计，输入、输出回路都尽可能短。PCB 上侧为隔离四绕组变压器，变压器的动点尽可能靠近 MOSFET 的漏极，采样电阻与对应芯片管脚间的连线尽可能短。左下部分为 MP6004 控制电路，变压器置于中间偏左，布局紧凑，各功能模块合理有序。

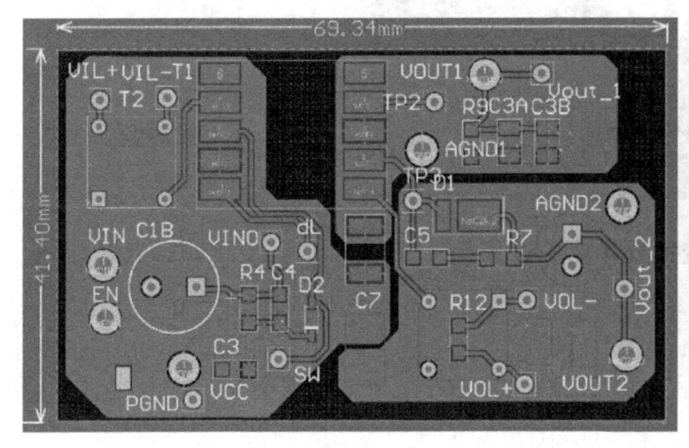

(a) PCB正面

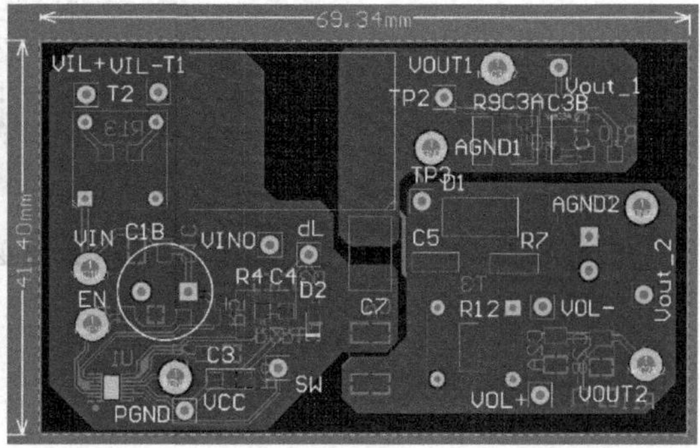

(b) PCB反面

图 10 - 10　反激式变换器 PCB 设计

10.3　设计结果调试

对焊接完成后的电路进行调试，给定输入直流电压＋36～48 V，测试双路输出，可得如图 10 - 11 所示的稳定直流输出波形。＋5 V 输出的平均值为 5.663 V，＋12 V 输出的平均值为 11.92 V。测试结果均在任务书的误差允许范围内，基本完成了设计目标。

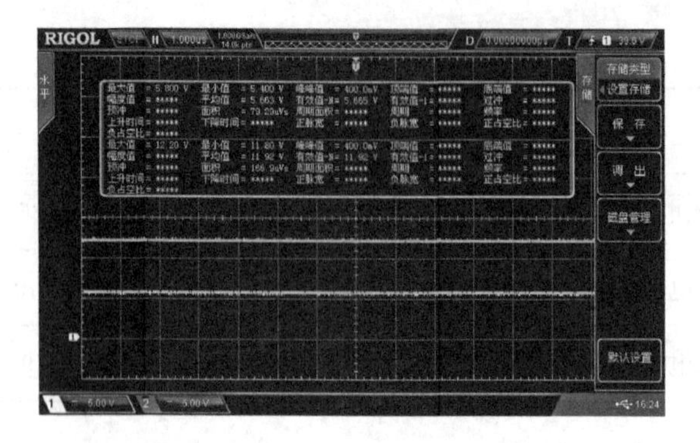

图 10－11　+12 V 和+5 V 输出

电源变换器的输出精度还有提高空间。经分析，误差主要是由反馈电路和变压器质量引起的。

反激变换器实物作品如图 10－12 所示，由学生两人协作设计制作完成。

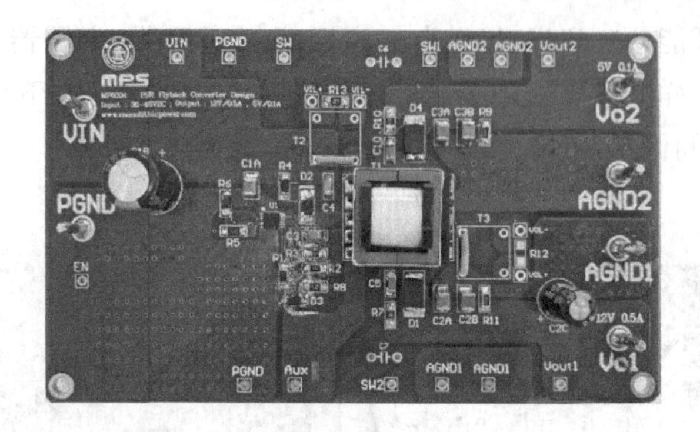

图 10－12　反激变换器学生设计作品

参考文献

[1] 黄江伟.数字示波器的原理及使用[C]//江苏省计量测试学术论文集(2014).常州：常州市计量测试技术研究所,2014.

[2] 曹勇.数字示波器的工作原理浅析[J].智能城市,2016,2(7)：287.

[3] 惠亮亮,张子麒,李凯峰.探讨数字示波器在实践中的安全应用[J].内蒙古科技与经济,2020(9)：84-85.

[4] 刘志强.数字万用表原理及使用的探讨[J].电子技术与软件工程,2013,18(16)：134.

[5] 朱伟平.数字万用表的使用及故障检测方法研究[J].百科论坛电子杂志,2020(13)：48.

[6] 乔洪全.数字万用表的使用与常见故障的检修[J].汽车博览,2020(18)：125.

[7] 张毅,丁鼎.直流电子负载的工作原理及使用方法[J].上海计量测试,2018,45(2)：54-55.

[8] 邓云,卢善勇,李显圣.直流电子负载的设计与实现[J].通信电源技术,2017,34(2)：60-61,168.

[9] 华成英,童诗白.模拟电子技术基础[M].北京：高等教育出版社,2015.

[10] 杨柳.程控直流电源灵活应用研究[J].仪器仪表标准化与计量,2014(5)：46-48.

[11] 王晗,李敏浩,邹星家,等.可编程交流电源输出信号质量分析系统的设计[J].电子产品世界,2013,20(11)：32-33,59.

[12] 王勇.电力电子技术[M].北京：高等教育出版社,2020.

[13] 王鲁杨,王禾兴.电力电子技术实验指导书[M].2版.北京：中国电力出版社,2017.